计算机网络

主　编　徐洪敏

副主编　邱德邦　胡　麟

汪　勤　易　刚

合肥工业大学出版社

图书在版编目(CIP)数据

计算机网络/徐洪敏主编．--合肥:合肥工业大学出版社,2024．--ISBN 978-7-5650-6830-0

Ⅰ．TP393

中国国家版本馆CIP数据核字第20240B206W号

计算机网络

徐洪敏　主编　　　　责任编辑　袁　媛

出　版	合肥工业大学出版社	版　次	2024年12月第1版
地　址	合肥市屯溪路193号	印　次	2024年12月第1次印刷
邮　编	230009	开　本	787毫米×1092毫米　1/16
电　话	基础与职业教育出版中心:0551-62903120 营销与储运管理中心:0551-62903198	印　张	17.75
		字　数	368千字
网　址	press.hfut.edu.cn	印　刷	安徽联众印刷有限公司
E-mail	hfutpress@163.com	发　行	全国新华书店

ISBN 978-7-5650-6830-0　　　　定价:42.00元

前　言

在当今信息时代，计算机网络已经成为人们工作、学习和生活中不可或缺的一部分。随着技术的飞速发展，计算机网络不仅改变了我们的生活方式，还推动了社会的进步。为了帮助读者更好地理解和掌握计算机网络的知识，我们编写了这本教材。在校企合作的背景下，本教材得到了中软国际有限公司和深信服科技股份有限公司这两家企业的大力支持与参与，使得教材内容更加贴近实际应用和行业需求。

本教材旨在为读者提供一个全面、系统、深入的计算机网络学习平台。从计算机网络的基本概念、组成要素，到网络通信技术、局域网和广域网技术，再到网络安全技术，本教材力求涵盖计算机网络的各个方面。通过本书的学习，读者将能够掌握计算机网络的基本原理和关键技术，了解计算机网络的最新发展动态，并培养解决实际问题的能力。

本教材具有以下特点：

(1) 内容丰富，系统完整：本教材涵盖了计算机网络的各个方面，从基础知识到高级技术，从理论到实践，内容全面且深入。同时，本教材注重知识的系统性，帮助读者建立完整的知识体系。

(2) 理论与实践相结合：本教材不仅介绍了计算机网络的理论知识，还通过实例和案例分析，帮助读者理解和掌握计算机网络的实际应用。这种理论与实践相结合的学习方式，有助于提高读者的综合素质和实践能力。在校企合作的过程中，中软国际有限公司和深信服科技股份有限公司提供了丰富的行业案例和实践指导，使教材内容更贴近实际工作需求。

(3) 突出新技术和新趋势：本教材关注计算机网络的最新发展动态，介绍了物联网、云计算、大数据等新技术在计算机网络中的应用。同时，本教材还分析了计算机网络的未来发展趋势，帮助读者把握行业前沿。中软国际有限公司和深信服科技股份有限公司的专家为本教材提供了最新的行业资讯和技术动态，确保教材内容的前瞻性和实用性。

(4) 易于阅读和理解：本教材采用通俗易懂的语言，避免使用过多的专业术语，使读者能够轻松阅读和理解。同时，本教材还配备了丰富的图表和实例，帮助读者更好地掌握知识点。在校企合作的过程中，中软国际有限公司和深信服科技股份有限公司的工程师们参与了教材的编写和审校工作，确保了教材内容的准确性和易读性。

在编写本教材的过程中，我们参考了国内外众多优秀的计算机网络教材及相关文献，吸收了其中的精华和优点。同时，我们结合自身的教学和实践经验，以及中软国际有限公司和深信服科技股份有限公司的行业经验，对教材内容进行了精心设计和组织。感谢广大读者对本教材的支持与信任。我们相信，通过本教材的学习，您将能够更好地理解和掌握计算机网络的知识，为您的工作、学习和生活带来更多便利和乐趣。我们也期待与您一起探讨计算机网络的奥秘和发展趋势，共同推动计算机网络技术的进步。

编　者

2024 年 6 月

《计算机网络》课程思政设计一览表

章节	专业传授	思政素材	实施方法和路径	思政元素
第 1 章 计算机网络概述	计算机网络的发展历程和重要性	计算机网络的发展历程素材	介绍计算机网络的发展历程和重要性，同时强调计算机网络技术与国家发展、社会进步的紧密关系。引述国家相关政策和战略，使学生认识到学习计算机网络不仅可以提升个人技能，还可以为国家发展和社会进步作出贡献	培养学生的爱国情怀和社会责任感
第 2 章 计算机网络通信技术	网络通信原理	介绍网络通信领域的前沿技术和创新成果	在讲授网络通信原理时，可以介绍网络通信领域的前沿技术和创新成果，引导学生认识到创新是推动网络通信技术发展的关键因素。同时，可以鼓励学生积极参与网络通信技术的创新实践，培养他们的创新意识和实践能力	培养学生的创新意识和实践能力
第 3 章 局域网技术	无线局域网技术	无线局域网技术广泛应用于教育、医疗、交通、金融等各个领域，为人们提供了更加便捷、高效的网络服务	在讲授过程中，可以通过具体案例展示无线局域网技术在社会各个领域的实际应用效果，让学生深刻感受到技术的社会价值和意义。同时，引导学生思考如何更好地利用无线局域网技术服务于社会，提升人们的生活质量	突出无线局域网技术的社会应用价值
第 4 章 广域网技术	广域网技术	介绍广域网技术领域的创新成果和典型案例	在讲授过程中，可以介绍广域网技术领域的创新成果和典型案例，激发学生的创新热情。同时，强调团队协作在广域网技术研发和应用中的重要性，引导学生培养团队协作精神和集体荣誉感	培养团队协作精神和集体荣誉感

（续表）

章节	专业传授	思政素材	实施方法和路径	思政元素
第 5 章 计算机网络系统	操作系统的原理	操作系统领域的创新成果和研发背后的故事	在讲授过程中，可以介绍操作系统领域的创新成果和研发背后的故事，激发学生的创新热情和工匠精神。同时，鼓励学生参与操作系统的实践项目，培养他们的动手能力和创新精神	激发学生的创新热情和工匠精神
第 6 章 计算机网络的应用	网络购物	展示计算机网络在教育、医疗、交通、金融等领域的应用案例	通过展示计算机网络在教育、医疗、交通、金融等领域的应用案例，引导学生树立正确的网络道德观念。讨论网络欺凌、网络诈骗、信息泄露等负面现象，让学生认识到网络行为的责任与后果，培养他们的网络素养和道德意识	弘扬网络文明与道德伦理
第 7 章 网络安全技术	网络安全硬件	介绍我国在网络安全硬件领域的自主创新成果和国产化替代的努力	面对国际网络安全形势的复杂多变，自主创新与国产化替代成为提升国家网络安全水平的重要途径。在讲授网络安全硬件时，可以介绍我国在网络安全硬件领域的自主创新成果和国产化替代的努力，激发学生的爱国情怀和创新精神。同时，鼓励学生关注国内网络安全硬件产业的发展，积极参与相关创新活动	激发学生的爱国情怀和创新精神

目　录

第 1 章　计算机网络概述

随着现代信息社会进程的推进和计算机技术的迅猛发展，计算机网络的应用已深入社会的各个领域，并深刻地改变着人类的生活方式。如今，我们可以坐在家里一边悠闲地喝着可乐，一边在《魔兽世界》里闯关练级；一边看着网上股票行情，进行买卖交易，一边在网上商店挑选化妆品，以非常低的折扣价兴高采烈地下订单……这些现代人习以为常的生活方式，全都离不开计算机网络的支持。那么，什么是计算机网络？计算机网络是如何产生及发展的？它有哪些应用……

【本章内容提要】

了解计算机网络的形成与发展；
了解计算机网络的定义与应用；
了解计算机网络的分类；
了解计算机网络的拓扑结构。

1.1　计算机网络的发展

计算机网络是计算机技术与通信技术结合的产物，始于 20 世纪 50 年代，近 20 年来得到迅猛发展。计算机网络的发展过程主要经历了以下四个阶段。

1.1.1　联网的尝试

在计算机诞生之初，计算机技术与通信技术并没有直接的联系，一台昂贵的计算机只能独立使用。后来出现了批处理系统和分时系统，一台计算机可以同时为多个用户服务，但是分时系统所连接的多个终端都必须靠近计算机，无法实现远距离共享一台计算机。

20 世纪 50 年代初期，美国麻省理工学院林肯实验室为美国空军设计了半自动地面防空系统（Semi - automatic Ground Environment，SAGE）。该系统将防区内的远程雷达和其他测量控制设备的信息通过通信线路汇集到一台IBM（国际商用机器公司）计算机中，进行集中的防空信息处理和控制，开创了计算机技术与通信技术相结合的尝试。

将计算机通信技术应用于民用系统，最早是由美国航空公司与IBM在20世纪50年代联合研究，并于20世纪60年代初投入使用的飞机订票系统SABRE-1。该系统由1台中央计算机与遍布整个美国的2000个终端组成。这类简单的“终端-通信线路-计算机”系统，成为计算机网络的雏形，如图1-1所示。

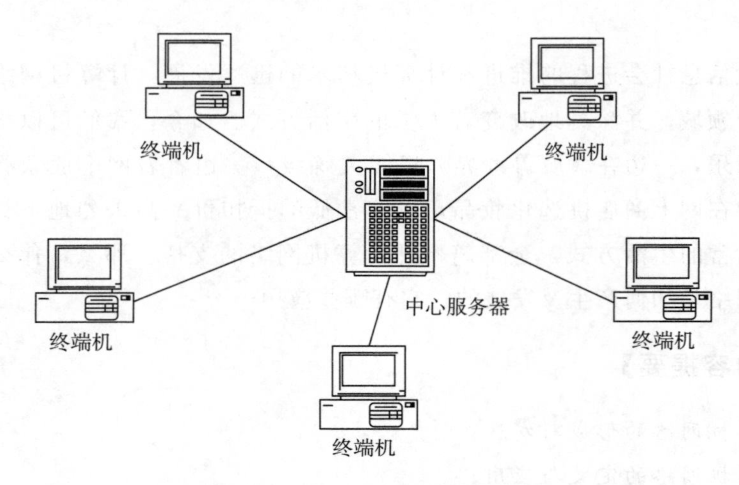

图1-1　第一阶段的计算机网络

在这种简单的单机联机系统中连接大量的终端时，有两个明显的缺点：主机系统负载过重和通信线路利用率低。为了解决这个问题，便出现了多级联机系统。多级联机系统的主要特点是在主机和通信线路之间设置一个前端处理机，专门负责通信控制以减轻主机负担。

计算机网络是伴随着主机（Host）和终端（Terminal）这两个概念的出现而产生的。当时的主机通常指大型机或功能较强的小型机，具有数据存储和处理功能；而终端仅是一种输入输出设备，不具备数据处理能力。例如，目前超市的收银机、银行的取款机和POS（销售终端）机等都属于传统意义上的终端。终端的主要功能是输入数据并将数据发往主机，以及将主机的运算结果显示出来。

随着互联网的发展，“终端”又有了新的含义。对互联网而言，终端泛指一切能够接入网络的设备（不包括网络互联设备，如路由器），如个人计算机、可上网的手机、平板电脑等。

1.1.2　ARPANET的诞生

20世纪60年代，在数据通信领域人们提出分组交换的概念，这是人们着手研究计算机通信技术的开端。1968年，美国国防部高级研究计划署（Advanced Research

Projects Agency，ARPA）资助了对分组交换的进一步研究。1969 年 12 月，在西海岸建成有四个通信节点的分组交换网，这就是最初的 ARPANET。随后，ARPANET 的规模不断扩大，很快就遍布在美国的西海岸和东海岸之间。

分组交换

分组交换也称包交换，它是将用户传送的数据划分成多个更小的等长部分，每个部分叫作一个数据段。在每个数据段的前面加上一些必要的控制信息组成的首部，就构成了一个分组。首部用以指明该分组发往何地址，然后由交换机根据每个分组的地址标志，将它们转发至目的地，这一过程称为分组交换。进行分组交换的通信网称为分组交换网。分组交换技术的出现解决了计算机与计算机之间的通信问题。

ARPANET 实际上分成两个基本的层次，底层是通信子网，上层是资源子网。初期的 ARPANET 租用专线连接专门负责分组交换的通信节点，通信节点实际上是专用的小型计算机，线路和节点组成了底层的通信子网。大型主机通常接入到通信节点上，由通信节点支持其通信需求。由于这些大型主机提供了网上最重要的计算资源和数据资源，故有些文献说联网的主机及其终端构成了 ARPANET 上的资源子网。这种把网络分层的做法，极大地简化了整个网络的设计，如图 1 - 2 所示。

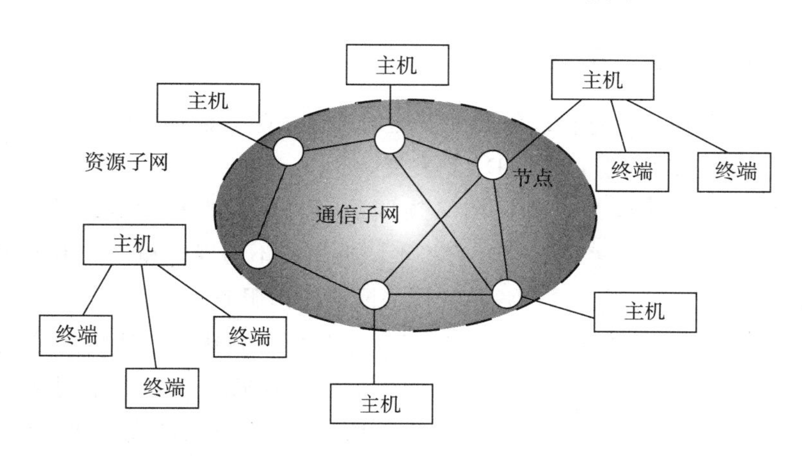

图 1 - 2　ARPANET 网络

ARPANET 是计算机网络技术发展的一个重要里程碑，它对计算机网络技术的主要贡献表现在以下几个方面：

完成了对计算机网络的定义、分类与子课题研究内容的描述。

提出了资源子网、通信子网的两级网络结构的概念。

研究了报文分组交换的数据交换方法。

采用了层次结构的网络体系结构模型与协议体系。

促进了 TCP（传输控制协议）/IP（互联网协议）的发展。

为 Internet（互联网）的形成与发展奠定了基础。

1.1.3 计算机网络标准化

经过20世纪60～70年代的前期发展，人们对计算机网络技术的研究日趋成熟，各大公司为了自己的利益制定了自己的网络体系标准，较著名的有IBM的SNA（系统网络结构）、Digital公司的DNA（数字网络体系）和TCP/IP等。

网络体系标准的出现，使得一个公司所生产的各种网络设备都能够轻易地互联成网，但是不利于网络与网络之间的互联。然而不同网络体系标准下的用户迫切要求能够互相交换信息。1977年，国际标准化组织（ISO）专门成立机构来研究这个问题，并于1980年12月提出了一个使不同计算机能够在世界范围内互联成网的标准框架，这就是著名的"开放系统互联参考模型"（OSI），并于1983年被ISO正式批准为国际标准。

OSI模型的提出，为计算机网络技术的发展开创了一个新纪元，现在的计算机网络都是以OSI为标准工作的。同时，以IEEE（美国电气电子工程师协会）802.3和IEEE 802.5局域网为代表的网络系统逐渐成熟，为在局部范围内普及网络系统奠定了基础。

1.1.4 网络互联与高速网络

20世纪90年代后，计算机网络的发展更加迅速，随着数字通信的出现，计算机网络向着宽带综合业务数字网（B-ISDN）发展。

这一阶段，Internet成为计算机网络领域最引人注目也是发展最快的网络技术。Internet是世界上最大的计算机网络，它将不同类型、不同规模和位于不同地理位置的网络连接成一个整体，为用户提供各种各样的网络应用服务。

新一代计算机网络在技术上的主要特点是综合化和高速化。所谓综合化，就是指将语音、数据和图像等多种业务以二进制代码的数字形式综合到一个网络中。计算机网络向综合化发展与多媒体技术的迅速发展密不可分。而网络的高速化也称为宽带化，是指网络的传输速率达到几十或几百兆比特/秒（Mb/s），甚至更高的量级。现在可以在网上看电影、打电话和召开可视电话会议等，这在低速网络时代是难以想象的事情。

1.2 计算机网络的概念

1.2.1 计算机网络的定义

按以资源共享的角度来看，计算机网络就是利用通信设备和线路将分布在不同地理位置、功能独立的多个计算机系统连接起来，以功能完善的网络软件（如网络通信协议及网络操作系统等）实现网络资源共享和信息传递的系统。

根据计算机网络界权威人士安德鲁・S. 特南鲍姆（Andrew S. Tanenbaum）的定义，计算机网络是一些相互独立的计算机互连的集合体。如果有两台计算机通过通信线路（包括无线通信）相互交换信息，就认为是互连的。而相互独立或功能独立的计算机是指网络中的一台计算机不受任何其他计算机的控制（如启动或停止）。

1.2.2　计算机网络的构成

如前所述，计算机网络在逻辑功能上可以划分为两部分，一部分的主要工作是对数据信息进行收集和处理，另一部分则专门负责信息的传输。ARPANET 把前者称为资源子网，把后者称为通信子网，如图 1－3 所示。

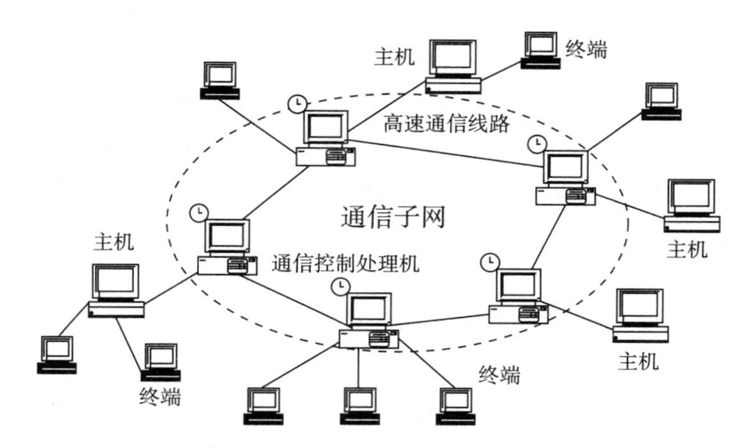

图 1－3　资源子网和通信子网

1. 资源子网

资源子网主要负责信息的收集和处理，接受本地用户和网络用户提交的任务，最终完成信息的处理。它包括访问网络和处理数据的软硬件设施，主要有计算机、终端和终端控制器、计算机外设、相关软件（如网络操作系统和网络协议）和网络资源等。

（1）主机。网络中的主机可以是大型机、小型机或微型计算机，它们是网络中的主要资源，也是数据资源和软件资源的拥有者，一般都通过高速线路将它们与通信子网相连。

（2）终端和终端控制器。终端是直接面向用户的交互设备，可以是由键盘和显示器组成的终端，也可以是微型计算机；终端控制器连接一组终端，负责这些终端与主机的通信。

（3）计算机外设。计算机外设主要是网络中的一些共享设备，如大型磁碟机、高速打印机、大型绘图仪等。

2. 通信子网

通信子网主要负责计算机网络内部信息流的传递、交换和控制，以及信号的变换和通信中的有关处理工作，间接地服务于用户。它主要包括网络节点、通信链路和信号变换设备等软硬件设施。

(1) 网络节点。网络节点的作用之一是作为通信子网与资源子网的接口，负责管理和收发本地主机和网络所交换的信息；二是作为发送信息、接收信息、交换信息和转发信息的通信设备，负责接收其他网络节点传送来的信息并选择一条合适的链路发送出去，完成信息的交换和转发功能。网络节点可以分为交换节点和访问节点两种：交换节点主要包括交换机（Switch）、网络互联时用的路由器（Router）以及负责网络中信息交换的设备等。而访问节点主要包括连接用户计算机（Host）和终端设备的接收器、收发器等通信设备。

(2) 通信链路。通信链路是两个节点之间的一条通信信道。链路的传输媒介包括双绞线、同轴电缆、光导纤维、无线电、微波通信、卫星通信等。一般在大型网络中和相距较远的两个节点之间的通信链路，都利用现有的公共数据通信线路。

(3) 信号变换设备。信号变换设备的功能是对信号进行变换以适应不同传输媒介的要求。这些设备一般包括：将计算机输出的数字信号变换为电话线上传送的模拟信号的调制解调器、无线通信接收和发送器、用于光纤通信的编码解码器等。

1.2.3 计算机网络的功能

计算机网络的功能主要包括如下几个方面。

1. 数据通信和交换

计算机网络中的计算机之间或计算机与终端之间，可以快速可靠地相互传递数据、程序或文件。例如：电子邮件（E-mail）可以使相隔万里的异地用户快速准确地相互通信；文件传输协议（FTP）可以实现文件的实时传递，为用户复制和查找文件提供了有力的工具。

2. 资源共享

计算机网络可以实现网络资源的共享。这些资源包括硬件、软件和数据。资源共享是计算机网络组网的目标之一。

(1) 硬件共享：用户可以使用网络中任意一台计算机所连接的硬件设备。例如，同一网络中的用户可以共享打印机、共享硬盘空间等。

(2) 软件共享：用户可以使用远程主机的软件，包括系统软件和应用软件。既可以将相应软件调入本地计算机执行，也可以将数据发送至对方主机运行并返回结果。

(3) 数据共享：网络用户可以使用其他主机和用户的数据。

3. 提高系统的可靠性

通过计算机网络实现备份技术可以提高计算机系统的可靠性。当某一台计算机出现故障时，可以立即用计算机网络中的另一台计算机来代替其完成所承担的任务。例如，空中交通管理、工业自动化生产线、军事防御系统、电力供应系统等都可以通过计算机网络设置，以保证实时管理和不间断运行系统的安全性和可靠性。

4. 提高系统处理能力和负载均衡

对于大型任务或当网络中某台计算机的任务负荷过重时，可将任务分散到网络中的其他计算机上进行，或由网络较为空闲的计算机分担负荷。这样既可以处理大型任务，使得一台计算机不会负担过重，又可以提高计算机的可用性，起到分布式处理和均衡负荷的作用。

1.3　计算机网络的拓扑结构

1.3.1　总线型网络拓扑结构

总线型网络拓扑结构是一种将网络中所有设备通过硬件接口直接连接到单一公共总线上的网络配置方式。在这种结构中，数据通信以广播形式进行，即一个节点发出的信息可以被总线上的所有其他节点接收。总线型网络拓扑结构因其独特的形态，常被形象地描述为一片树叶，其中主干线代表中心总线，而分支则代表连接到总线的各个节点。总线型网络拓扑结构如图 1－4 所示。

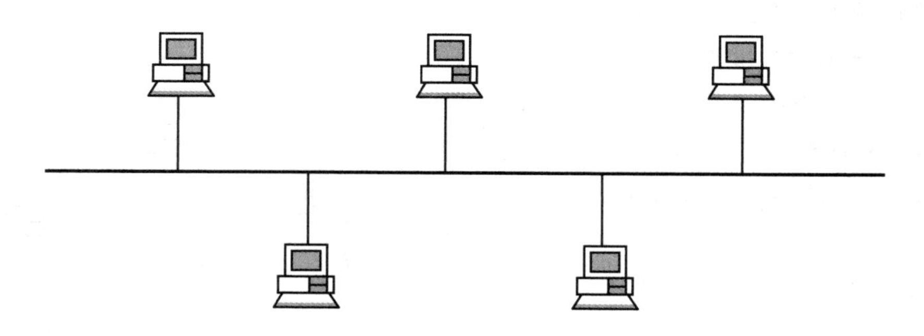

图 1－4　总线型网络拓扑结构

总线型网络拓扑结构的特点如下：

1. 结构简单，可扩展性好

总线型网络的设计直观且易于理解，新节点的添加通常只需要简单的硬件连接，不需要复杂的配置。然而，这种结构所能支持的最大节点数量是有限的，超出这个限制可能会影响网络的性能和稳定性。

2. 电缆使用量少，安装简便

由于所有节点都直接连接到总线，因此不需要为每个节点之间的连接铺设单独的电缆。这减少了布线成本，同时也简化了安装过程。

3. 设备简单，可靠性高

总线型网络中的节点设备通常较为简单，因为它们不需要处理复杂的路由或交换功能。此外，由于没有单点故障（即整个网络不依赖于单个设备），这种结构具有较高的可靠性。

4. 维护困难，分支节点故障排查复杂

尽管总线型网络的整体结构相对简单，但在排查分支节点故障时可能会遇到困难。由于所有节点都共享总线，故障可能会影响多个节点，增加了故障定位和修复的难度。

5. 组网费用低

总线型网络不需要额外的互联设备，如交换机或路由器，这大大降低了初始投资成本。此外，由于电缆使用量较少，进一步减少了材料成本。

6. 带宽共享，传输速度可能受限

所有节点都共享总线的带宽，这意味着随着接入网络的用户数量增加，每个用户可用的带宽将减少，从而影响数据传输速度。

7. 单个节点失效不影响整体通信

总线型网络的一个关键优势是单个节点的失效通常不会导致整个网络中断。其他节点可以继续通过总线进行通信，尽管失效节点无法参与数据传输。

8. 总线故障影响广泛

如果总线本身发生故障，将会导致整个网络或相关主干网段的瘫痪。这是因为所有节点都依赖于这条公共总线进行通信。

9. 数据传输冲突管理

在总线型网络中，通常有一个机制来管理节点之间的数据传输冲突，例如通过实施CSMA/CD（载波侦听多路访问/碰撞检测）协议。这意味着一次只能有一个节点发送数据，其他节点必须等待获取发送权。这确保了数据传输的有效性和网络的整体性能。

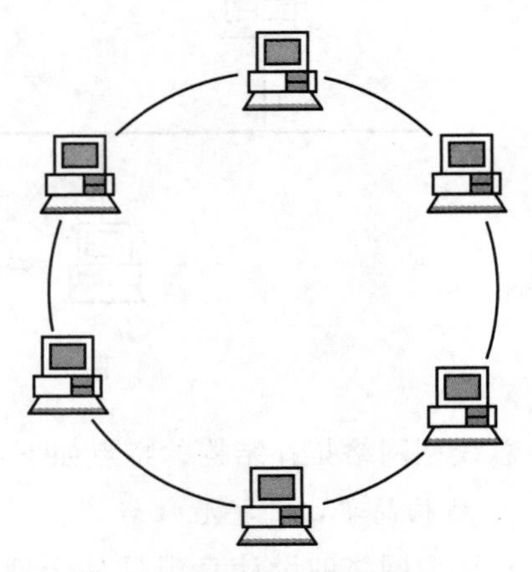

图 1-5　环型网络拓扑结构

1.3.2　环型网络拓扑结构

环型网络拓扑结构是一种将各个节点通过通信线路连接成闭合回路的网络配置方式。环型网络拓扑结构如图 1-5 所示，数据只能沿着一个方向在环路中传输，每个节点上的数据延时是恒定的。环型网络拓扑结构特别适用于实时控制的局域网系统，因为它提供了稳定的数据传输和一致的延迟。

环型网络拓扑结构常常被形象地比作一串珍珠项链，其中每个节点就像项链上的珠子，而通信线路则构成了项链的链条。然而，在实际应用中，这种拓扑结构往往并不是物理上完全封闭的环型，而是通过阻抗匹配器来实现环路的封闭。这是因为在实际组网过程中，受到地理位置和布线限制的影响，很难实现所有节点之间的物理连接。

环型网络拓扑结构的特点如下：

1. 固定的信息流向

在环型网络中，信息流沿着固定的方向流动。每个节点之间只有一条路径，这简化了路径选择的控制。因此，路由器或交换机不需要复杂的算法来确定数据的最佳传输路径。

2. 自举控制的节点

环路上的每个节点都具有自举控制能力，这意味着每个节点都能够独立地处理数据的接收和转发。这种自举控制简化了控制软件的设计，降低了网络的复杂性和成本。

3. 传输速率受限

当环路中的节点数量过多时，由于信息是串行地穿过每个节点，这可能会导致信息传输速率降低。此外，过多的节点也会增加网络的响应时间，影响网络的整体性能。

4. 扩展性有限

由于环路是封闭的，这意味着添加新节点可能会比较困难。此外，如果需要扩展网络规模，通常需要重新配置整个网络，这增加了网络的维护成本和时间。

5. 可靠性较低

环型网络拓扑结构的一个主要缺点是它的可靠性较低。如果环路中的任何一个节点发生故障，都可能导致整个网络的瘫痪。这是因为环路中的每个节点都是相互依赖的，一旦某个节点失效，数据就无法在环路中继续传输。

6. 维护难度较高

对于环型网络拓扑结构，维护和故障排查可能会比较困难。由于数据是沿着环路单向传输的，如果某个节点出现故障，可能需要花费较长时间来定位问题并采取相应的修复措施。此外，由于环路结构的特殊性，替换故障节点也可能需要复杂的操作。

尽管环型网络拓扑结构在某些方面具有优势，如稳定的数据传输和一致的延迟，但其局限性也限制了它在现代网络中的应用。因此，在选择环型网络拓扑结构时，需要根据具体的应用场景和需求进行综合考虑。

1.3.3 星型网络拓扑结构

星型网络拓扑结构是一种广泛应用于局域网（LAN）的互联结构，其特点在于以中央节点（通常是集线器或交换机）为核心，将多个外围节点（如计算机、打印机等设备）与之直接相连。这种结构以其独特的优势和特性，成为当前网络设计的重要选择。星型网络拓扑结构如图1-6所示。

星型网络拓扑结构的特点如下：

1. 控制与管理便捷

由于所有站点都直接与中央节点相连，网络管理员可以轻松地监控和管理整个网络。这种结构简化了网络配置和维护的过程，降低了网络管理的难度。

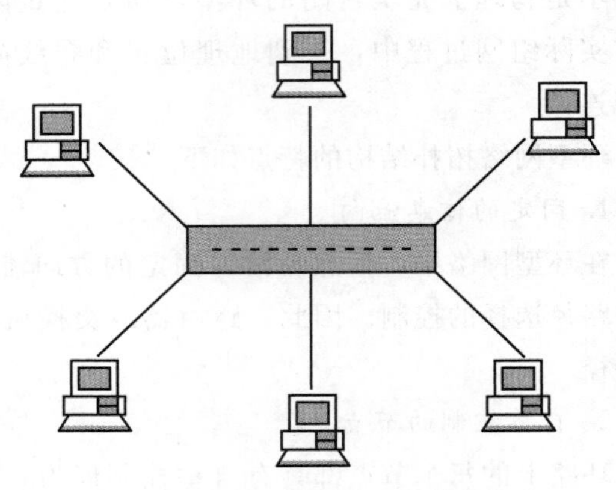

图 1-6　星型网络拓扑结构

2. 故障定位与隔离容易

在星型网络拓扑结构中，如果某个站点或连接线路出现故障，管理员可以迅速定位并隔离问题。通过逐一检查与中央节点的连接，可以快速找到故障点，从而降低对整个网络的影响。

3. 扩展性好

星型网络拓扑结构易于扩展，当需要添加新的设备或站点时，只需将新设备连接到中央节点即可。这种结构灵活性高，能够适应不断变化的网络需求。

4. 安全性高

由于每个站点都通过独立的连接线路与中央节点相连，因此可以有效隔离不同站点之间的通信，提高网络的安全性。

星型网络拓扑结构适用于各种规模的局域网环境，特别是那些需要高可靠性、易管理性和灵活性的网络。例如，在企业网络、学校网络、医院网络等场景中，星型网络拓扑结构都得到了广泛应用。

在星型网络拓扑结构的局域网中，通常使用双绞线或光纤作为传输介质。双绞线成本较低，适用于短距离传输；而光纤则具有更高的传输速度和更远的传输距离，适用于大型网络或需要高速数据传输的场景。这些传输介质的选择需要根据具体的网络需求和预算进行权衡。

尽管星型网络拓扑结构的实施费用相对较高，尤其是当网络中设备数量较多时，需要更多的线缆和端口，但考虑到其带来的高可靠性、易管理性和安全性等优势，这些成本投入通常是值得的。此外，随着技术的发展和成本的降低，星型网络拓扑结构的实施费用也在逐渐降低。

1.3.4　树型网络拓扑结构

树型网络拓扑结构是一种层次分明的网络组织形式，其中节点按照层级关系相互连接，形成一个类似于树状的结构。在这种结构中，信息交换主要发生在上下层级节点之间，而相邻节点或同一层级的节点之间通常不进行直接的数据交换。这种结构的设计反映了数据的层次性和组织性，类似于数据结构中的树型结构。树型网络拓扑结构如图 1－7 所示。

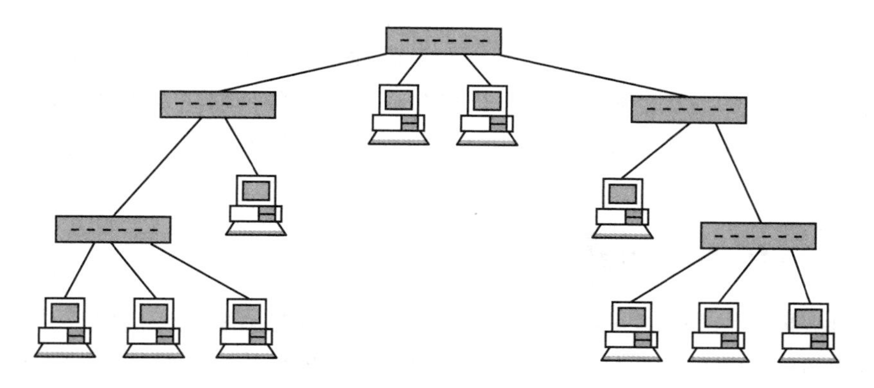

图 1－7　树型网络拓扑结构

树型网络拓扑结构的特点如下：

1. 网络结构简单直观

树型网络拓扑结构清晰明了，节点间的层次关系一目了然，这使得网络的设计、部署和维护变得相对简单。管理员可以轻松地理解网络的整体架构，从而进行有效地管理和配置。

2. 易于扩展和管理

由于树型网络拓扑结构的层次性，网络可以方便地通过添加新的子节点或分支来扩展。同时，由于控制点相对较少，网络的管理也变得相对简单。管理员可以通过集中管理关键节点来控制整个网络。

3. 网络延迟较低

在树型网络拓扑结构中，数据主要沿着树的主干和分支流动，路径相对固定且较短，这有助于减少网络延迟。对于需要实时响应的应用来说，这是一个重要的优势。

4. 误码率较低

由于数据在树型网络拓扑结构中传输时路径较为稳定，减少了信号衰减和干扰的可能性，因此误码率相对较低。这有助于提高数据传输的准确性和可靠性。

5. 网络共享能力受限

由于树型网络拓扑结构中的信息交换主要发生在上下层级节点之间，相邻节点或同一层级的节点之间通常不进行直接的数据交换，这限制了网络的共享能力。在某些需要高度共享资源的场景中，树型网络拓扑结构可能不是最佳选择。

6. 通信线路利用率不高

在树型网络拓扑结构中，可能存在一些分支或子节点未充分利用其通信线路资源的情况。这可能导致资源浪费，特别是在大型网络中。

7. 中央节点负载较重

在树型网络拓扑结构中，中央节点通常承担着重要的数据转发和管理任务。随着网络规模的扩大和流量的增加，中央节点可能会面临较大的负载压力，需要进行适当的优化和扩展。

尽管树型网络拓扑结构在某些方面存在局限性，但在某些特定场景下，如企业内部的层级式管理网络、校园网络等，它仍然是一种有效的网络组织形式。通过合理的规划和设计，可以充分发挥其优势并克服其局限性，为网络应用提供稳定、可靠的支持。

1.3.5 网状网络拓扑结构

网状网络拓扑结构又称作无规则结构，节点之间的连接是任意的，没有规律。在网状网络拓扑结构中，网络的每台设备之间均有点到点的链路连接，这种连接不经济，只有每个站点都要频繁发送信息时才适用这种方法。它的安装也复杂，但系统可靠性高，容错能力强。有时其也被称为分布式结构。网状网络拓扑结构如图 1-8 所示。

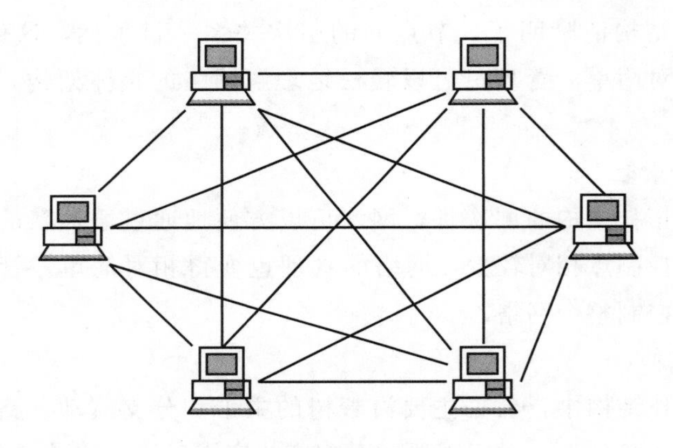

图 1-8 网状网络拓扑结构

网状网络拓扑结构的特点如下：

1. 高网络可靠性

在网状网络拓扑结构中，任意两个节点之间通常存在多条通信路径。这种多路径特性使得当某一条通信链路发生故障时，网络可以通过其他路径自动调整路由，确保信息能够成功送达目的地。因此，网状网络拓扑结构具有极高的容错能力和网络稳定性，适用于对可靠性要求较高的应用场景。

2. 灵活的网络形状和通信信道

网状网络拓扑结构不受固定形状的限制，可以根据实际需求灵活构建各种形状的网络。同时，它支持多种通信信道和传输速率，可以根据不同设备的性能和需求进行灵活配置。这种灵活性使得网状网络拓扑结构能够适应各种复杂的网络环境和应用需求。

3. 易于实现资源共享

由于网状网络拓扑结构中节点高度互联，因此网络中的资源可以很容易地在不同节点之间共享。这有助于提高资源的利用率，降低网络成本，并促进网络内部的协作和信息共享。

4. 优化线路信息流量分配

网状网络拓扑结构允许网络根据实时流量情况动态调整线路的使用，实现信息流量的均衡分配。这有助于避免某些线路因流量过大而拥堵，提高网络的整体性能。

5. 选择优良路径，减少传输延迟

网状网络拓扑结构中的多路径特性使得网络可以根据实时情况选择最佳的传输路径。这有助于减少传输延迟，提高网络的响应速度和性能。

需要注意的是，虽然网状网络拓扑结构具有许多优势，但其安装和维护相对复杂，成本也较高。因此，在选择是否采用网状网络拓扑结构时，需要综合考虑网络规模、性能需求、成本预算等因素。

总的来说，网状网络拓扑结构是一种高度灵活、可靠且性能优异的网络组织形式。通过合理的设计和实施，它可以为各种复杂的网络环境提供稳定、高效的支持。

1.3.6　混合型网络拓扑结构

混合型网络拓扑结构是一种灵活且适应性强的网络设计，它结合了多种网络拓扑结构的优点，以适应不同规模和需求的网络环境。

混合型网络拓扑结构的特点如下：

1. 应用广泛

混合型网络拓扑结构之所以应用广泛，是因为它结合了星型结构和总线型结构等多种拓扑结构的优势，能够在满足网络扩展性和性能需求的同时，兼顾成本和管理的便捷性。这种结构特别适用于大型企业和复杂的网络环境，如智能化信息大厦、大型工业园区等。在这些场景中，混合型网络能够高效地连接各个楼层、建筑物甚至不同地理位置的网络节点，实现信息的快速传输和共享。

2. 扩展灵活

混合型网络拓扑结构的另一个重要特点是扩展灵活性。由于它结合了星型结构的优点，可以通过添加新的节点或分支来方便地扩展网络。这种灵活性使得网络能够随着企业规模的扩大或业务需求的变化而进行相应的调整。同时，混合型网络也支持多种传输介质和速率，可以根据实际需求选择合适的配置，以实现网络性能的优化。

3. 性能优化

虽然混合型网络在某些方面可能受到总线型结构的限制，如总线长度和节点数量的限制，但在实际应用中，通过合理的网络规划和设计，可以最大限度地发挥其性能优势。例如，在骨干网段采用高性能的光纤作为传输介质，可以确保网络的高速传输和稳定性。此外，通过优化网络结构和路由策略，还可以减少网络拥堵和延迟，提高网络的整体性能。

4. 维护和管理挑战

尽管混合型网络拓扑结构具有许多优点，但其维护和管理也相对复杂。由于网络结构复杂，涉及多种拓扑结构和传输介质，因此需要专业的网络管理人员进行维护和管理。同时，由于总线是网络的瓶颈，如果总线出现故障，可能会导致整个网络的瘫痪。因此，在设计和实施混合型网络时，需要充分考虑网络的可靠性和冗余性，采取必要的备份和故障恢复措施。

综上所述，混合型网络拓扑结构是一种高效、灵活且适应性强的网络设计。通过合理的设计和规划，它可以适应各种规模和需求的网络环境，为企业和组织的信息化建设提供有力的支持。然而，在维护和管理混合型网络时，也需要注意其复杂性和挑战性，确保网络的稳定性和安全性。

1.4 计算机网络的组成及工作方式

1.4.1 组成部分

计算机网络是由硬件、软件和协议三大部分共同构建的。硬件部分包括计算机设备、通信线路和连接设备，为网络提供了物理基础；软件部分则涵盖网络操作系统、应用软件等，负责管理和控制网络中的数据流动和资源共享；协议则是网络中各种设备之间通信的规则和约定，确保信息能够准确、高效地传输。这三部分相互协作，共同实现计算机网络的正常运行和高效通信。

1. 硬件

（1）主机（端系统）。主机是计算机网络中的核心设备，主要负责执行网络应用程序并提供网络服务。每台主机都拥有独立的处理器、内存和存储设备，能够自主运行各种应用程序。在网络中，主机可以作为客户端，向其他主机请求服务；也可以作为服务器，为其他主机提供服务。

（2）通信处理机（前端处理机）。通信处理机主要负责通信控制、数据转发和协议转换。它通常位于主机和通信线路之间，起到桥梁的作用。通信处理机能接收来自主机的数据，按照网络协议进行封装和处理，然后通过通信线路发送给其他主机。同时，它也能接收来自通信线路的数据，进行解封装和处理后，传递给主机。

（3）通信线路（传输介质）。通信线路是连接主机和通信处理机的物理通道，用于传输数据。常见的通信线路包括双绞线、同轴电缆和光纤等。不同的传输介质具有不同的传输速度、传输距离和抗干扰能力，需要根据网络的具体需求进行选择。

（4）交换设备。交换设备主要用于数据的转发和交换。常见的交换设备包括路由器和交换机等。路由器主要负责不同网络之间的连接和路由选择，确保数据包能够按照正确的路径到达目的地。交换机则主要负责局域网内部的数据转发，提高数据传输效率。

2. 软件

（1）网络操作系统。网络操作系统是管理网络资源的核心软件，它提供网络通信服务、资源管理、安全控制等功能。常见的网络操作系统有 Windows Server、Linux 等。这些操作系统能够支持各种网络协议和服务，为网络应用提供稳定的运行环境。

（2）网络协议软件。网络协议软件是实现各种网络协议的关键软件。它负责对网络中的数据进行封装和解封装，确保数据能够按照规定的格式进行传输。常见的网络协议包括 TCP/IP、HTTP（超文本传输协议）、FTP 等。这些协议软件能够实现数据的可靠传输、路由选择、流量控制等功能，保证网络通信顺利进行。

（3）网络应用软件。网络应用软件是为用户提供各种网络服务的程序。这些软件通常运行在主机上，通过网络与其他主机进行通信和交互。常见的网络应用软件包括电子邮件客户端、文件传输软件、远程登录工具等。这些软件能够满足用户在网络环境中的各种需求，提高工作效率和生活质量。

3. 协议

（1）定义。协议是计算机网络中进行数据交换和通信时必须遵守的规则和约定。它是网络通信的基础，确保不同设备之间的数据能够正确、有序地传输。协议通常包括语法、语义和时序三个要素，定义了数据的格式、含义以及传输顺序。

（2）分类。协议可以根据不同的层次进行分类。常见的协议层次包括物理层、数据链路层、网络层、传输层和应用层。每个层次都有其特定的协议和功能。

① 物理层协议：定义了数据的传输介质、信号表示和时钟同步等物理特性。

② 数据链路层协议：负责数据帧的封装和解封装、差错控制和流量控制等。常见的数据链路层协议有以太网协议、PPP（点对点协议）等。

③ 网络层协议：主要负责路由选择、数据包的分片和重组以及拥塞控制等。常见的网络层协议有 IP、ICMP（网际控制报文协议）等。

④ 传输层协议：提供端到端的可靠数据传输服务，确保数据的完整性和顺序性。常见的传输层协议有 TCP 和 UDP（用户数据报协议）。

⑤ 应用层协议：定义了各种网络应用的服务和接口，如 HTTP 用于网页浏览、FTP 用于文件传输等。

这些协议共同构成了计算机网络的通信基础，使得不同设备之间能够进行高效、可靠的数据交换和通信。

1.4.2 工作方式

1. 边缘部分

边缘部分是计算机网络的直接参与者，主要由连接到网络上的所有主机组成。这些主机可以是个人计算机、服务器、移动设备等，它们负责执行网络应用程序、提供和获取网络服务。

在边缘部分，主机之间可以进行各种形式的通信，如文件传输、电子邮件发送、网页浏览等。这些通信活动主要依赖于主机上运行的网络应用程序和相应的网络协议。通过应用程序，用户可以发起网络请求，与其他主机进行交互，实现资源共享和协同工作。

此外，边缘部分还涉及用户与网络的交互界面。用户通过终端或浏览器等设备，可以访问网络上的各种服务和资源。这些界面为用户提供了友好的交互体验，使得网络应用更加便捷和高效。

2. 核心部分

核心部分是计算机网络中的关键组成部分，它由大量的网络和连接这些网络的路由器组成。核心部分的主要任务是为边缘部分提供连通性和交换服务，确保数据能够在不同的网络之间高效传输。

路由器是核心部分的核心设备，它负责在不同的网络之间进行路由选择和数据转发。路由器具有强大的计算和存储能力，能够根据网络状态和路由算法，选择最佳的传输路径，将数据包从一个网络转发到另一个网络。

除了路由器外，核心部分还包括其他网络设备，如交换机、集线器等。这些设备在局域网内部提供数据转发和连接服务，支持主机之间的通信和数据共享。

核心部分还涉及网络管理和安全控制等功能。网络管理负责监控网络状态、配置网络设备、处理网络故障等，确保网络稳定运行。安全控制则通过防火墙、入侵检测等手段，保护网络免受恶意攻击和非法访问。

综上所述，计算机网络的边缘部分和核心部分共同构成了整个网络的工作方式。边缘部分负责用户与网络的交互和资源共享，而核心部分则提供网络连通性和交换服务，确保数据的高效传输和网络安全。两者相互协作，共同支撑起计算机网络的运行和发展。

1.5 计算机网络的分类

1.5.1 按网络的覆盖范围分类

计算机网络按其覆盖的范围进行分类，可以很好地反映不同类型网络的技术特征。由于网络覆盖的范围不同，它们所采用的传输技术也就不同，因而形成了不同的网络技术特点与网络服务功能。

按网络覆盖范围的大小，可以将计算机网络分为局域网（LAN）、城域网（MAN）和广域网（WAN）。

1. 局域网

局域网（Local Area Network，LAN）是一种在有限范围内构成的规模相对较小的计算机网络，其覆盖范围通常小于 20 公里。例如，将一个办公室、一座大楼或一个校园内分散的计算机连接起来的网络都属于局域网。图 1－9 所示为一个小型局域网的连接方法。

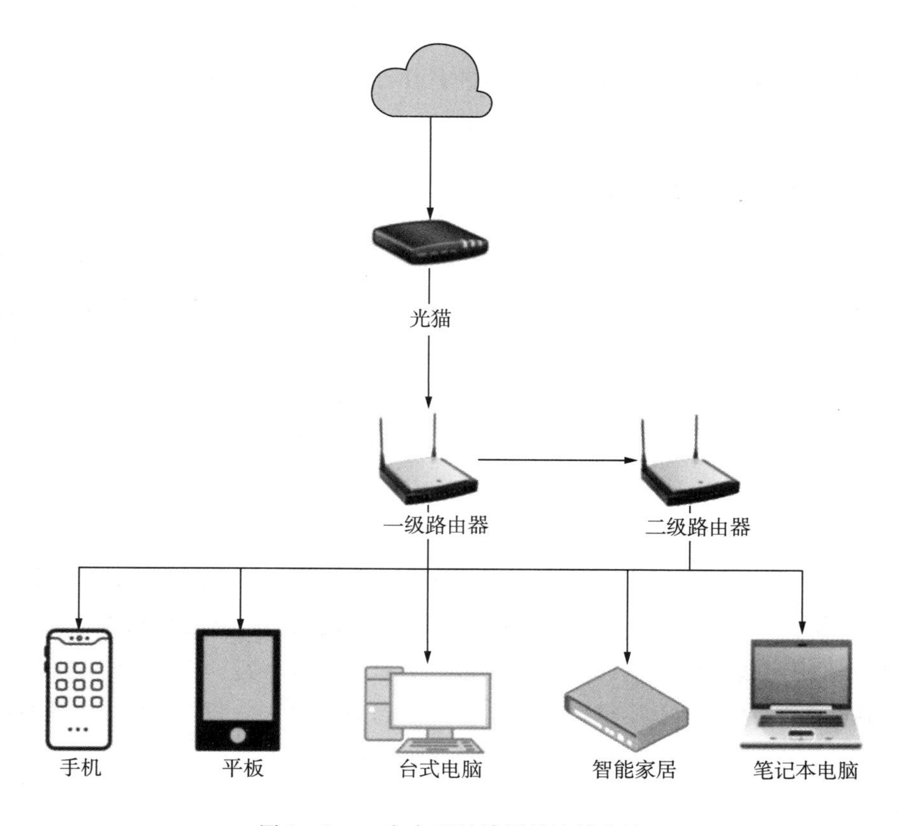

图 1－9　一个小型局域网的连接方法

局域网的特点是网络内不同计算机间的分布距离较近、连接费用低、数据传输可靠性高且速度快等，并且组建网络较为方便。目前我国绝大多数企业都建立了自己的局域网。

局域网内各计算机之间的数据传输速率一般不小于 10 Mbit/s（bit/s，位/秒，指每秒传输的位数），最快可以达到 1000 Mbit/s 甚至更高。

2. 城域网

城域网（Metropolitan Area Network，MAN）的规模介于局域网和广域网之间。

它既可以覆盖相距不远的几栋办公楼，也可以覆盖一个城市；既可以是私人网，也可以是公用网。城域网既可以支持数据和语音传输，也可以与有线电视相连。

城域网中可包含若干个彼此互联的局域网，每个局域网都有自己独立的功能，可以采用不同的系统硬件、软件和通信介质构成，从而使不同类型的局域网能有效地实现资源共享。城域网目前多采用光纤作为通信介质，数据传输速率高。

3. 广域网

广域网是指将众多的城域网、局域网连接起来，实现计算机远距离连接的超大规模计算机网络。广域网的联网范围极大，通常从几百千米到几万千米，其范围可以是市、地区、省、国家，甚至整个世界。

广域网的特点是传输介质极为复杂，并且由于传输距离较长，数据的传输速率较低，容易出现错误，所以采用的技术最为复杂。

1.5.2 按网络传输技术分类

通信信道的类型有两种：广播通信信道与点对点通信信道。在广播通信信道中，多个节点共享一个通信信道，一个节点广播信息，其他节点必须接收信息。在点对点通信信道中，一条通信线路只能连接一对节点，如果两个节点之间没有线路直接连接，则它们只能通过中间节点转接。显然，网络通过通信信道完成数据传输任务，采用的传输方式也只能有两类：广播式网络（Broadcast Networks）与点对点式网络（Point - to - point Networks）。

1. 广播式网络

广播式网络只有一条通信信道，由网络上所有的机器所共享。分组或数据包可以由网络上的任何一台机器发送和接收，由包里的地址段来指明接收的机器。

一个简单的比喻：医院里的大喇叭在呼叫："请张医生赶快到急诊室来。"这时医院所有的医生都听到了这个呼叫，但只有张医生到急诊室去，"张医生"就是包里面指明的地址段，他接收这一段广播，而这段广播则被其他医生丢弃了。

采用广播式网络的基本拓扑构型主要有总线型、树型和环型。

在网络中，数据被划分为几十至几千字节的小块进行传输，这种分割后的小块称为 Packet（数据包、分组）或 Frame（数据帧）。一个包不仅包括数据，还包括数据发端和目的地的地址信息。

2. 点对点式网络

在采用点对点线路的网络中，每条物理线路连接一对节点，其分组传输要经过中间节点的接收、存储、转发，直至目的节点。从源节点到达目标节点可能存在多条路由，因此需要使用路由选择算法。

采用点对点线路的通信子网的基本拓扑构型有星型、环型、树型、网状型。

1.5.3　按管理性质分类

根据网络组建和管理部门的不同，常将计算机网络分为公用网和专用网。

1. 公用网

公用网由电信部门或其他提供通信服务的经营部门组建、管理和控制，网络内的传输和转接装置可供任何部门和个人使用。公用网常用于广域网络的构造，支持用户的远程通信。如我国的电信网、广电网、联通网等。

2. 专用网

专用网是由用户部门组建和经营的网络，不允许其他用户和部门使用。由于投资的因素，专用网通常为局域网或者通过租借电信部门的线路而组建的广域网络。例如，由学校组建的校园网、由企业组建的企业网等。

3. 利用公用网组建的专用网

许多部门直接租用电信部门的通信网络，并配置一台或多台主机，向社会各界提供网络服务。这些部门构成的应用网络称为增值网络（或增值网），即在通信网络的基础上提供增值服务。例如，中国教育和科研计算机网 CERNET，全国各大银行网络等。

1.5.4　按网络的服务方式分类

按计算机在网络内所扮演角色的不同，可以将计算机网络分为客户机/服务器网络和对等网两类。

1. 客户机/服务器网络

这是一种由客户机向服务器发出请求并以此获得服务的网络形式，是一种较为常用且比较重要的网络类型。

客户机/服务器网络的特点是网络内至少有一台专用服务器，且所有的客户机都必须以服务器为中心，由服务器统一进行管理。

在客户机/服务器网络中，由于不同计算机的权限和优先级已经确定，因此比较容易实现网络的规范化管理，且安全性能够得到保证。客户机/服务器网络的缺点是网络的安装和维护较为困难，并且网络的性能受到服务器性能和客户机数量的影响。当服务器性能较差或客户机数量较多时，网络性能将严重下降。

目前，银行、证券公司采用的大都是客户机/服务器网络，其网络内使用的服务器也都是针对该类型网络进行性能优化后的专用服务器。

2. 对等网

对等网的特征是网络内不需要专用的服务器，相互间是一种平等关系。在对等网中，每台接入网络的计算机既是服务器也是客户机，拥有绝对的自主权。例如，不同计算机之间可以实现互访，进行文件交换或使用其他计算机上的共享打印机等。

对等网的特点是网络组建和维护都较为容易、使用简单、可灵活扩展，并且由于不需要价格昂贵的专用服务器，因此可以实现低成本组建网络。但是，对等网的灵活性使得数据的保密性差，文件的存储较为分散，并且很难实现资源集中管理。

知识拓展

有线电视网、电话网和计算机网络的区别

有线电视网是一个单向的、广播式的网络，每一个接入用户只能作为接收者被动地接收相同的信息，网络上的两个接入点之间无法进行信息沟通。接入用户无法对整个网络施加影响。这样的网络最简单、最容易管理。

电话网比有线电视网要复杂一些，它是一个双向的、单播式的网络，每一个接入用户可以接收信息，也可以对外发送信息，不过在同一时间内只能和一个接入用户进行信息交流。接入用户只能对整个网络施加极其有限且微弱的影响，所以电话网比有线电视网在管理上相对难一些。

计算机网络是一个双向的、多种传送方式并存的网络，每个接入用户可以自由地通过单播、组播和广播三种不同的方式同时和一个或者多个用户进行信息交换。每个接入用户都可以在不同程度上对整个网络施加影响。所以，计算机网络是共享性、协作性的网络。这样的网络最复杂，功能也最强，管理难度也最大，也最容易出现问题。

实验活动　认识网络拓扑结构

【实验目的】

(1) 认识网络的组成。

(2) 熟悉星型网的拓扑结构。

【实验内容】

步骤1　在接入Internet的局域网机房中找到电脑主机后面的双绞线，拔下双绞线查看水晶头结构，然后重新插入主机的网线接口。

步骤2　顺着双绞线找到星状网络的中央设备——交换机，观察交换机的接口及接线情况。

步骤3　观察交换机是如何连接到Internet中的。

步骤4　绘制网络拓扑图。

本章小结

本章介绍了计算机网络的入门知识，包括计算机网络的发展史、概念、拓扑结构和分类等。计算机网络的功能主要有数据通信和交换、资源共享、提高系统的可靠性、提高系统处理能力和负载均衡等。从逻辑上，计算机网络可以分为资源子网和通信子网。从规模和通信距离上，计算机网络可以分为局域网、城域网和广域网。从拓扑结构上，计算机网络可以分为总线型、星型、环型、树型和网状型等。其中，星型网是局域网中使用最广泛的网络类型。

思考与练习

一、选择题

1. Internet 的雏形是(　　)。

A. Internet　　B. ARPANET　　C. Bitnet　　D. Ethernet

2. 如果网络是由一个信道作为传输媒体，所有节点都直接连接到这一公共传输媒体上，则称这种网络为(　　)。

A. 环型网　　B. 树型网　　C. 星型网　　D. 总线型网

3. 只允许数据在媒体中单向流动的网络是(　　)。

A. 树型网　　B. 总线型网　　C. 环型网　　D. 星型网

4. LAN 是指(　　)。

A. 互联网　　B. 广域网　　C. 局域网　　D. 城域网

二、简答题

1. 什么是计算机网络?

2. 计算机网络发展经历了哪几个阶段?

3. 计算机网络的主要功能有哪些?简单举几种应用实例。

4. 简述星型网络的特点。

第2章　计算机网络通信技术

网络中的信息交换和共享，是指一个计算机系统中的信息通过网络传输到另一个计算机系统中处理或使用。因此，数据通信技术是网络技术发展的基础。如何让计算机网络中的信息快速、稳定地传输，是数据通信技术首先要解决的问题。

此外，通过学习计算机网络体系结构，我们可以更好地理解计算机网络的工作原理和工作过程，从而更好地规划计算机网络。

【本章内容提要】

了解数据通信基础知识；

了解数据传输技术；

了解通信常用传输介质；

了解数据交换技术和差错控制技术；

了解网络协议和网络体系结构。

2.1　网络通信技术

2.1.1　网络通信的基本概念

为了更好地了解通信系统及其作用，下面介绍网络通信的几个基本概念。

1. 信息

计算机网络通信的目的是交换信息。信息（Information）是人们对现实世界事物存在方式或运动状态的某种认识。表示信息的形式可以是数值、文字、图形、声音、图像及动画等。

2. 数据

数据（Data）是信息的载体与表示方式。数据可分为模拟数据和数字数据两大类。模拟数据是指在某个区间连续变化的物理量，如电话中的声音。数字数据是指离散的不连续的量，它是由模拟数据经过量化后得到的离散值，如在计算机系统中用二进制

0、1 表示的文字、图形、声音、图像及动画等数据。

3. 信号

信号（Signal）是数据在传输过程中的电磁波表示形式。信号分为模拟信号和数字信号两种类型。随时间连续变化的信号叫模拟信号，如声音大小和温度高低；随时间离散变化的信号是数字信号，如计算机内部处理的信号都是数字信号，如图 2－1 所示。

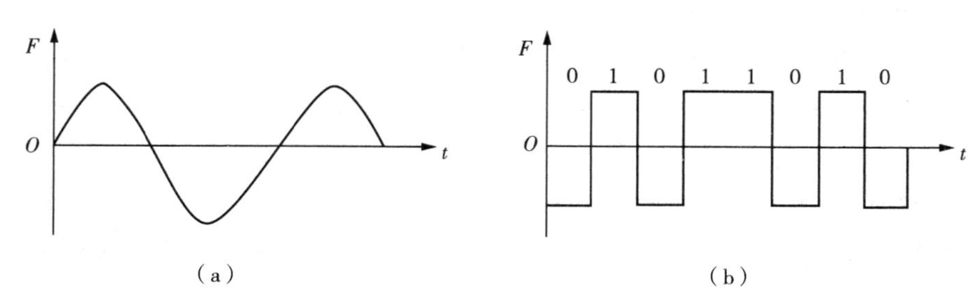

图 2－1　模拟信号和数字信号

(a) 模拟信号；(b) 数字信号

2.1.2　数据通信系统的组成

发送方将要发送的数据转换成信号，并通过物理信道传送到数据接收方的过程称为数据通信。目前，可以找到许多数据通信的例子，如电视广播系统和计算机网络等。无论基于这些系统的应用形式有何不同，在系统的主要构成上它们都具有共性，即任何一个数据通信系统都由信源、信道和信宿三部分组成，并且在信道上存在不可忽略的噪声影响，如图 2－2 所示。

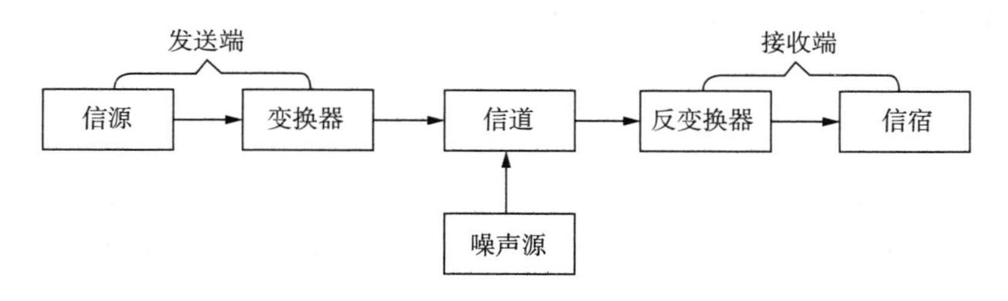

图 2－2　通信系统基本组成

1. 信源和信宿

信源是信息的发送端；信宿是信息的接收端。在计算机网络中，数据通常是双向传输的，信源也同时作为信宿，一般是计算机或其他设备。

2. 信道

信道是传输信息的通道，由通信线路及通信设备组成。从形式上看，信道主要有有线信道和无线信道两类；根据传输的信号的不同，信道又可分为模拟信道和数字信道两类。

3. 信号变换器和反变换器

信号变换器的作用是将信源发出的信息变换成适合在信道上传输的信号，根据不同的信源和信道信号，变换器有不同组成和变换功能。

发送端的变换器可以是编码器或者调制器，接收端的反变换器相对应的就是译码器或者解调器。编码器的功能是对输入的二进制数字序列进行相应的处理，变换成适合在信道上传输的信号；译码器在接收端完成编码的反过程。

调制器把信源或编码器输出的二进制信号变换成模拟信号，以便在模拟信道上进行远距离传输；解调器的作用是反调制，即把接收端接收的模拟信号还原为二进制数字信号。

由于网络中绝大多数信息都是双向传输的，在大多数情况下，信源也作为信宿；编码器与译码器合并，通称为编码译码器；调制器与解调器合并，通称为调制解调器。

知识拓展

调制与解调

普通电话线是针对语音通话而设计的模拟信道，主要适用于模拟信号的传输。如果在模拟信道上传输数字信号，就必须在信道两端分别安装调制解调器（Modem），用数字脉冲信号对模拟信号进行调制和解调。在发送端，将数字脉冲信号转换成能在模拟信道上传输的模拟信号，此过程称为调制（Modulation）；在接收端，再将模拟信号还原成数字脉冲信号，这个反过程称为解调（Demodulation）。把这两种功能结合在一起的设备称为调制解调器。

4. 噪声源

通信系统中不能忽略噪声的影响，通信系统的噪声可能来自各个部分，包括发送或接收信息的周围环境、各种设备的电子器件、信道外部的电磁场干扰等。

2.1.3 模拟通信与数字通信

根据信道中传送信号的类型，可将通信分为模拟通信系统和数字通信系统两类。前者在信道中传送模拟信号，而后者在信道中传送数字信号。模拟信号在传输过程中会衰减，还会受到噪声干扰。克服衰减的办法是在模拟传输系统中使用放大器将信号放大。但干扰信号也随之放大，尤其是远距离传输时，经多次放大后会存在累积误差，严重时会造成传输错误。

数字信号在传输过程中即使受到噪声的干扰，只要不影响“0”和“1”的判断，就可以用信号再生的方法进行恢复。当传输距离远时，可用中继器把信号再生后传输，不会产生累积误差，对某些数字的差错也可以用差错控制技术加以纠正，所以传输质量较高。模拟数据可以用数字信号表示和传输，这时需要有一个将模拟信号转换为数字信号的转换器。同样，数字数据也可以通过一个转换器用模拟信号来表示和传输。例如，图 2－3（a）的信号转换器是个编码器，其作用是对数字数据的数字信号进行编码。图 2－3（b）的信号转换器是个模拟/数字转换器，其作用是将模拟数据转换为数字信号。图 2－3（c）的信号转换器的作用是对数字数据的模拟信号进行编码，具体转换可由调制解调技术完成。

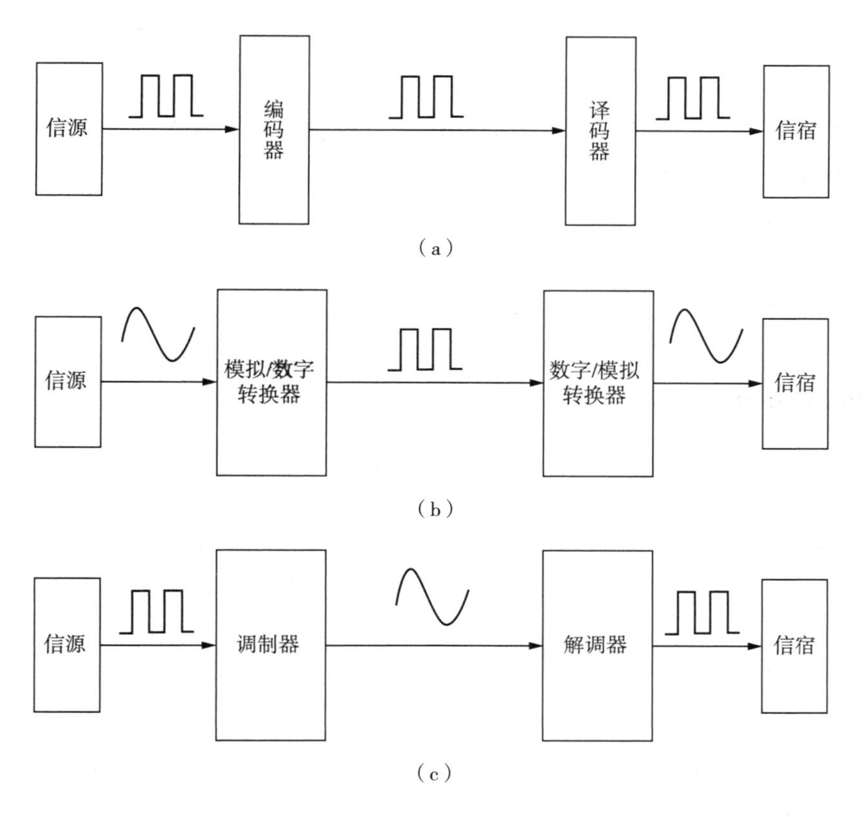

图 2－3　数字通信与模拟通信

（a）数字信道；（b）数字信道；（c）模拟信道

2.1.4　数据通信的技术指标

1. 信道带宽

信道带宽是指信道可以不失真地传输信号的频率范围。为不同应用而设计的传输媒介具有不同的信道质量，所支持的带宽有所不同。

2. 信道容量

信道容量是指信道在单位时间内可以传输的最大信号量，表示信道的传输能力。

3. 数据传输速率（bps）

数据传输速率也称为位速率、比特率，指信道在单位时间内可以传输数据的最大比特数。信道容量和信道带宽具有正比关系：带宽越大，容量越大。

局域网带宽（传输速率）一般为10 Mbps、100 Mbps、1000 Mbps等，而广域网带宽（传输速率）一般为64 Kbps、2 Mbps、155 Mbps、2.5 Gbps等。

4. 差错率/误码率

差错率/误码率是用于描述信道或者数据通信系统（网络）质量的一个指标，是指数据传输系统正常工作状态下信道上传输总比特数与其中出错比特数的比值。

差错率/误码率＝出错比特数/传输总比特数

信道的差错率与信号的传输速率或者传输距离成正比，网络的差错率则主要取决于信源与信宿之间信道的质量，差错率越高表示信道的质量越差。

5. 调制速率

调制速率又叫波特率或码元速率，它是数字信号经过调制后的传输速率，表示每秒传输的电信号单元（码元）数，即调制后模拟电信号每秒钟的变化次数。

计算机网络中Byte和bit的区别

在计算机科学中，bit是表示信息的最小单位，叫作二进制位，一般用0和1表示。Byte叫作字节，一个字节由8个位（8 bit）组成，用于表示计算机中的一个字符。bit与Byte之间可以进行换算，其换算关系为：1 Byte＝8 bit（或简写为：1 B＝8 b）。在实际应用中一般用简称，即1 bit简写为1 b（注意：是小写英文字母b），1 Byte简写为1 B（注意：是大写英文字母B）。

在计算机网络或者是网络运营中，一般情况下，带宽速率的单位用bps（或bit/s）表示。bps表示比特每秒，即每秒钟传输多少位信息，是bitpersecond的缩写。我们通常所说的1 M带宽的意思是1 Mbps，是兆比特每秒（Mbps），不是兆字节每秒（MBps）。

2.2 数据传输技术

2.2.1 基带传输和频带传输

根据数据在传输线上是原样不变地进行传输还是调制变样后进行传输，可以将数据传输分为基带传输和频带传输两种类型。

1. 基带传输

基带传输是指数字数据以原来的“0”或“1”的形式原封不动地在信道上进行传输。基带是指电信号所固有的基本频带，在基带传输中，传输信号的带宽一般较大，普通的电话通信线路满足不了这个要求，需要根据传输信号的特性选择专用的传输线路。

基带传输是一种基本的数据传输方式，它适合传输各种速率的数据，且传输过程简单，设备投资少。但是，基带信号的能量在传输过程中很容易衰减，因此在没有信号再放大的情况下，基带信号的传输距离一般不会大于 2.5 公里。因此，基带传输较多地用于短距离的数据传输，如局域网中的数据传输。

2. 频带传输

频带传输是对二进制信号进行调制变换，将其变换为能在公用电话网中传输的模拟信号。模拟信号在传输介质中传送到接收端后，再由调制解调器将该模拟信号解调变换成原来的二进制信号。这种对数据信号进行调制后再传送，到接收端后又经过解调恢复成原来信号的传输，称为频带传输。

2.2.2　数据编码与调制

数据编码与调制的目的是使信号能够与所用信道的传输特性相匹配，以达到最有效、最可靠的传输效果。

如前所述，数字数据可以用数字信号传输，也可以用模拟信号传输；同样，模拟数据可以用模拟信号传输，也可以用数字信号传输。四种方式所对应的四种数据信息编码为：数字数据的数字信号编码，数字数据的模拟信号调制，模拟数据的数字信号编码，模拟数据的模拟信号调制。

1. 数字数据的数字信号编码

数字数据在数字信道上进行传输，最普遍的办法是用两个电压电平来表示二进制数字，如电压的有无、电压的高低、电压的跳变等表示 1、0。表 2-1 给出了常用数字数据的数字信号编码。

表 2-1　常用数字数据的数字信号编码

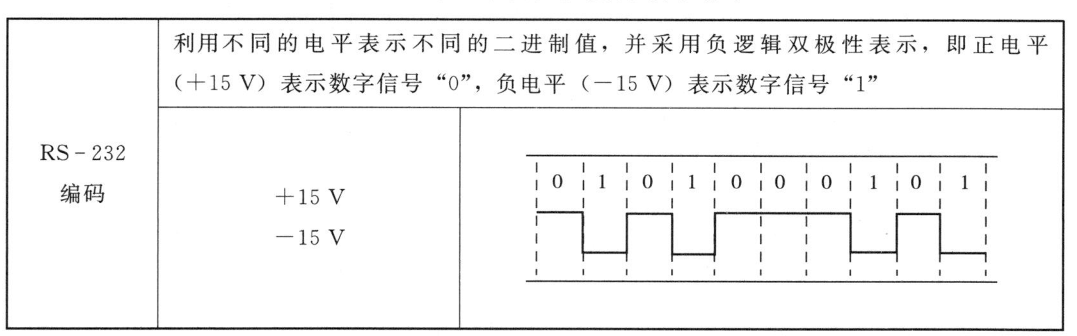

RS-232 编码	利用不同的电平表示不同的二进制值，并采用负逻辑双极性表示，即正电平（+15 V）表示数字信号“0”，负电平（−15 V）表示数字信号“1”	
	+15 V −15 V	0 1 0 1 0 0 0 1 0 1

（续表）

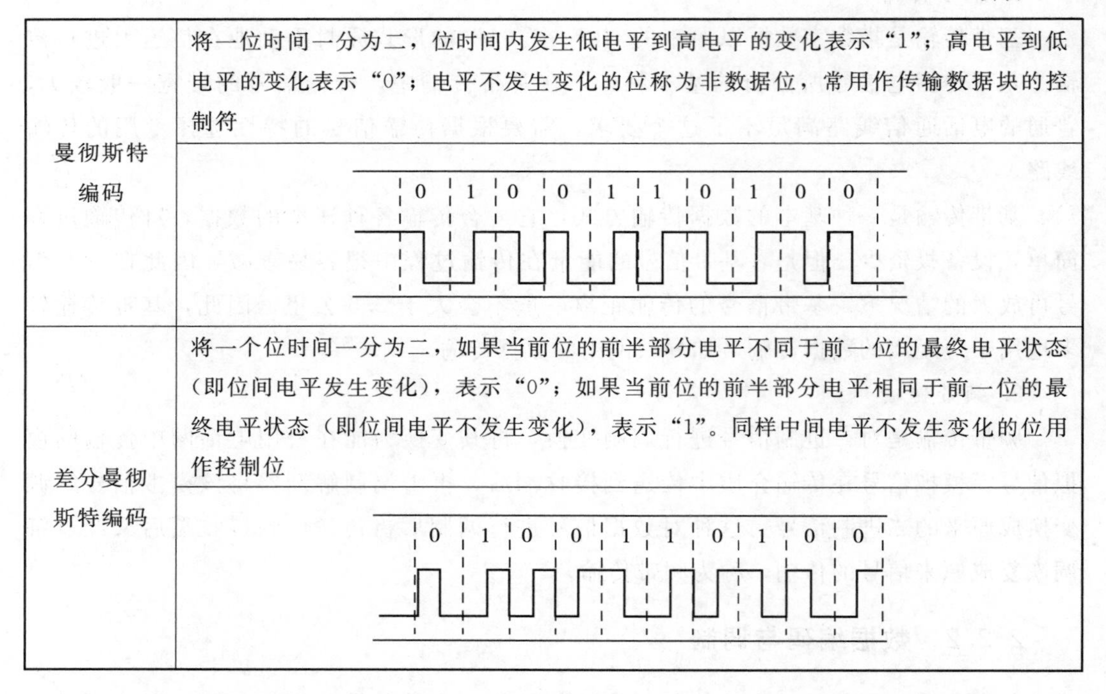

曼彻斯特编码	将一位时间一分为二，位时间内发生低电平到高电平的变化表示“1”；高电平到低电平的变化表示“0”；电平不发生变化的位称为非数据位，常用作传输数据块的控制符
	0 1 0 0 1 1 0 1 0 0
差分曼彻斯特编码	将一个位时间一分为二，如果当前位的前半部分电平不同于前一位的最终电平状态（即位间电平发生变化），表示“0”；如果当前位的前半部分电平相同于前一位的最终电平状态（即位间电平不发生变化），表示“1”。同样中间电平不发生变化的位用作控制位
	0 1 0 0 1 1 0 1 0 0

2. 数字数据的模拟信号调制

将计算机通过调制解调器接入电话网进行通信［如 ADSL（非对称数字用户线路）上网方式］是利用模拟信号传输数字数据的典型情况。

为了将二进制数据转换为适合模拟信道传输的模拟信号，需要选取某一频率范围的正弦或余弦信号作为载波，然后将要传送的数字数据“寄载”在载波上，利用数字数据对载波的某些特性（振幅、频率、相位）进行控制，使载波特性发生变化，然后将变化了的载波送往线路进行传输，具体分为图 2-4 所示的三种情况。

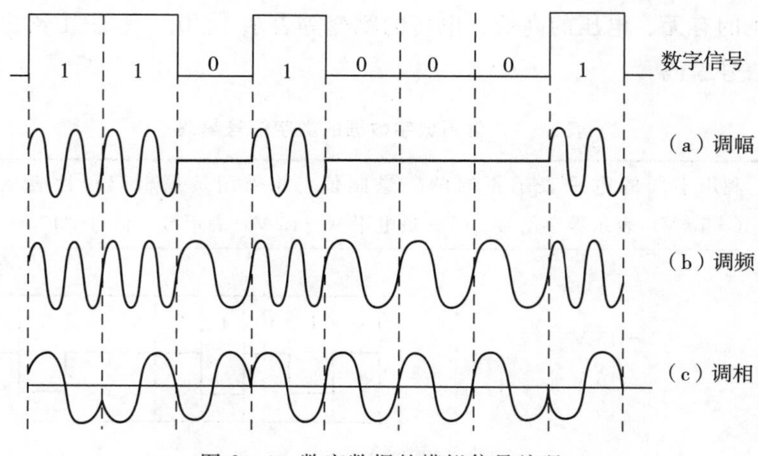

图 2-4　数字数据的模拟信号编码

调幅：按照数字数据信号的值改变载波的幅度，如图2-4（a）所示。当载波存在（具有一定的幅度）时，表示数字数据信号的“1”；而载波不存在（幅度为0）时，则表示数字数据信号的“0”。这种调幅技术称为幅移键控ASK（Amplitude-shift Keying）。

调频：按照数字数据信号的值去改变载波的频率，如图2-4（b）所示。当载波频率为高频时，表示数字数据信号的“1”；而载波频率为低频时，则表示数字数据信号的“0”。这种调频技术称为频移键控FSK（Frequency-shift Keying）。

调相：按照数字数据信号的值去改变载波的相位，如图2-4（c）所示。当载波信号和前面的信号同相（即不产生相移）时，代表数字数据信号的“0”；而载波信号和前面的信号反相（有180°相移）时，则代表数字数据信号的“1”。这种调相技术称为相移键控PSK（Phase-shift Keying）。

3. 模拟数据的数字信号编码

要实现模拟信号的数字化传输和交换，首先要在发送端把模拟信号变换成数字信号。模拟数据的数字信号编码常用的方法是脉冲编码调制（PCM），它一般包括取样、量化和编码三个过程。

取样：取样是指在每隔固定长度的时间点上抽取模拟数据的瞬时值，作为从这一次取样到下一次取样之间该模拟数据的代表值。

量化：取样后的信号，其幅度的取值仍有无限多个，并且是连续的。将取样所得到的信号幅度分级取值，使连续模拟信号变为时间轴上的离散值，这个过程就是量化。

编码：编码就是把量化后取样点的幅值用二进制代码表示。

4. 模拟数据的模拟信号调制

模拟数据的模拟信号调制是一种重要的通信技术，它涉及将模拟数据（如声音、图像等连续变化的物理量）通过调制过程转换为适合传输的模拟信号。

模拟信号是指在时间和电压上取值都连续的信号，它可以很好地模拟一些连续变化的物理量。模拟信号调制则是将模拟数据通过一定的方式映射到载波信号上，从而生成适合在信道中传输的已调信号。模拟信号调制主要有以下几种方式：

调幅（AM）调制：

调幅调制是一种将模拟数据的幅度信息映射到载波信号的幅度上的方法。在调幅调制中，载波信号的频率和相位保持不变，只有幅度随模拟数据的变化而变化。调幅调制的特点是实现简单，但抗干扰能力较差，且频带利用率较低。

调频（FM）调制：

调频调制是一种将模拟数据的频率信息映射到载波信号的频率上的方法。在调频调制中，载波信号的幅度和相位保持不变，只有频率随模拟数据的变化而变化。调频调制的特点是抗干扰能力强，频带利用率较高，但实现相对复杂。

相位调制（PM）：

相位调制是一种将模拟数据的相位信息映射到载波信号的相位上的方法。在相位调制中，载波信号的幅度和频率保持不变，只有相位随模拟数据的变化而变化。相位调制同样具有抗干扰能力强的特点，且频带利用率也相对较高，但实现起来也相对复杂。

双边带调制（DSB）和单边带调制（SSB）：

双边带调制是由调制信号和载波直接相乘得到的，包含上下边带分量，没有载波分量。单边带调制则是通过滤除双边带信号的一个边带得到的，可以是上边带（USB）或下边带（LSB）。单边带调制可以节约频率资源，同时在接收端相同信噪比时，单边带节省发射功率。

2.2.3 并行传输和串行传输

根据传输时需要的信道数，可将数据传输分为并行传输和串行传输两种方式。

1. 并行传输

并行传输是将数字信号中的多个比特（二进制位）以成组的方式在多个并行的信道上同时传输，通常以 8 个比特构成的一个字节为单位，一次传输 8 个比特，占用 8 条信道，如图 2-5 所示。

并行传输的优点是数据传输速率高；缺点是数据传输占用的信道较多，费用较高，并行线路之间也存在相互干扰，所以其只能应用于短距离传输，如打印机与计算机之间的数据传输。

2. 串行传输

串行传输是将数字信号中的每个比特按顺序排列成串，形成比特流，逐位在信道上传送，如图 2-6 所示。

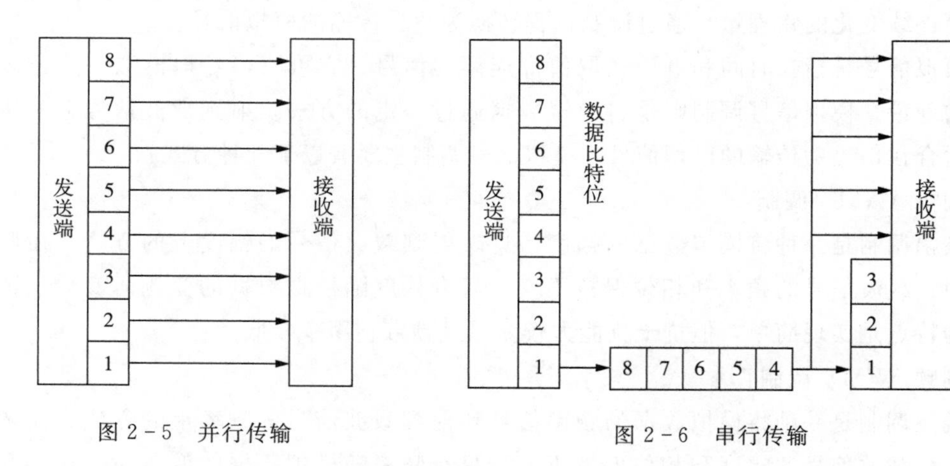

图 2-5　并行传输　　　　图 2-6　串行传输

由于串行传输把组成每个字符的二进制位排列成位串，因此必须采用一种方法来区分每个字符由哪些二进制位组成，即每个字符的开始位置和结束位置在哪里，否则接收方无法分辨收到的信息的含义。确定每个字符开始与结束的方法称为字符同步。

与并行传输相比，串行传输的优点是只需要一条信道，减少了设备成本，易于实现；缺点是传输效率低。

2.2.4　单工、半双工与全双工通信

根据数据在线路上传输的方向和特点，可将通信划分为单工通信（Simplex Communication）、半双工通信（Half - duplex Communication）和全双工通信（Fule - duplex Communication）三种方式，如图2-7所示。

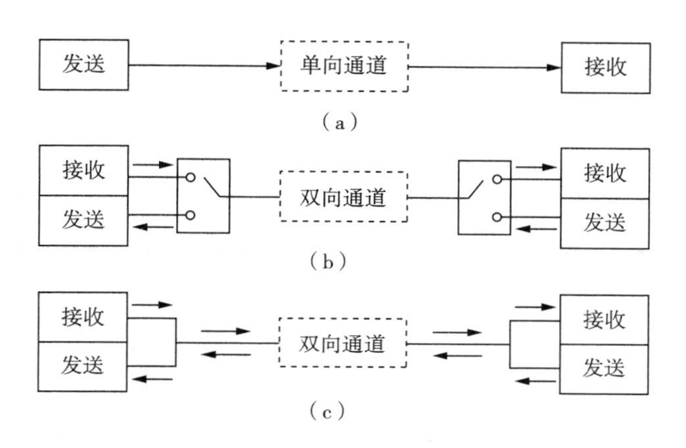

图2-7　三种通信方式

(a) 单工通信；(b) 半双工通信；(c) 全双工通信

1. 单工通信

在单工通信中，数据只能向一个方向传输，即一方只能是发送方，另一方只能是接收方，如图2-7（a）所示。单工通信的例子有无线电广播和电视节目传送等。

2. 半双工通信

在半双工通信系统中，每一方都可以接收和发送数据，但接收与发送不能同时进行。在某个时间内，数据只能在一个方向上传输，而在另一时间内数据在相反的方向上传输，如图2-7（b）所示。半双工通信的例子有对讲机、计算机与终端之间的通信等。

3. 全双工通信

全双工通信是指通信双方可以在两个方向上同时进行通信，如图2-7（c）所示。

2.2.5　异步传输与同步传输

在数据通信系统中，当发送端与接收端采用串行通信时，通信双方交换数据需要高度协同，彼此间传输数据的速率、每个比特的持续时间和间隔都必须相同，这就是同步问题。同步就是让接收方按照发送方发送的每个码元、比特起止时刻和速率来接收数据，否则，收发之间会产生误差。即使是很小的误差，随着时间增加而逐步累积，也会导致传输的数据出错。

因此，实现收发同步的技术是数据传输中的关键技术之一。通常使用的同步技术有两种：异步传输和同步传输。

1. 异步传输

在异步传输中，每传送一个字符（7 或 8 位）都要在每个字符代码前加一个起始位，以表示字符代码的开始；在字符代码和校验码后面加一个或两个停止位，表示字符结束。接收方根据起始位和停止位来判断一个新字符的开始和结束，从而起到使通信双方同步的作用，如图 2－8 所示。

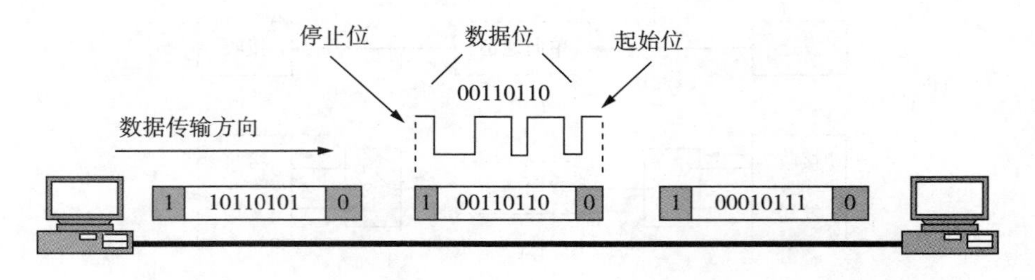

图 2－8　异步传输

异步传输的实现比较容易，但每传输一个字符需要使用 2～3 位，所以它适合于低速通信。

2. 同步传输

同步传输的信息格式是一组字符或一个二进制位组成的数据块（帧）。对于这些数据，不需要附加起始位和停止位，而是在发送一组字符或数据块之前发送一个同步字符 SYN（以 01101000 表示）或一个同步字节（以 01111110 表示），用于接收方进行同步检测，从而使收发双方进入同步状态。在同步字符或字节后，可以连续发送任意多个字符或数据块，发送数据完毕后，再使用同步字符或字节来标识整个发送过程的结束，如图 2－9 所示。

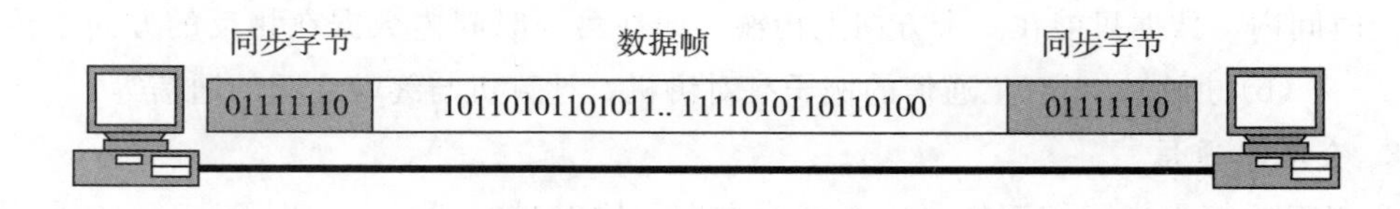

图 2－9　同步传输

在同步传输时，由于发送方和接收方将整个字符组作为一个单位传送，且附加位非常少，从而提高了数据传输的效率。因此，这种方法一般用于高速传输数据的系统中，如计算机之间的数据通信。

在同步通信中，要求收发双方之间的时钟严格同步，而使用同步字符或同步字节，只是用于同步接收数据帧。只有保证接收端接收的每一个比特都与发送端保持一致，接收方才能正确地接收数据，这就需要使用位同步的方法。对于位同步，可以使用一个额外的专用信道发送同步时钟来保持双方同步（称为外同步法），也可以使用编码技术将时钟编码到数据中（称为自同步法），接收端在接收数据的同时获取同步时钟。两种方法相比，后者的效率最高，使用最为广泛。

2.3　网络传输介质

传输介质是网络中信息传输的媒介，是网络通信的物质基础之一。传输介质的性能特点对传输速率、通信距离、可连接的网络节点数目和数据传输的可靠性均有很大的影响。在网络中常用的传输介质有双绞线（Twisted Pair，TP）、同轴电缆、光纤（Optical Fiber）和无线电等。

2.3.1　双绞线

双绞线是局域网中最常用的传输介质。

双绞线是由两根绝缘的铜导线按照规则的方法绞合而成的，称为一对双绞线。双绞线绞合的目的是减少信号在传输中的串扰及电磁干扰。如图 2－10 所示，通常把若干对双绞线捆成一条电缆，并以坚韧的塑料护套包裹，每根铜导线的护套上都涂有不同的颜色，分为橙白、橙、绿白、绿、蓝白、蓝、棕白和棕色，以便于用户区分不同的线对。

图 2－10　非屏蔽双绞线

根据屏蔽类型，双绞线分为非屏蔽双绞线（UTP）和屏蔽双绞线（STP）两大类。

非屏蔽双绞线：如图 2－10 所示，非屏蔽双绞线的外面只有一层绝缘胶皮，因此重量轻、易弯曲，安装、组网灵活，比较适合于结构化布线。在无特殊要求的小型局域网中，尤其是在星型网络拓扑结构中，常常使用这种双绞线。

屏蔽双绞线：如图 2－11 所示，屏蔽双绞线在双绞线与外层绝缘层之间有一层金属材料。这种结构能减少辐射，防止信息被窃听，同时还具有较高的数据传输速率。但由于屏蔽双绞线的价格相对较高且必须采用特殊的连接器，技术要求也比非屏蔽双绞线高，因此屏蔽双绞线只适用于安全性要求较高的网络环境中。

根据传输数据的特点，双绞线又可分为 3 类、4 类、5 类和超 5 类等。其性能和用途见表 2－2。

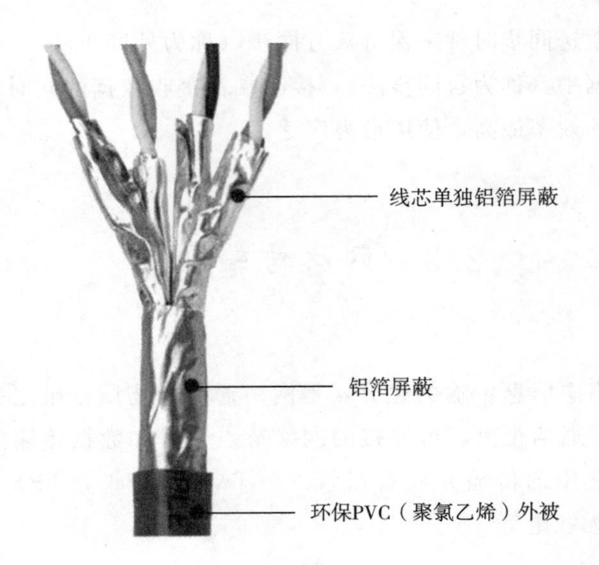

图 2-11　屏蔽双绞线

表 2-2　双绞线的性能和用途

类别	最高工作频率（MHz）	最高数据传输率（Mbps）	主要用途
3 类	15	10	10 MB 网络
4 类	20	45	10 MB 网络（一般不用）
5 类	100	100	10 MB 和 100 MB 网络
超 5 类	200	155	10 M、100 M 和 1000 M 网络

2.3.2　同轴电缆

同轴电缆也是一种常见的网络传输介质。它由一层网状导体和一根位于中心轴线位置的铜导线组成，铜导线、网状导体和外界之间分别用绝缘材料隔开，如图 2-12 所示。

图 2-12　同轴电缆

从图 2-12 可以看出，同轴电缆的结构分为四部分，各部分的作用如下：

铜质导体：同轴电缆的中心导体多为单芯铜质导线，是信号传输的信道。

绝缘体：用于隔离铜质导体和网状导线的塑料绝缘层，目的是避免短路。

网状导线：环绕绝缘体外的一层金属网，作为接地线使用。在网络信息传输过程中，它可用作铜质导体的参考电压。

外皮：用于保护网线免受外界干扰，并预防网线在不良环境中受到氧化或其他损坏。

目前广泛使用的同轴电缆有两种：一种是阻抗为 50 欧姆的基带同轴电缆，另一种是阻抗为 75 欧姆的宽带同轴电缆。

基带同轴电缆主要用于传输数字信号，可以作为计算机局域网的传输介质。基带同轴电缆的带宽取决于电缆长度。1 km 电缆可达到 10 Mbps 的数据传输率。电缆长度增加，其数据传输率将会下降；短电缆可获得较高的数据传输率。

宽带同轴电缆用于传输模拟信号。“宽带”这个词来源于电话业，指比 4 kHz 宽的频带。宽带电缆技术使用标准的闭路电视技术，可以使用的频带高达 900 MHz，由于使用模拟信号，可传输近 100 km，对信号的要求也远没有对数字信号那样高。

由于同轴电缆具有寿命长、频带宽、质量稳定、外界干扰小、可靠性高、维护便利、技术成熟等优点，其费用又介于双绞线与光纤之间，在光纤通信大量应用之前，同轴电缆在闭路电视传输系统中一直占主导地位。

2.3.3　光纤

光导纤维是一种新型的传输介质，它由石英玻璃纤芯、折射率较低的反光材料包层和塑料防护层组成，如图 2－13 所示。由于包层的作用，在纤芯中传输的光信号几乎不会被折射出去。

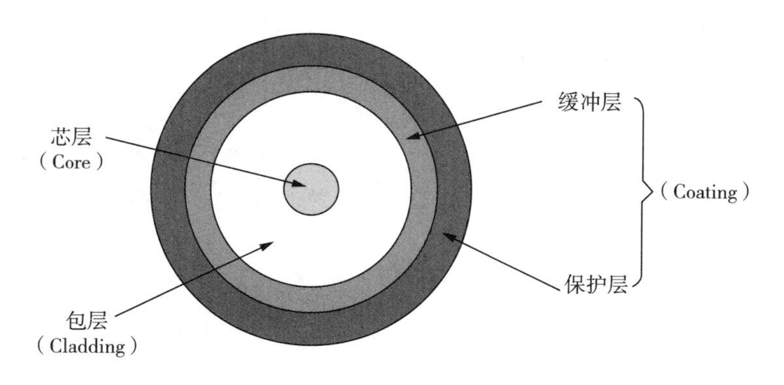

图 2－13　光纤

光纤由于具有传输速率高、通信容量大、重量轻等一系列非常突出的优点而得以迅速发展。当前长距离通信的干线网几乎都是用光纤作为传输介质；而在企业网中，当要求的传输速率大于 100 Mbps、通信距离为数百米时，目前也广泛利用光纤。此外，在结构化布线系统中，通常都是利用 5 类 UTP 电缆作为水平布线，用光纤作为垂直布线。

1. 光纤通信的工作原理

光纤通信系统的主要部件有光收发器和光纤，如果用于长距离传输信号还需要中继器。光纤通信实际上是应用光学原理，由光收发器的发送部分产生光束，将表示数字代码的电信号转变成光信号后导入光纤传播，在光缆的另一端由光收发器的接收部分接收光纤上传输的光信号，再将其还原成发送前的电信号。

2. 光纤的分类

单模光纤（Single Mode Fiber）：这种光纤具有较宽的频带，传输损耗小，因此允许进行无中继的长距离传输。但由于这种光纤难以与光源耦合，连接较困难，价格也较贵，故主要用作邮电通信中的长距离主干线。

多模光纤（Multi Mode Fiber）：其频带较窄，传输衰减也大，因此，其所允许的无中继传输距离较短，但其耦合损失较小，易于连接，价格较便宜，故常用于中、短距离的数据传输网络中。

3. 光纤的优缺点

光纤的优点：传输信号的频带较宽，通信容量大，信号衰减小，应用范围广等；绝缘性能好，保密性好，不易被截取数据；传输速率高，目前实际的传输速率为几十兆比特每秒至几千兆比特每秒；抗化学腐蚀能力强，可用于一些特殊环境下的布线。

光纤的缺点：光纤价格昂贵。光缆的安装、连接和分接都不容易，且相应的安装和测试工具也非常贵，这使光纤的应用受到一定限制。目前光纤主要在主干网络上使用。

2.3.4 无线传输

无线传输是指信号通过空气传输，信号不被约束在一个物理导体内。无线介质主要包括无线电波、微波和红外线等。

1. 无线电波

无线电波很容易产生，可以传播很远，并且能够轻松穿过建筑物的阻挡，被广泛用于通信。无线电波的传输是全方向的，因此发射和接收装置不需要在物理上非常精确地对准。

2. 微波

微波沿直线传播，具有很强的方向性，因此发射天线和接收天线必须精确地对准。由于微波沿直线传播，而地球是一个不规则球体，这会限制地面微波传输的范围。为了使传输距离更远，必须每隔一段距离就在地面设置一个中继站，以实现信号的放大、恢复及转发。

微波可用于传输电话、电报、图像和数据等信息。微波通信的特点是通信容量大、受外界干扰小、传输质量高，但它的数据保密性较差。

3. 红外线

无导向的红外线已经被广泛应用于短距离通信。例如，在日常生活中所使用的遥控装置都利用了红外线。红外线通信的特点是相对有方向性、便宜且容易制造，缺点是不能穿透坚实的物体。

2.4 数据交换技术

数据交换是指在数据通信时利用中间节点将通信双方连接起来。作为交换设备的中间节点仅执行交换的动作，不关心被传输的数据内容，将数据从一个端口交换到另一个端口，继而传输到另一台中间节点，直至目的地。整个数据传输的过程被称为数据交换过程。

数据交换方式包括线路交换（电路交换）、报文交换和分组交换。

2.4.1 线路交换

线路交换又称为电路交换，它类似于电话系统，通信的计算机之间必须事先建立物理线路或者物理连接。

1. 线路交换的过程

整个线路交换的过程包括建立线路、数据传输、释放线路三个阶段。

(1) 建立线路。发起方站点向某个终端站点（响应方站点）发送一个请求，该请求通过中间节点传输至终点；如果中间节点有空闲的物理线路可以使用，则接收请求，分配线路，并将请求传输给下一个中间节点；整个过程持续进行，直至到达终点。

如果中间节点没有空闲的物理线路可以使用，整个线路的“串接”将无法实现。仅当通信的两个站点之间建立起物理线路之后，才允许进入数据传输阶段。

线路一旦被分配，在释放之前，其他站点将无法使用，即使某一时刻线路上并没有数据传输。

(2) 数据传输。在已经建立物理线路的基础上，站点之间进行数据传输。数据既可以从发起方站点传送到响应方站点，也允许相反方向的数据传输。由于整条物理线路的资源仅用于本次通信，通信双方的信息传输延迟仅取决于电磁信号沿介质传输的延迟。

(3) 释放线路。站点之间的数据传输完毕后，执行释放线路的动作。该动作可以由通信双方中任一站点发起，释放线路请求通过途径的中间节点送往对方，释放整条线路资源。

2. 线路交换的特点

独占性：建立线路之后、释放线路之前，即使站点之间无任何数据可以传输，整条线路也不允许其他站点共享，因此线路的利用率较低，并且容易引起接续时的拥塞。

实时性好：一旦线路建立，通信双方的所有资源（包括线路资源）均用于本次通信，除了少量的传输延迟之外，不再有其他延迟，具有较好的实时性。

线路交换设备简单，不提供任何缓存装置。

用户数据透明传输，要求收发双方自动进行速率匹配。

2.4.2 报文交换

1. 报文交换的原理

报文交换的原理是：一个站点要发送一个报文（一个数据块），它将目的地址附加在报文上，然后将整个报文传递给中间节点；中间节点暂存报文，根据目的地址确定输出端口和线路，排队等待，当线路空闲时再转发给下一节点，直至终点。

2. 报文交换的特点

在中间节点，采用“接收－存储－转发”数据的模式。

不独占线路，多个用户的数据可以通过存储和排队共享一条线路。

无线路建立的过程，提高了线路的利用率。

可以支持多点传输。一个报文传输给多个用户，在报文中增加“地址字段”，中间节点根据地址字段进行复制和转发。

中间节点可进行数据格式的转换，方便接收站点接收。

增加了差错检测功能，避免出错数据的无谓传输等。

3. 报文交换的不足

由于“存储－转发”和排队，增加了数据传输的延迟。

报文长度未作规定，报文只能暂存在磁盘上，磁盘读取占用了额外的时间。

任何报文都必须排队等待。

报文交换难以支持实时通信和交互式通信的要求。

2.4.3 分组交换

分组交换是对报文交换的改进，是目前应用最广泛的交换技术。它结合了线路交换和报文交换的优点，使其性能达到最优。分组交换类似于报文交换，但它规定了交换设备处理和传输的数据长度（我们称之为分组），将长报文分成若干个固定长度的小分组进行传输。不同站点的数据分组可以交织在同一线路上传输，提高了线路的利用率。由于分组长度固定，系统可以采用高速缓存技术来暂存分组，提高了转发的速度。

分组交换实现的关键是分组长度的选择。分组越小，冗余量（如分组中的控制信息）在整个分组中所占的比例越大，最终将影响用户数据传输的效率；分组越大，数据传输出错的概率也越大，增加重传的次数，也影响用户数据传输的效率。

分组交换采用两种不同的方法来管理被传输的分组流：数据报分组交换和虚电路分组交换。

1. 数据报分组交换

数据报（Data Gram）是面向无连接的数据传输，工作过程类似于报文交换。采用数据报方式传输时，被传输的分组称为数据报。数据报的前部增加地址信息的字段，网络中的各个中间节点根据地址信息和一定的路由规则，选择输出端口，暂存和排队数据报，并在传输媒体空闲时，发往媒体乃至最终站点。

当一对站点之间需要传输多个数据报时，由于每个数据报均被独立地传输和路由，因此在网络中它们可能会走不同的路径，具有不同的时间延迟，按序发送的多个数据报可能以不同的顺序到达终点。

2. 虚电路分组交换

虚电路（Virtual Circuit）是面向连接的数据传输方式，工作过程类似于线路交换，不同之处在于此时的电路是虚拟的。

采用虚电路方式传输时，物理媒体被理解为由多个子信道［称之为逻辑信道（LC）］组成，子信道的串接形成虚电路（VC），利用不同的虚电路来支持不同的用户数据传输。

采用虚电路进行数据传输的过程如下。

（1）虚电路建立。发送方发送含有地址信息的特定控制信息块，该信息块途经的每个中间节点根据当前的 LC 使用状况分配 LC，并建立输入和输出 LC 映射表，所有中间节点分配的 LC 的串接形成虚电路。

（2）数据传输。站点发送的所有分组均沿着相同的 VC 传输，分组的发送和接收顺序完全相同。

（3）虚电路释放。数据传输完毕后，采用特定的控制信息块来释放该虚电路。通信的双方都可以发起释放虚电路的动作。

由于虚电路的建立和释放需要占用一定的时间，因此虚电路方式不适合站点之间频繁连接和交换短小数据的应用，如交互式的通信。

什么是信息高速公路（Information Highway）？

信息高速公路是指高速信息电子网络，它是一个由通信网络、计算机、数据库以及日用电子产品组成的完整网络体系。

构成信息高速公路的核心是以光缆作为信息传输的主干线，采用支线光纤和多媒体终端，用交互方式传输文字、视频、话音、图像等多种形式信息的千兆比特高速数据网。此外，信息的来源、内容和形式也是多种多样的。网络用户可以在任何时间、任何地点以声音、数据、图像或视频等多媒体方式相互传递信息。

1992 年，当时的参议员、前任美国副总统阿尔・戈尔提出了美国信息高速公路法案。1993 年 9 月，美国政府宣布实施一项新的高科技计划——“国家信息基础设施”（National Information Infrastructure，NII），旨在以因特网为雏形，兴建信息时代的“高速公路”，使所有的美国人方便地共享海量的信息资源。

NII 计划宣布后，得到了美国国内大公司的普遍支持，世界其他国家也对此高度重视。许多发展中国家（包括中国）也在研究 NII 计划，并且根据自身条件制定和提出了本国的策略。网络系统是 NII 计划的基础。NII 计划的提出，给未来的信息社会勾画了一个清晰的轮廓，而 Internet 的扩大运行，也为未来的全球信息基础设施提供了一个可供借鉴的原型。

2.5 差错控制技术

差错控制是指在数据通信的过程中，发现、检测差错，对差错进行纠正，从而把差错限制在数据传输所允许的尽可能小的范围内的技术和方法。

在计算机通信中，一般都要求有极低的比特差错率，为此广泛采用了编码技术。编码技术有两大类：一类是前向纠错，即收到有差错的数据时能够自动将差错改正过来。这种技术开销大，不太适合计算机通信。另一类是差错检测，即接收方可以检测出收到的帧是否有差错（但并不知道是哪几个比特错了）。当检测出有错的帧时就立即将它丢弃，但接下来有两种方法：一种是不进行任何处理（要处理也是高层进行），另一种是由数据链路层负责重传丢弃的帧。这两种方法都比较常用。

常见的差错控制编码有奇偶校验和循环冗余校验（CRC）。

2.5.1 奇偶校验

奇偶校验（Parity Checking）是以字符为单位的校验方法，也称垂直冗余校验（VRC）。一个字符由 8 位组成，低 7 位是信息字符的 ASCII（美国信息交换标准码），最高位（附加位）为奇偶校验码位，接收方用这个附加位来校验传输的正确性。

奇偶校验分为奇校验和偶校验两种。在偶校验时，必须保证传输字符代码中“1”的个数为偶数。例如，如果传输字符的编码中有奇数个“1”，则该最高位的值应为“1”，从而使得整个 8 位中的“1”的个数为偶数；反之，在奇校验时，这个最高位（附加位）就为“0”，正是设置了该附加位，保证了传输数据中“1”的个数为奇数。

表 2-3 列出了偶校验和奇校验的应用示例。表中字符“Y”的 7 位 ASCII 码为“1011001”，其中有 4（偶数）个“1”。当采用偶校验时，为了保证整个二进制字符代码中“1”的个数为偶数，附加位应为“0”。这样，整个被发送的 8 位二进制字符代码为“01011001”。当采用奇校验时，为了保证整个字符代码中“1”的个数为奇数，则附加位为“1”，即整个被发送的 8 位二进制代码为“11011001”。

表 2-3 奇偶校验位的设置

校验方式	附加位	ASCII 的位 7654321	ASCII	代表的字符
偶校验	0	1011001	89	Y
奇校验	1	1011001	89	Y

当接收方收到含有附加位的数据之后，它会对收到的数据与发送端的奇校验或偶校验进行校验，并将结果与原来的奇偶校验位核对，如果有错，就要求对方重发。

由表 2-4 可知，在第 2 种方式下，传输过程中只有 1 位出错时，接收方可以正确拒收数据；在第 3 种方式下，传输过程中有 2 位出错，由于奇偶校验结果为正确，因此，接收方错误地接收了数据。由此可见，奇偶校验只能检测出奇数个比特位的错误，对偶数个比特位的错误则无能为力。

表 2-4　奇偶校验的工作方式

方式序号	发送方	接收方	奇偶校验结果
第 1 种方式	11000001	11000001	奇数个 1，校验正确
第 2 种方式	11000001	10000001	1 位出错，偶数个 1，校验错误
第 3 种方式	11000001	10000011	2 位出错，奇数个 1，校验正确
第 4 种方式	11000001	10000111	3 位出错，偶数个 1，校验错误

2.5.2　循环冗余校验

目前，最常用和最精确的差错控制技术是 CRC（Cyclic Redundancy Check）。CRC 是一种通过多项式除法检测差错的方法。

CRC 的检错思想是：收发双方用约定的一个生成多项式 $G(x)$ 做多项式除法，求出余数多项式 CRC 校验码；发送方在数据帧的末尾加上 CRC 校验码；这个带有校验码的帧的多项式一定能被 $G(x)$ 整除。接收方收到后，用同样的 $G(x)$ 除以多项式，如果有余数，则传输有错。

2.6　网络体系结构

网络模型使用分层来简化网络的功能。它采用层次化结构的方法来描述复杂的网络系统，将复杂的网络问题分解成许多较小的、界限比较清晰而又简单的部分来处理。

层次结构和协议的集合被称为网络体系结构。体系结构定义和描述了一组用于计算机及其通信设施之间互连的标准和规范。遵循这组规范可以方便地实现计算机设备之间的通信。

2.6.1　网络协议的概念

网络中包含多种计算机系统，它们的硬件和软件系统各异，要使它们之间能够相互通信，就必须有一套通信管理机制，使通信双方能正确地接收信息，并能理解对方所传输信息的含义。网络协议就是为实现网络中的数据交换而建立的规则标准或约定。网络协议也可简称为协议。网络协议是计算机网络不可缺少的组成部分。

2.6.2 网络的层次结构

为了减少网络设计的复杂性，绝大多数网络采用分层设计方法。所谓分层设计方法，就是按照信息的流动过程将网络的整体功能分解为一个个的功能层，不同机器上的同等功能层之间采用相同的协议，同一机器上的相邻功能层之间通过接口进行信息传递。

分层有两个优点。第一，它将建造一个网络的问题分解为多个可处理的问题。不必把希望实现的所有功能都集中在一个软件中，而是分为几层，每一层解决一部分问题。第二，它提供一种更为模块化的设计。如果想要加入一些新的服务，只需修改一层的功能，继续使用其他层提供的功能。

总体来说，协议是不同机器同一层之间的通信约定，而接口是同一机器相邻层之间的通信约定。不同的网络在分层数量、各层的名称和功能以及协议上各不相同。在所有的网络中，每一层的目的都是向它的上一层提供一定的服务。图 2-14 表示了具有五层协议的网络体系结构。

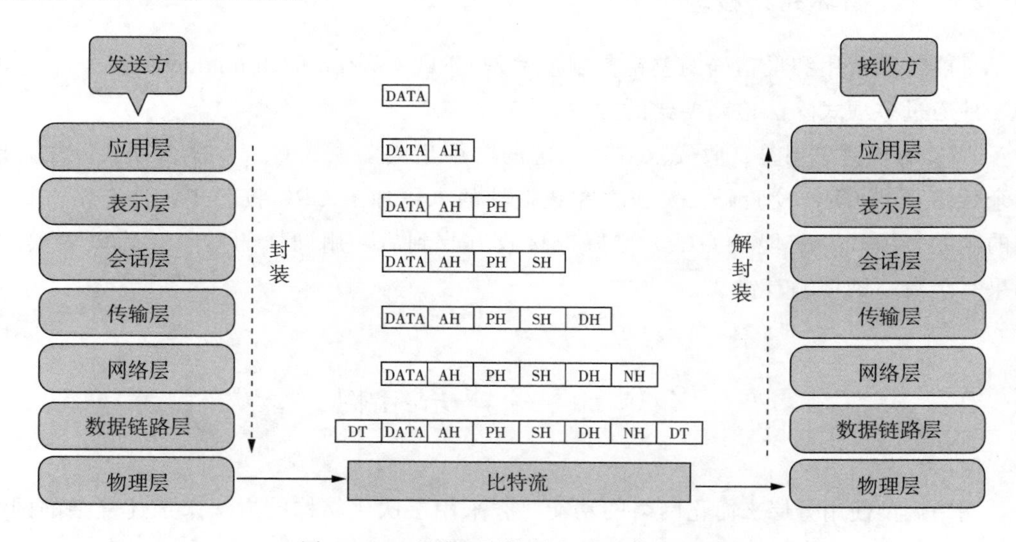

图 2-14 具有五层协议的网络体系结构

计算机网络体系结构是对网络中分层模型以及各层功能的精确定义。对网络体系结构的描述必须包括足够的信息，使实现者可以对每一功能层进行硬件设计或编写程序，并使之符合相关协议。

下面介绍两个概念：

1. 实体（Entity）

实体是通信时能发送和接收信息的任何软硬件设施。在网络分层体系结构中，每一层都由一些实体组成。

2. *接口*（Interface）

分层结构中各相邻层之间要有一个接口，它定义了较低层向较高层提供的原始操作和服务。相邻层通过它们之间的接口交换信息，高层并不需要知道低层是如何实现的，仅需要知道该层通过层间的接口所提供的服务，这样使得两层之间保持了功能的独立性。

为了便于理解接口和协议分层的概念，下面以邮政通信系统为例进行说明。

人们平常写信时，都有信件的格式和内容。我们写信时必须采用双方都能懂的语言文字，开头是对方的称谓，最后是落款等。这样，对方收到信后才可以看懂信中的内容，知道是谁写的，什么时候写的等。信写好之后，必须将信封装好并交由邮局寄发，这样寄信人和邮局之间也要有约定，这就是规定信封的格式并贴上邮票。

邮局收到信后，首先进行信件的分拣和分类（而不用关心信纸上的具体内容），然后打包交付有关运输部门进行运输，如航空信交民航、平信交铁路或公路运输部门等。这时，邮局和运输部门也有约定，如到站地点、时间、包裹形式等。同样的道理，运输部门也不用关心邮包里的具体信件。邮包运送到目的地后进行相反的操作，最终将信件送到收信人手中，收信人依照约定的格式才能读懂信件。

2.6.3　ISO/OSI 参考模型

20 世纪 80 年代，网络的规模和数量都得到了迅猛的增长。但是许多网络都是基于不同的硬件和软件而实现的，这使得它们之间互不兼容。显然，在使用不同标准的网络之间是很难实现其通信的。

为解决这个问题，国际标准化组织研究了许多网络方案，认识到需要建立一种可以实现不同网络之间互联和协同工作的网络模型，因此在 1984 年公布了开放式系统互连参考模型，称为 OSI/RM 参考模型（简称 OSI 参考模型）。其标准保证了各种类型网络技术的兼容性和互操作性。

在 OSI 参考模型中，计算机之间传送信息的问题被分为七个较小且更容易管理和解决的问题。每一个小问题都由模型中的一层来解决。将这七个易于管理和解决的小问题映射为不同的网络功能称为分层。OSI 将这七层从低到高称为物理层、数据链路层、网络层、传输层、会话层、表示层和应用层。图 2－15 所示为 OSI 的七层结构。

1. *物理层*

物理层（Physical Layer）处于 OSI 参考模型的最低层，向下直接与物理传输介质相连接，向上相邻且服务于数据链路层，是建立在通信介质基础上的，实现设备之间连接的物理接口。这一层负责在计算机之间传递数据位，为在物理介质上传输的位流建立规则，同时定义电缆如何连接到网卡上，以及需要用何种传送技术在电缆上发送数据。

2. *数据链路层*

数据链路层（Datalink Layer）负责接收来自物理层的比特流数据，并提取出帧后

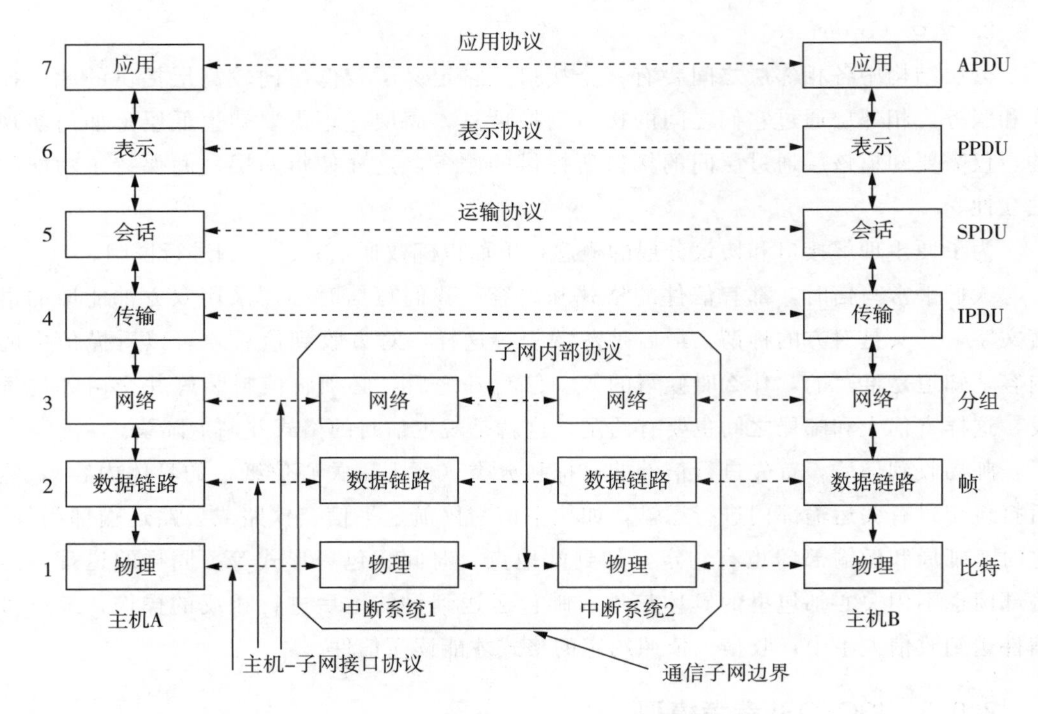

图 2－15　OSI 的七层结构

传输到上一层。同样，也将来自上层的数据包封装成数据帧转发到物理层，并且负责处理接收端发回的确认帧信息，以提供可靠的数据传输。

3．网络层

网络层（Network Layer）的主要功能是支持网络连接的实现，为传输层提供整个网络范围内两个终端用户之间的数据传输通路，包括：为上一层传输层提供服务，提供路径选择与中继，即在通信子网中，源节点和中间节点为将报文分组传送到目的节点而对其后继节点进行选择。对整个通信子网内的流量进行控制，以防通信量过大造成通信子网性能下降。负责网络连接的建立与管理。

4．传输层

传输层（Transport Layer）的主要功能是完成网络中不同主机上的用户进程之间可靠的数据通信。

5．会话层

会话层（Session Layer）是用户应用程序和网络之间的接口，负责建立和维护两个节点间的会话连接和数据交换。会话层不参与具体数据的传输，只是对数据传输进行管理，并建立、组织和协调两个互相通信的进程之间的交互。

6．表示层

表示层（Presentation Layer）负责对来自应用层的命令和数据进行解释，对各种语法赋予相应的含义，并按照一定的格式传输给会话层，其主要功能是处理两个通信系统中数据表示方面的问题，包括数据的编码、格式的转换、数据的压缩和恢复、数据的加密和解密等。

7. 应用层

应用层（Application Layer）是最接近用户的一层，主要功能是为用户的应用程序提供网络服务，是用户使用网络功能的接口。

OSI 各层功能归纳如下：

应用层：与用户应用进程的接口，相当于做什么。

表示层：数据格式的转换，相当于对方看起来像什么。

会话层：会话的管理和数据传输的同步，相当于轮到谁发言和从何处谈起。

传输层：从端到端经网络传送报文，相当于对方在何处。

网络层：分组传送、路由选择和流量控制，相当于走哪条路可以到达目的地。

数据链路层：在链路上无差错地传送帧，相当于如何走好每一步。

物理层：将比特流送到物理媒体上传送，相当于对上一层的每一步应该如何利用物理媒体。

2.6.4　TCP/IP 参考模型

OSI 参考模型的提出在计算机网络发展史上具有里程碑式的意义，以至于提到计算机网络就不能不提 OSI 参考模型。但是，OSI 参考模型具有定义过于繁杂、实现困难等缺陷。与此同时，TCP/IP 的出现和广泛使用，特别是因特网用户爆炸式地增长，使 TCP/IP 网络的体系结构日益显示其重要性。

TCP/IP 是指传输控制协议/网际协议。它是由多个独立定义的协议组合在一起的协议集合。TCP/IP 是目前最流行的商业化网络协议，尽管它不是某一标准化组织提出的正式标准，但它已经被公认为目前的工业标准或“事实标准”。因特网之所以迅速发展，就是因为 TCP/IP 能够适应和满足全球范围内数据通信的需要。

TCP/IP 体系结构将网络划分为四层，它们分别是应用层、传输层、网际层和网络接口层（主机-网络层），见表 2-5。

表 2-5　TCP/IP 体系结构

应用层		RPC TFTP SNMP	Telnet FTP SMTP
传输层		TCP	UDP
网际层		IP ICMP IGMP	ARP RARP
网络接口层		硬件驱动程序和介质接入协议	

1. 网络接口层

TCP/IP参考模型的最低层是网络接口层，也被称为网络访问层，它负责接收由网际层送来的数据包，并把这些数据包送到指定网络上。这一层直接面向不同的通信子网。

2. 网际层

网际层的主要功能是处理来自传输层的分组，将分组封装成数据包（IP数据包），并对该数据包进行路径选择，最终将数据包从源主机发送到目的主机。在网际层中，最常用的协议是网际协议（IP），其他一些协议用于协助IP的操作。

3. 传输层

TCP/IP的传输层也被称为主机到主机层，与OSI的传输层类似，它主要负责主机到主机之间的端对端通信。该层使用了两种协议来支持两种数据传输方法，它们是TCP和UDP。

4. 应用层

在TCP/IP参考模型中，应用层是最高层，它与OSI参考模型中的高三层的任务相同，都是用于提供网络服务，比如文件传输、远程登录、域名服务和简单网络管理等。

TCP/IP参考模型早于OSI参考模型，在分层结构上不是很严格，但实现上有很大的灵活性。TCP/IP参考模型与OSI参考模型相比有一定的对应关系，虽然每一层的功能并不完全相对应，但总体概念是相似的。TCP/IP参考模型与OSI参考模型的对应关系如图2-16所示。

TCP/IP参考模型	OSI参考模型
应用层	应用层
	表示层
	会话层
传输层	传输层
网际层	网络层
网络接口层	数据链路层
	物理层

图2-16　TCP/IP参考模型与OSI参考模型的对应关系

2.6.5　IP—网际互连协议

1. IP地址是什么

IP地址是互联网协议特有的一种地址，它是IP提供的一种统一的地址格式，为互联网上的每一个网络和每一台主机分配一个逻辑地址，以此来屏蔽物理地址的差异。

2. 我们为什么要使用IP地址

在单个局域网网段中，计算机与计算机之间可以使用网络访问层提供的MAC（媒体访问控制）地址进行通信。如果在路由式网络中，计算机之间进行通信就不能利用MAC地址实现数据传输：因为MAC地址不能跨路由接口运行；即使强行实现跨越，使用MAC地址传输数据也是非常麻烦的。

这是因为内置在网卡里的固定MAC地址无法在地址空间上引入逻辑结构，使其不能真正表示国家、省、区、市、街道、路、号等层次。因此，要进行数据传输，必须使用一种逻辑化、层次化的寻址方案来组织网络，这就是 IP 地址。

3. IP 地址表示

IP 地址的长度是 32 位，由四个字节组成。为了便于阅读和书写，IP 地址通常采用点分十进制数来表示。

（1）点分十进制表示法。IP 地址的表现形式能够帮助我们更好地使用和配置网络，但通信设备在对 IP 地址进行计算时使用的是二进制的操作方式，因此掌握十进制与二进制的转换运算非常必要。

（2）IPv4 地址范围。00000000.00000000.00000000.00000000～11111111.11111111.11111111.11111111，即 0.0.0.0～255.255.255.255。

4. IP 地址格式

IPv4 地址由如下两部分组成：

网络部分（网络号）：用来标识一个网络。

IP 地址不能反映任何有关主机位置的地理信息，只能通过网络号码字段判断出主机属于哪个网络。

对于网络号相同的设备，无论实际所处的物理位置如何，它们都处在同一个网络中。

主机部分（主机号）：用来区分一个网络内的不同主机。

网络掩码（Netmask）又称子网掩码（Subnet Mask）：网络掩码为 32 位，与 IP 地址的位数一样，通常也以点分十进制数来表示。

网络掩码不是一个 IP 地址，在二进制的表示上是一串连续的 1 后面接一串连续的 0。

通常将网络掩码中 1 的个数称为这个网络掩码的长度。例如：掩码 0.0.0.0 的长度是 0，掩码 252.0.0.0 的长度是 6。

网络掩码一般与 IP 地址结合使用，其中值为 1 的比特对应 IP 地址中的网络位；值为 0 的比特对应 IP 地址中的主机位，以此来辅助我们识别一个 IP 地址中的网络位与主机位。网络掩码中 1 的个数就是 IP 地址的网络号的位数，0 的个数就是 IP 地址的主机号的位数。

5. IP 地址分类

为了方便 IP 地址的管理及组网，将 IP 地址分成五类。

A、B、C、D、E 类的类别字段分别是二进制数 0、10、110、1110、1111，通过网络号码字段的前几个比特就可以判断 IP 地址属于哪一类，这是区分各类地址最简单的方法。

A、B、C 三类地址是单播 IP 地址（除一些特殊地址外），只有这三类地址才能被分配给主机接口使用。

D 类地址属于组播 IP 地址。

E 类地址专门用于特殊的实验目的。

本节内容只关注 A、B、C 三类地址，见表 2-6。

表 2-6 IP 地址的主要类型

类型	最大网络数	IP 地址范围	单个网段最大主机数	私有 IP 地址范围
A	126（2^7—2）	1.0.0.1～127.255.255.254	16777214	10.0.0.0～10.255.255.255
B	16384（2^14）	128.0.0.1～191.255.255.254	65534	172.16.0.0～172.31.255.255
C	2097152（2^21）	192.0.0.1～223.255.255.254	254	192.168.0.0～192.168.255.255

A、B、C 类地址比较：

使用 A 类地址的网络称为 A 类网络；使用 B 类地址的网络称为 B 类网络；使用 C 类地址的网络称为 C 类网络。

A 类网络的网络号为 8 位，数量很少，但所允许的主机接口的数量很多；首位恒定为 0，地址空间为：0.0.0.0～127.255.255.255。

B 类网络的网络号为 16 位，介于 A 类和 C 类网络之间；前两位恒定为 10，地址空间为：128.0.0.0～191.255.255.255。

C 类网络的网络号为 24 位，数量很多，但所允许的主机接口的数量很少；前三位恒定为 110，地址空间为：192.0.0.0～223.255.255.255。

注：

主机（Host），通常指路由器和计算机的统称。并且常把主机的某个接口的 IP 地址简称为主机 IP 地址。

组播地址：组播能实现一对多传递消息。

6. IP 报文格式

IP 报文是网络通信中用于传输数据的基本单元。IP 报文格式由两部分组成，即 IP 头部和数据部分，如图 2-17 所示。

（1）IP 头部：包含控制 IP 报文传输和处理的必要信息。

版本（Version）：4 位，指示 IP 协议的版本，IPv4 为 0100。

首部长度（Header Length）：4 位，指示 IP 头部的长度，单位是 32 位字（4 字节）。

服务类型（Type of Service，ToS）：8 位，用于指定服务质量。

总长度（Total Length）：16 位，指示整个 IP 报文的长度，包括头部和数据，单位是字节。

标识（Identification）：16 位，用于唯一标识主机发送的每一份数据报。

标志（Flags）：3 位，用于控制和识别分段。

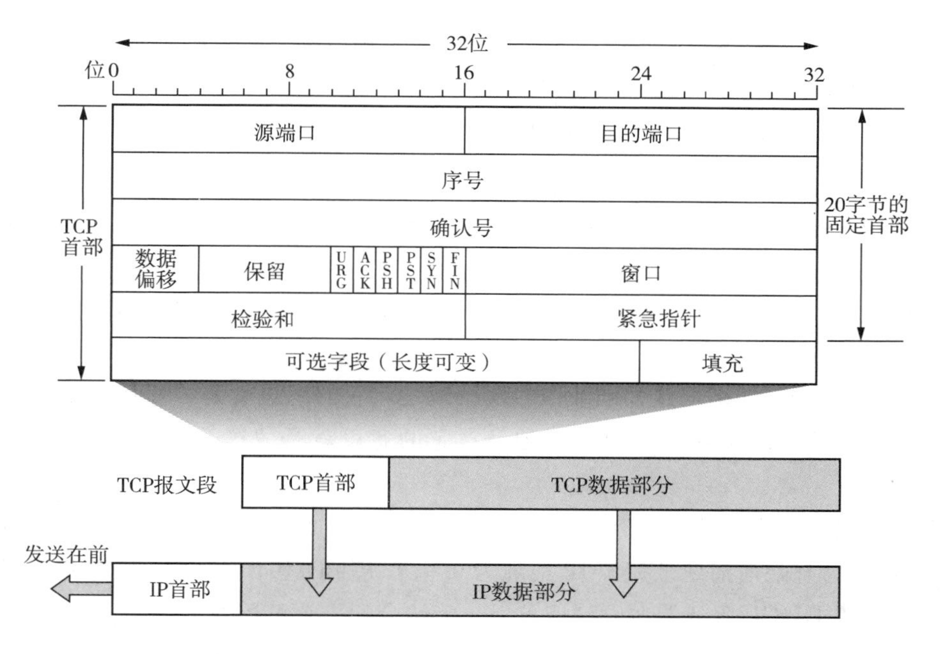

图 2-17　IP 报文格式

片偏移（Fragment Offset）：13 位，用于指示分片的偏移量。

生存时间（Time to Live，TTL）：8 位，指定 IP 数据报在网络中可以通过的最大路由器数。

协议（Protocol）：8 位，指定携带的数据应该上交给哪个协议进行处理，如 TCP、UDP 等。

头部校验和（Header Checksum）：16 位，用于检测头部信息在传输过程中是否出现错误。

源 IP 地址（Source Address）：32 位，发送数据报的主机的 IP 地址。

目的 IP 地址（Destination Address）：32 位，接收数据报的主机的 IP 地址。

选项（Options）：长度可变，用于支持网络性能分析、安全等扩展功能。

（2）数据部分：包含要传输的有效载荷，即实际要发送的数据。

在 IPv4 中，IP 头部最小长度为 20 字节，最大长度可以达到 60 字节（如果包含选项）。IPv6 也有类似的结构，但头部格式有所不同，并引入了一些新的特性，如取消了标识、标志和片偏移字段，引入了流标签等。

7. 特殊的 IP 地址

公网 IP 地址：IP 地址是由 IANA（互联网号码分配机构）统一分配的，以保证任何一个 IP 地址在 Internet 上的唯一性。这里的 IP 地址是指公网 IP 地址。

私网 IP 地址：实际上一些网络不需要连接到 Internet，比如一个大学的封闭实验室内的网络，只要同一网络中的网络设备的 IP 地址不冲突即可。在 IP 地址空间里，A、B、C 三类地址中各预留了一些地址专门用于上述情况，称为私网 IP 地址。

A 类：10.0.0.0～10.255.255.255。

B 类：172.16.0.0～172.31.255.255。

C 类：192.168.0.0～192.168.255.255。

(1) 255.255.255.255。这个地址称为有限广播地址，它可以作为一个 IP 报文的目的 IP 地址使用。

路由器接收到目的 IP 地址为有限广播地址的 IP 报文后，会停止对该 IP 报文的转发。

(2) 0.0.0.0。如果把这个地址作为网络地址，它的意思就是“任何网络”的网络地址；如果把这个地址作为主机接口地址，它的意思就是“这个网络上的主机接口”的 IP 地址。

例如：当一个主机接口在启动过程中尚未获得自己的 IP 地址时，可以向网络发送目的 IP 地址为有限广播地址、源 IP 地址为 0.0.0.0 的 DHCP（动态主机配置协议）请求报文，希望 DHCP 服务器在收到请求后，能够分配一个可用的 IP 地址。

(3) 127.0.0.0/8。这个地址为环回地址，可以作为 IP 报文的目的 IP 地址使用。其作用是测试设备自身的软件系统。

一个设备产生的、目的 IP 地址为环回地址的 IP 报文是不可能离开这个设备本身的。

(4) 169.254.0.0/16。如果一个网络设备获取 IP 地址的方式被设置成自动获取，但该设备在网络上没有找到可用的 DHCP 服务器，那么该设备就会使用 169.254.0.0/16 网段的某个地址来进行临时通信。

注：DHCP（Dynamic Host Configuration Protocol），动态主机配置协议，用于动态分配网络配置参数，如 IP 地址。

8. IPv4 和 IPv6

我们目前常说的 IP 地址指的是 IPv4 地址，但 IPv4 可用地址有限。2011 年 2 月 3 日，IANA 宣布将其最后的 468 万个 IPv4 地址平均分配到全球 5 个 RIR（Regional Internet Registry，区域互联网注册管理机构），此后 IANA 再没有可分配的 IPv4 地址。

NAT（网络地址转换）技术的应用，缓解了 IPv4 地址不足带来的问题，但是部署 IPv6 是解决 IPv4 地址不足问题的最终方案。当前世界上不同地区对部署 IPv6 的需求强烈程度不一，且当前 IPv4 网络仍然占主导地位，因此短时间内 IPv6 和 IPv4 将会共存。

IPv6 的优势：

IPv6 相比于 IPv4 具有多项优势，如图 2-18 所示，但不限于图中所列优势。

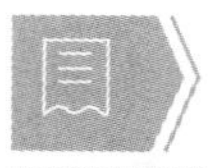

IPv6优势

"无限"地址空间	地址长度为128 bit，海量的地址空间，满足物联网等新兴业务需求，有利于业务演进及扩展。
层次化的地址结构	相较于IPv4地址，IPv6地址的分配更加规范，利于路由聚合（缩减IPv6路由表规模）、路由快速查询。
即插即用	IPv6支持无状态地址自动配置（SLAAC），终端接入更简单。
简化的报文头部	简化报文头，提高效率；通过扩展报头支持新应用，利于路由器等网络设备的转发处理功能，降低投资成本。
安全特性	IPsec、真实源地址认证等保证端到端安全；避免NAT破坏端到端通信的完整性。
移动性	对移动网络实时通信有较大改进，整个移动网络性能有比较大的提升。

图 2－18　IPv6 的优势

以下是 IPv6 一些主要的优势点：

地址空间极大扩展：IPv6 采用 128 位地址长度，能提供 2^{128} 个地址，相比 IPv4 的 2^{32} 个地址，几乎可以为地球上每个设备分配一个独立的 IP 地址。

提高数据传输速度：IPv6 使用固定长度的报头，简化了路由处理过程，从而提高了数据传输的效率。

增强安全性：IPv6 在设计之初就内置了 IPsec（网络层安全协议），支持数据的加密和认证，提高了数据传输的安全性。

更好的服务质量（QoS）：IPv6 头中的 Flow Label 字段有助于路由器识别和处理特定数据流，从而为实时性要求高的应用（如 VoIP）提供更好的服务质量。

简化的报头结构：IPv6 的报头更加简化，减少了路由处理的复杂性，有助于提高网络的吞吐量。

改进的多播和任播支持：IPv6 对多播和任播的支持进行了改进，使得多播和任播应用更加高效。

支持移动性：IPv6 的设计考虑了移动设备的需求，支持移动设备在网络中的无缝切换。

更高效的网络配置：IPv6 支持如无状态地址自动配置（SLAAC）等技术，简化了网络设备的配置过程。

促进新兴技术发展：IPv6 为 5G（第五代移动通信技术）、物联网（IoT）、云计算等新兴技术提供了必要的网络基础。

国家网络竞争力和安全：国家层面推进 IPv6 的部署，有助于提升在下一代互联网领域的国际竞争力，捍卫网络主权和安全。

支持"IPv6＋"技术：IPv6＋是 IPv6 的升级版，它通过引入新的技术，如分段路由、随流检测等，进一步提升了IPv6网络的性能和智能化水平。

推动行业应用和数字化转型：IPv6的部署有助于推动政务、金融、能源、交通、教育等行业的数字化转型，提升这些行业的服务能力和效率。

IPv6的这些优势使其成为互联网未来发展的关键技术，对于满足日益增长的网络需求和促进技术创新具有重要意义。

实验活动　查看网络协议

【实验目的】

理解网络协议在网络中的作用。

【实验内容】

步骤1　启动电脑进入Windows 10操作系统，在IE（浏览器）中打开某一网页查看网络是否连通。

步骤2　鼠标右击电脑桌面上的“网上邻居”图标，在弹出的快捷菜单中选择“属性”选项，打开“网络连接”窗口。

步骤3　在“网络连接”窗口中找到并右击“本地连接”图标，在弹出的快捷菜单中选择“属性”选项，打开如图2-19所示的“本地连接属性”对话框。

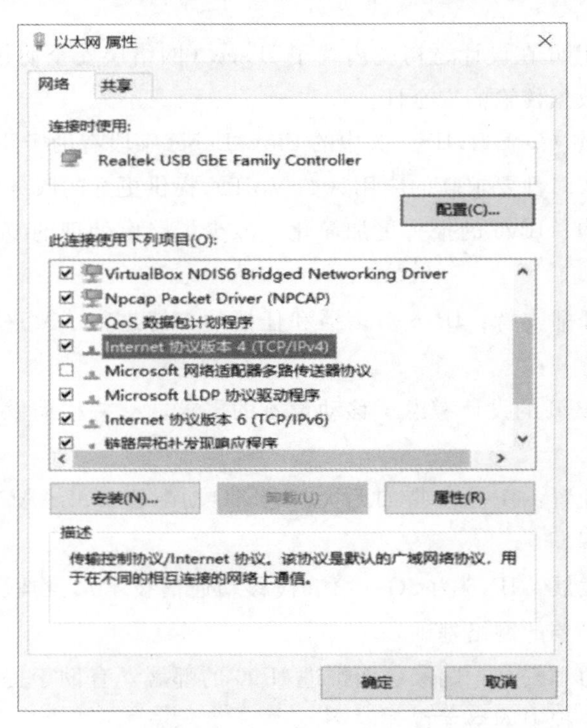

图2-19　“本地连接属性”对话框

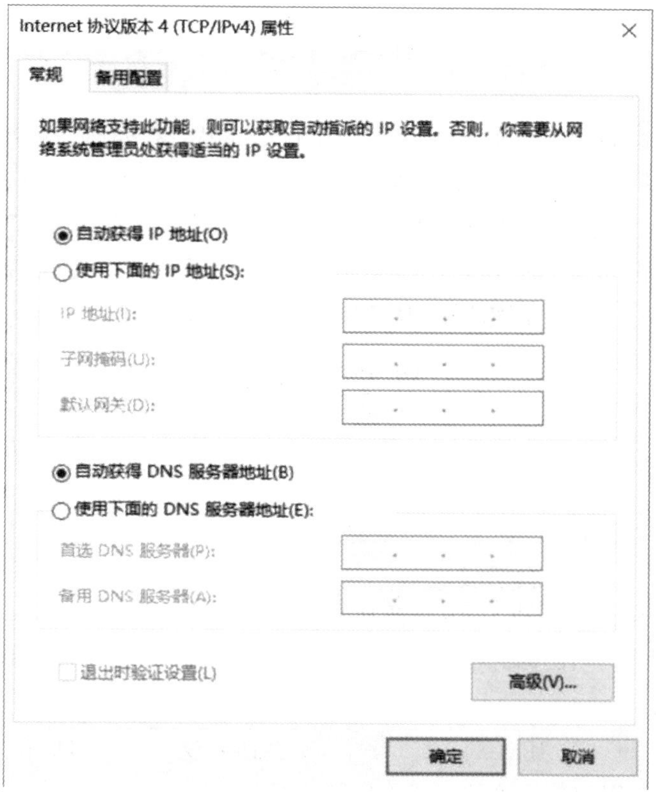

图 2 - 20　“Internet 协议（TCP/IP）属性”对话框

步骤 4　在“本地连接属性”对话框的“常规”选项卡下双击“此连接使用下列项目”列表框中的“Internet 协议（TCP/IP）”，打开如图2 - 20所示的“Internet 协议（TCP/IP）属性”对话框。

步骤 5　如果“自动获得 IP 地址”单选框被选中，则 IP 地址、子网掩码、默认网关等项目右侧的文本框中没有数值；如果“使用下面的 IP 地址”单选框被选中，则 IP 地址、子网掩码、默认网关等文本框中会显示数值。这时可以和其他同学的电脑做个比较，看有什么区别。

步骤 6　单击“确定”按钮，返回“本地连接属性”对话框，取消勾选“此连接使用下列项目”列表框中的“Internet 协议（TCP/IP）”复选框，即禁用 TCP/IP 协议，再单击“确定”按钮。

步骤 7　打开 IE 并访问某一网页，再次检查网络。此时，电脑会无法访问 Internet。

步骤 8　重新打开“本地连接属性”对话框并勾选“Internet 协议（TCP/IP）”复选框，然后单击“确定”按钮关闭对话框。

步骤 9　关闭电脑。

本章小结

本章介绍了数据通信与网络体系结构的相关知识。数据通信系统由信源、信宿、信道和信号变换器及反变换器组成；数据通信的主要技术指标有信道带宽、信道容量、数据传输速率、差错率/误码率等；数据传输是数据通信的基础。为了让不同的计算机系统中的硬件和软件互相通信，ISO 制定了开放式系统互连参考模型。TCP/IP 是 Internet 最基本的协议，由网络层的 IP 和传输层的 TCP 组成。

思考与练习

一、选择题

1. 下列选项中不属于 OSI 参考模型的是（　　）。

A. 物理层　　B. 会话层　　C. 控制层　　D. 传输层

2. 下列选项中不属于 TCP/IP 网络协议模型体系的是（　　）。

A. 应用层　　B. 网际层　　C. 会话层　　D. 传输层

3. TCP 是指（　　）。

A. 网际协议　　B. IP　　C. 会话协议　　D. 传输控制协议

4. 目前，最常用和最精确的差错控制技术是（　　）。

A. 奇校验　　B. 循环冗余校验　　C. 偶校验　　D. 字符校验

5. 目前综合布线工程中最常用的一种传输介质是（　　）。

A. 双绞线　　B. 光纤　　C. 同轴电缆　　D. 微波

二、简答题

1. 什么是通信系统？它由什么组成？
2. 计算机网络中最常用的信道可分为哪两类？各自所用的传输介质有哪些？
3. OSI 参考模型分为哪几层？各层的功能是什么？
4. TCP/IP 是一个四层模型体系，请简述各层的功能。

第3章　局域网技术

在信息时代，网络已成为我们日常生活和工作中不可或缺的一部分。无论是家庭、学校还是企业，稳定高效的网络系统都是确保信息流畅传递的关键。局域网（Local Area Network，LAN）作为实现这一目标的基础，其概念、设计、构建和管理是网络技术学习的核心内容。局域网涉及多种拓扑结构，每种结构都有其独特的优点和适用场景。同时，选择合适的传输介质，如同轴电缆、双绞线和光纤，对于确保网络的传输速度和稳定性至关重要。在实训中，我们将深入探究这些概念，并通过手工操作如制作水晶头和光纤熔接，加深对物理连接的理解。除了传统的有线连接，无线技术的发展也为我们提供了新的选择。组建对等网和配置家用路由器让我们能够在没有中心服务器的情况下实现设备间的直接通信，这大大简化了小型网络的搭建过程。在企业级应用中，华为交换机的配置显得尤为重要。通过学习基础命令，我们能够对交换机进行初步设置，进一步掌握VLAN（虚拟局域网）配置，则能提高我们对网络的管理能力，使得网络更加安全和高效。在本章中，我们将结合理论学习和实践操作，逐步构建从基本概念到高级配置的全面知识体系。让我们一起踏上探索局域网技术的旅程，解锁网络世界的秘密。

【本章内容提要】

了解局域网的特点；
了解局域网的工作原理；
了解局域网的组成结构；
掌握光纤的熔接；
掌握对等网的组建；
掌握交换机的配置。

3.1　局域网基础知识

局域网是指在一个特定地理区域内（通常是限定在建筑物内、一个校园内或方圆几千米的范围内）将各种计算机、外部设备和数据库等互相连接起来，实现通信和资源共享的一种计算机通信网络。局域网是一种小范围的网络，其覆盖范围、传输速率和传输延迟均有严格限制。

局域网的构成元素多样，不仅包括计算机，还包括打印机、扫描仪、服务器等多种设备。这些设备通过特定的通信线路（如双绞线、光纤等）和网络接口卡（NIC）进行连接，形成一个可以互相通信和交换信息的网络系统。

局域网通常是封闭型的，即它与其他网络是隔离的，这样可以确保网络内部数据的安全性。局域网可以是简单的，如办公室内的两台计算机直接连接；也可以是复杂的，如一个大型公司内部拥有成百上千台计算机和其他设备，通过交换机、路由器等设备构建的大型局域网。

总的来说，局域网是计算机网络的一个重要组成部分，它以其独特的优势和特点，在企业和组织内部发挥着至关重要的作用，为日常工作和学习提供了极大的便利。

3.1.1 局域网的特点

局域网作为计算机网络的重要组成部分，其特性在多个方面均表现出显著的优势。

1. 覆盖范围有限

局域网主要限定在特定区域内，其覆盖范围通常是几千米，甚至更小。这种有限的范围使得局域网在布局、管理和维护上都相对简单，同时也增强了网络的安全性。它特别适用于办公室、学校、小型工厂等场所，使得这些场所内的计算机设备能够高效、稳定地互相通信和共享资源。

2. 传输速率高

局域网使用的传输介质（如双绞线、光纤等）和通信协议（如以太网协议）都经过精心设计和优化，能够提供非常高的数据传输速率。这使得局域网在处理大量数据、传输高清视频、进行实时通信等方面具有显著优势。高传输速率不仅提高了工作效率，也增强了用户体验。

3. 低误码率

局域网在数据传输过程中采用了多种技术和措施来降低误码率。高质量的传输介质、先进的通信协议以及网络设备的精确校准，都使得局域网的数据传输具有极高的可靠性。这意味着在局域网中传输的数据很少会出现错误或丢失，从而确保数据的一致性和完整性。

4. 成本较低

由于局域网的覆盖范围有限，其建设和维护成本相对较低。这使得局域网在中小型企业和学校等场所具有广泛的应用前景。此外，随着技术的发展和普及，局域网设备的价格也在逐渐降低，进一步降低了其使用成本。

此外，局域网还具有以下特点：一是灵活性，局域网可以根据实际需求进行灵活配置和扩展。通过添加新设备、更换传输介质或升级网络设备，可以轻松地提升局域网的性能和功能。二是安全性高，由于局域网是封闭的，与外界网络隔离，因此具有较高的安全性。通过采用访问控制、数据加密等技术手段，可以进一步保护局域网内的数据安全。三是易于管理，局域网规模相对较小，使得网络管理变得相对简单和高效。管理员可以轻松地监控网络状态、诊断网络故障并进行性能优化。

局域网以其覆盖范围有限、传输速率高、低误码率、成本较低等特点，在计算机网络中占据了重要地位。随着信息技术的不断发展，局域网将继续发挥其在企业和其他组织内部的重要作用，为人们的日常工作和学习提供更加便捷、高效的支持。

3.1.2　局域网的功能

局域网作为计算机网络体系中的关键组成部分，承载着多种重要功能，为组织内部的通信、资源共享和协同工作提供了坚实的基础。

1. 数据通信

局域网最基本的功能是实现设备间的数据通信。通过局域网，用户可以发送和接收电子邮件、即时消息、文件等，实现高效的沟通与交流。此外，局域网还支持音频、视频等多媒体数据的传输，满足远程会议、在线教育等多样化需求。

2. 资源共享

局域网是实现资源共享的重要途径。通过局域网，用户可以访问和使用网络上的各种资源，如共享文件夹、打印机、扫描仪等硬件设备，以及数据库、软件应用等。这种资源共享机制提高了资源的利用率，降低了成本，促进了工作效率的提升。

3. 分布式处理

局域网支持分布式处理，即多台计算机可以协同完成一项任务。通过将任务划分为多个子任务，并分配给网络上的不同计算机进行处理，可以充分利用每台计算机的计算能力，提高整体处理速度。这种分布式处理手段在大数据处理、科学计算等领域具有广泛应用。

4. 网络管理

局域网提供了网络管理功能，使管理员可以对网络进行监控、配置和维护。通过网络管理工具，管理员可以查看网络设备的状态、流量信息，诊断网络故障，进行性能优化等。这些功能有助于确保网络稳定运行，提高网络的安全性和可靠性。

5. 支持多媒体应用

随着多媒体技术的快速发展，局域网在支持多媒体应用方面发挥着越来越重要的作用。通过局域网，用户可以流畅地传输和播放高清视频、音频等多媒体内容，享受高质量的多媒体体验。此外，局域网还支持实时音视频通信，如视频会议、在线直播等，为远程教育和协作提供了便利。

6. 提供安全机制

局域网在设计时考虑了安全性，通过访问控制、数据加密、防火墙等手段，保护网络免受未经授权的访问和攻击。这些安全机制确保局域网内数据的安全性和完整性，为用户提供了一个可靠的网络环境。

综上所述，局域网具有数据通信、资源共享、分布式处理、网络管理、支持多媒体应用以及提供安全机制等多种功能。这些功能共同构成了局域网的核心价值，为企业和其他组织内部的通信、协作和资源共享提供了强大的支持。

3.1.3　局域网的工作原理

局域网的工作原理涉及数据从源设备到目标设备的完整传输过程，确保数据在局域网内准确、高效传输。

1. 数据封装

当局域网内的源设备（如计算机、服务器等）需要发送数据时，首先会按照网络协议进行数据的封装。这个过程包括将原始数据加上必要的控制信息和地址信息，形成一个完整的数据帧。控制信息通常包括帧起始和结束标志、帧长度、校验码等，用于确保数据的正确传输和识别。地址信息则指明了数据的目的地，确保数据能够准确地到达目标设备。

2. 数据传输

封装好的数据帧随后通过局域网中的传输介质（如双绞线、光纤等）进行传输。这些传输介质构成了局域网的物理基础，负责将数据帧从源设备传输到目标设备。在传输过程中，数据帧可能会经过多个中间设备，如交换机、路由器等。这些设备负责数据的转发和处理，确保数据能够按照正确的路径到达目的地。

3. 数据解封装

目标设备接收数据帧后，会按照网络协议进行数据解封装。这个过程与数据封装相反，目标设备会去除数据帧中的控制信息和地址信息，提取原始的数据内容。随后，目标设备会对数据进行处理，如存储、显示或执行相应的操作。

4. 差错控制

在数据传输过程中，局域网采用多种差错控制机制来确保数据的完整性和正确性。其中，循环冗余校验是一种常见的差错控制方法。发送设备会在数据帧中添加一个CRC校验码，接收设备在接收数据帧后会重新计算校验码并与发送的校验码进行比较。如果两者不一致，说明数据在传输过程中出现了错误，接收设备会要求发送设备重新发送数据帧，直到数据被正确接收为止。

除了CRC校验外，局域网还采用其他技术来提高数据传输的可靠性，如重传机制、流量控制等。这些技术共同构成了局域网的差错控制体系，确保数据在传输过程中的准确性和可靠性。

5. 网络协议与通信机制

局域网工作原理的实现离不开网络协议的支持。网络协议定义了数据在局域网中的传输格式、传输顺序以及设备间的通信规则。常见的局域网协议包括以太网协议、令牌环协议等。这些协议确保了设备能够按照统一的规则进行通信和数据传输。

此外，局域网还采用了一些通信机制来优化数据传输性能，如广播、多播和单播等。广播是指将数据帧发送给局域网内的所有设备，多播则是将数据帧发送给特定的多个设备，而单播则是将数据帧发送给指定的单个设备。这些通信机制根据实际需求进行选择，以实现高效的数据传输和资源共享。

局域网的工作原理涉及数据封装、数据传输、数据解封装、差错控制以及网络协议与通信机制等多个方面。这些机制共同确保局域网内数据的准确、高效传输，为组织内部的通信和资源共享提供了坚实的基础。在实际应用中，还需要考虑网络安全和管理等方面的问题，以确保网络稳定和安全运行。

3.2　局域网组成要素

局域网组成要素涵盖了多个关键方面，它们共同构建了一个稳定、高效的网络系统。

首先，网络硬件是局域网的基础架构，包括服务器、工作站、网卡以及传输介质等。服务器作为网络的核心，提供数据存储、应用服务等功能；而工作站则是用户访问网络资源的终端设备；网卡作为计算机与网络之间的接口，实现数据的传输和通信；传输介质则负责在网络设备之间传递数据信号，常见的传输介质包括同轴电缆、双绞线以及光纤等。

其次，网络软件是局域网的重要组成部分，它提供了网络通信、资源共享以及网络管理等功能。网络操作系统是网络软件的核心，它负责管理和控制网络资源的访问和使用。网络协议则规定了网络设备之间通信的规则和标准，确保数据的正确传输和解析。此外，网络管理软件用于监控网络状态、优化网络性能以及诊断网络故障，提高了网络的可靠性和稳定性。

再次，局域网包括丰富的网络资源，这些资源被存储在服务器上，供用户共享和使用。这些资源包括各种数据、文件、应用程序以及打印机等外设。用户通过工作站连接到局域网，可以方便地访问这些资源，实现协同工作和信息共享。

最后，局域网的用户是构成局域网的重要组成部分。无论是个人用户还是组织用户，他们都通过局域网进行信息交流和资源共享，实现了高效的工作和学习。

综上所述，局域网的组成要素包括网络硬件、网络软件、网络资源以及用户等多个方面。这些要素相互协作，共同构建了一个稳定、高效的网络系统，为用户提供便捷的网络服务。在实际应用中，我们需要根据具体需求进行选择和配置，以实现最佳的网络性能和资源利用效率。下面我们将对局域网通信设备和通信传输介质进行介绍。

3.2.1 局域网通信设备

图 3-1 PCI-E 网卡

1. 网卡

网卡又被称为网络适配器或网络接口卡，它是终端设备和其他设备之间相互通信的连接接口。根据网卡的接口类型，有台式机上使用的有线网卡 PCI - E 网卡，如图 3-1所示；笔记本上使用的无线网卡，如图 3-2 所示；台式机与笔记本通用的 USB（通用串行总线）网卡，如图 3-3 所示。

图 3-2 无线网卡

2. 集线器

图 3-3 USB 网卡

集线器（Hub）是局域网中组网连接设备，如图 3-4 所示。它具有多个端口，可连接多台计算机。在局域网中常以集线器为中心，用双绞线将所有分散的工作站与服务器连接在一起，形成星型拓扑结构的局域网系统。这样的网络连接，在网上某个节点发生故障时，不会影响其他节点的正常工作。集线器的传输速率有 100 Mbps 和 100 Mbps/1000 Mbps 自适应。

图 3-4 集线器

3. 交换机

交换机是近些年来局域网中最为重要的组网设备，如图3-5所示。它和集线器一样，可以使连接在局域网中的计算机，形成星型的拓扑网络。

图3-5　交换机

与集线器设备不同的是，交换机能够在网络中减少广播方式的通信，而尽量采用交换式的通信，从而优化网络的传输效率，实现高速通信，并使网络设备独享带宽。目前交换机已经逐步取代集线器，成为局域网中组网的经典设备。

4. 无线AP

无线AP为Access Point的简称，也称为“无线访问节点”，如图3-6所示。无线接入点AP是一个无线网络的接入点，主要有胖AP和瘦AP的区别。

胖AP设备是无线网络的核心，执行接入和路由工作；瘦AP设备只负责无线客户端的接入，通常作为无线网络扩展使用，与其他AP或者主AP连接，以扩大无线覆盖范围。

图3-6　无线AP

5. 无线AC

无线AC是指无线接入控制服务器，无线接入控制服务器是无线局域网接入控制设备，负责对来自不同AP的数据进行汇聚并接入Internet，同时执行AP设备的配置管理、无线用户的认证、管理及宽带访问、安全等控制功能，如图3-7所示。

图3-7　无线AC

3.2.2　局域网通信传输介质

传输介质是通信网络中发送方和接收方之间的物理通路。计算机网络中采用的传输介质可以分为有线、无线两大类。传输介质本身的特性对网络数据通信质量有很大的影响，这些特性包括：

物理特性，如外观、直径等。

传输特性，如信号形式、调制技术、传输速率及频带宽度等。

连通性，采用点到点连接或多点连接方式。

地理范围。

抗干扰性，防止噪声、电磁干扰影响数据传输的能力。

相对价格。

1. 同轴电缆

同轴电缆（Coaxial Cable）的内部结构如图 3－8 所示。最内层的铜导线用于数据传输，被聚乙烯绝缘层包裹保护；在绝缘层外包裹了编织屏蔽层以隔离电磁波干扰；最外围用聚氯乙烯材料包裹以保护内部结构。

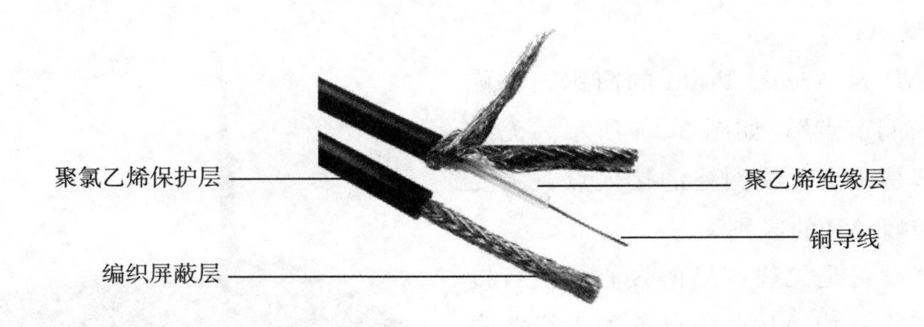

图 3－8　同轴电缆的内部结构

同轴电缆有两种基本类型，即基带同轴电缆和宽带同轴电缆，它们的线间特性阻抗分别为 50 Ω 和 75 Ω。宽带同轴电缆可用于频分多路复用模拟信号的传输，也可用于数字信号的传输，较基带同轴电缆传输速率高，距离远（几十千米），但成本高。基带同轴电缆一般只用来传输基带信号，因此较宽带同轴电缆经济，适合距离较短、速度要求较低的局域网。基带同轴电缆又分为细缆和粗缆。

同轴电缆具有抗干扰能力强、安装与扩展简单、传输距离较远等优点，在 20 世纪 80 年代初期被广泛应用于总线型局域网。但由于其传输速率较低、体积大、不易弯曲等缺点，逐渐被淘汰。

2. 双绞线

与同轴电缆相比，双绞线具有更低的制造和部署成本，因此在企业网络中被广泛应用，如图 3－9 所示。双绞线可分为屏蔽双绞线（Shielded Twisted Pair，STP）和非屏蔽双绞线（Unshielded Twisted Pair，UTP），如图 3－10 所示。屏蔽双绞线在双绞线与外层绝缘封套之间有一个金属屏蔽层，可以屏蔽电磁干扰。双绞线有多种类型，不同类型的双绞线所支持的传输速率一般不相同。例如，三类双绞线支持 10 Mbps传输速率；五类双绞线支持 100 Mbps 传输速率，符合快速以太网标准；超五类双绞线及更高级别的双绞线支持千兆以太网传输。双绞线使用 RJ－45 接头连接网络设备。为保证终端能够正确收发数据，RJ－45 接头中的针脚必须按照一定的线序排列。

每根线的绝缘层用于隔离两根导线，绞在一起可减少干扰。绞在一起限制了电磁能量的发射，并有助于防止双绞线中的电流发射能量干扰其他导线。另外，绞在一起也使双绞线本身不易被电磁能量所干扰，有助于防止其他导线中的信号干扰这两根导线。

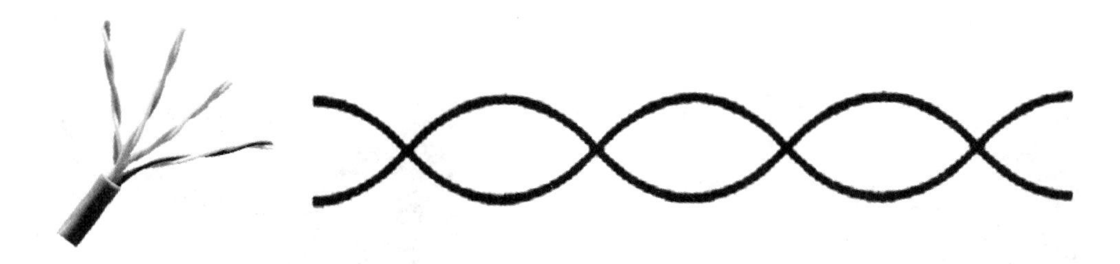

图 3－9　双绞线

双绞线由两根绝缘铜芯导线规则地缠绕绞合构成。将多对双绞线用绝缘套管包裹就构成了双绞线电缆。日常生活中一般将双绞线电缆直接称为双绞线。

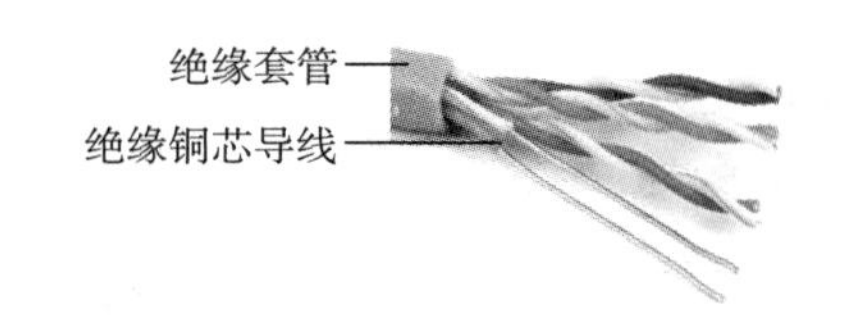

非屏蔽双绞线电缆

抗干扰能力较弱，不适合较长距离的数据传输，但造价较低，因此较适合作为局域网的传输介质

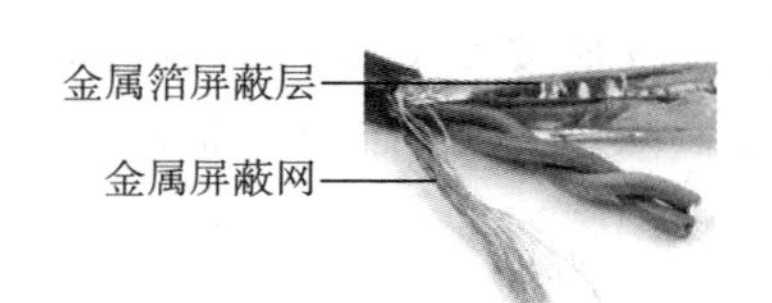

屏蔽双绞线电缆

造价较高，但抗干扰能力较强，可进行较长距离的数据传输

图 3－10　屏蔽双绞线与非屏蔽双绞线

屏蔽双绞线：屏蔽双绞线在双绞线与外层绝缘封套之间有一个金属屏蔽层。屏蔽层可减少辐射，防止信息被窃取，也可阻止外部电磁干扰的进入。屏蔽双绞线比同类的非屏蔽双绞线具有更高的传输速率，但成本较高。

非屏蔽双绞线：非屏蔽双绞线没有金属屏蔽层外套。非屏蔽双绞线电缆成本低、重量轻、易弯曲、易安装，得到广泛应用。

（1）双绞线分类——按传输电气性能分类。五类线（CAT5）：该类电缆最高频率带宽为 100 MHz，最高传输速率为 100 Mbps，用于语音传输和最高传输速率为 100 Mbps 的数据传输，主要用于 100 BASE－T 和 1000 BASE－T 网络，最大网段长度为

100 m，采用 RJ 形式的连接器。这是最常用的以太网电缆。

超五类线（CAT5e）：如图 3－11（a）所示，超五类线的衰减小，串扰少，并且具有更高的衰减与串扰的比值（ACR）和信噪比（SNR），更小的时延误差，性能得到很大提高。超五类线主要用于千兆位以太网（1000 Mbps）。

六类线（CAT6）：如图 3－11（b）所示，六类线的传输性能远远高于超五类线，最适用于传输速率高于 1 Gbps 的应用。六类线与超五类线的主要不同点在于：改善了在串扰以及回波损耗方面的性能，六类线中有十字骨架。

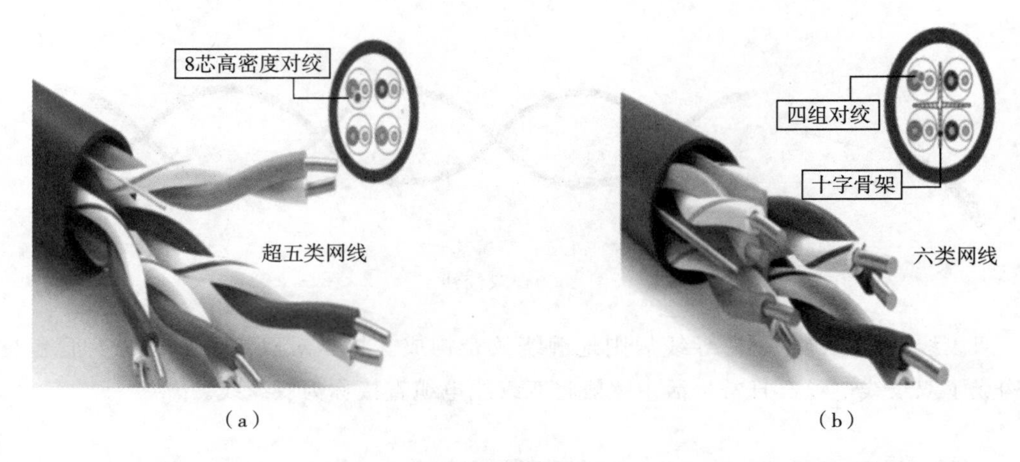

图 3－11　超五类线双绞线与六类线双绞线结构

（a）超五类线结构；（b）六类线结构

类型数字越大、版本越新，技术越先进、带宽越大，当然价格也越贵。这些不同类型的双绞线标注方法是这样规定的：如果是标准类型则按 CATx 方式标注，如常用的五类线和六类线，则在线的外皮上标注为 CAT 5、CAT 6。而如果是改进版，则按 xe 方式标注，如超五类线就标注为 5e（字母是小写，而不是大写），如图 3－12 所示。

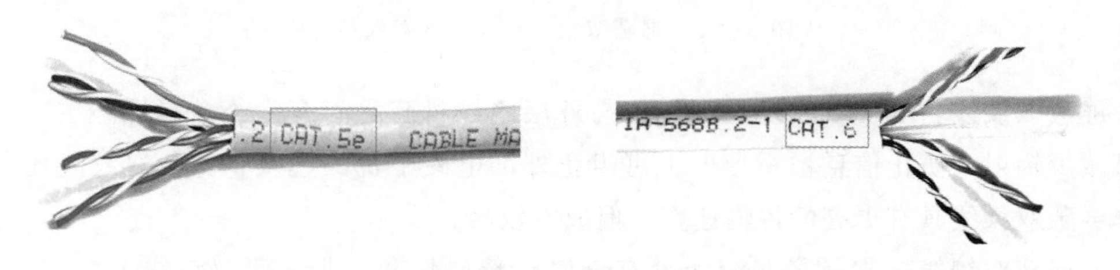

图 3－12　双绞线外皮标识

（2）双绞线的颜色（线序标准）。国际上最有影响力的三家综合布线组织是 ANSI（American National Standards Institute，美国国家标准协会）、TIA（Telecommunications Industry Association，美国通信工业协会）、EIA（Electronic Industries Alliance，美国

电子工业协会)。

在双绞线标准中应用最广的是ANSI/EIA/TIA－568A和ANSI/EIA/TIA－568B。这两个标准最主要的不同就是芯线序列的不同，如图3－13所示。

EIA/TIA 568A的线序定义依次为：绿白、绿、橙白、蓝、蓝白、橙、棕白、棕。

EIA/TIA 568B的线序定义依次为：橙白、橙、绿白、蓝、蓝白、绿、棕白、棕。

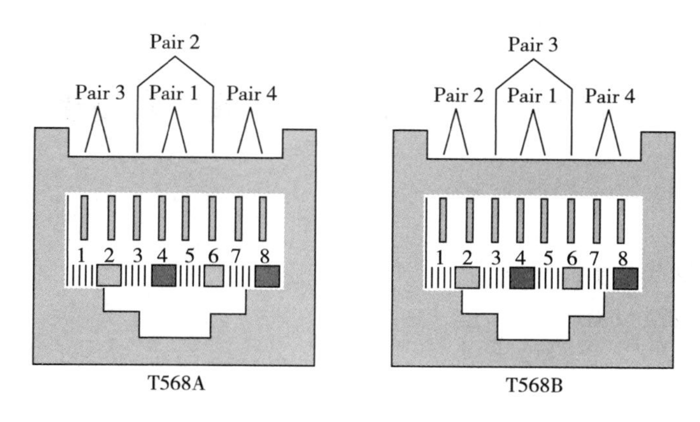

图3－13　双绞线芯线序列

双绞线连接方法有正常连接和交叉连接，因此分为直连双绞线和交叉双绞线，如图3－14所示。

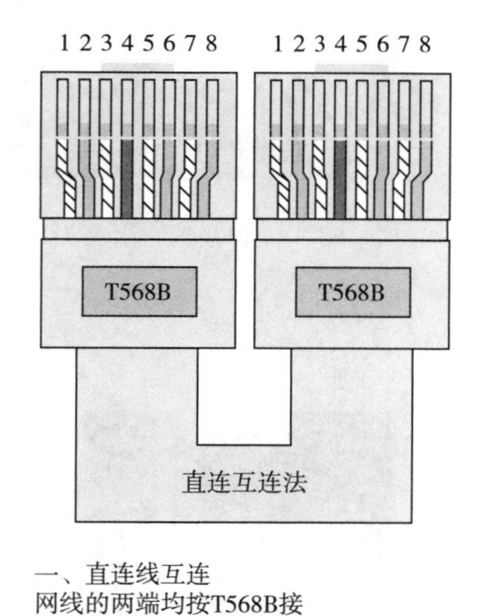

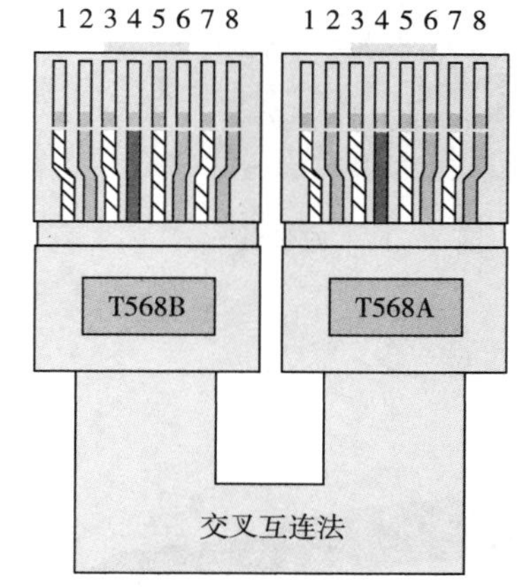

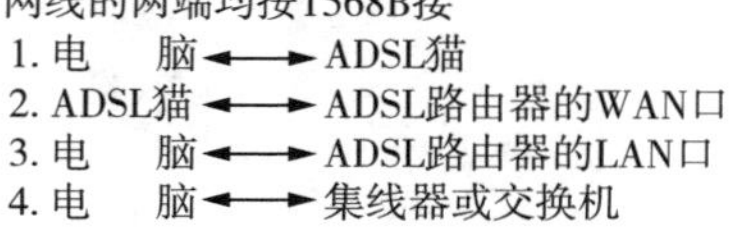

二、交叉线互连
网线的一端按T568B接，另一端按T568A接
1. 电　脑←→电脑，即对等网连接
2. 集线器←→集线器
3. 交换机←→交换机
4. 路由器←→路由器

图3－14　直连双绞线与交叉双绞线

（1）直连网线。网线水晶头两端都是按照 T568B 标准制作，用于不同类型设备之间的连接，例如交换机连接路由器，交换机连接电脑。

（2）交叉网线。网线水晶头一端是 T568B，另一端是 T568A，用于相同类型设备之间的连接，比如电脑连接电脑，交换机连接交换机。

目前，通信设备的 RJ－45 接口基本能自适应，遇到网线不匹配的情况，可以自动翻转端口的接收和发送。因此，现在一般只使用直连网线即可。

实验活动 1　制作局域网跳线（双绞线）

【实验目的】

（1）了解双绞线与水晶头。

（2）使用网线钳与测线仪。

【实验内容】

（1）准备工具和材料，如图 3－15 至图 3－18 所示。

图 3－15　双绞线

图 3－16　RJ－45 连接器（水晶头）

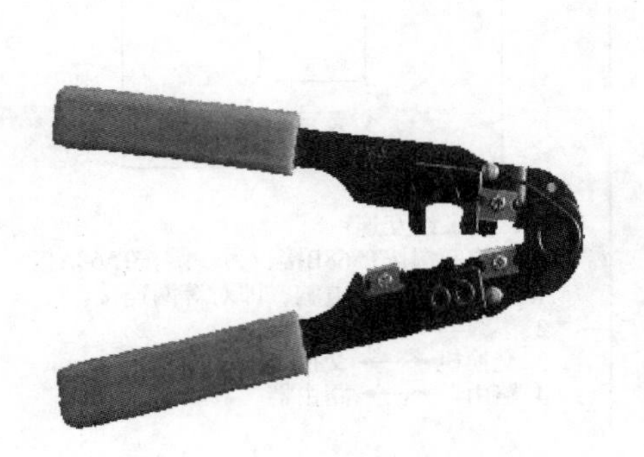

图 3－17　压线钳

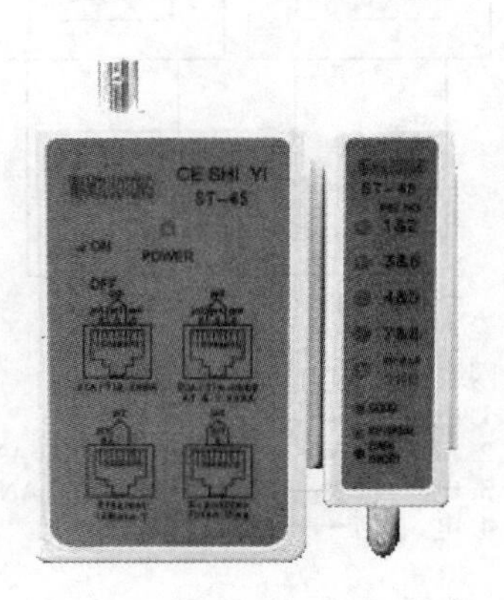

图 3－18　简易测线仪

（2）连接 UTP 和 RJ－45 接头，如图 3－19 至图 3－21 所示。

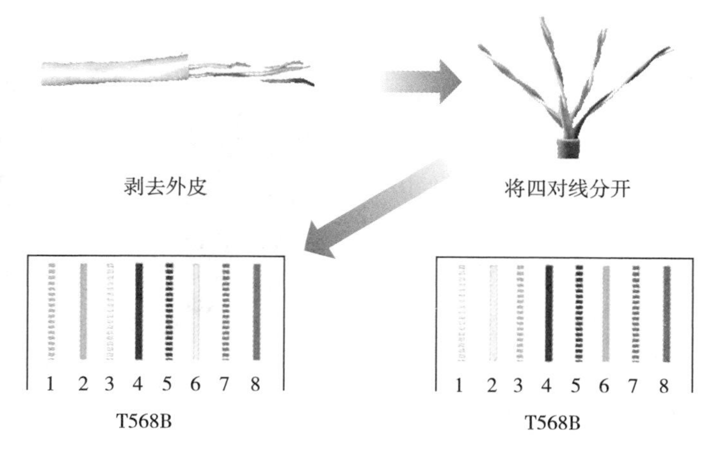

图 3－19　分线与排序

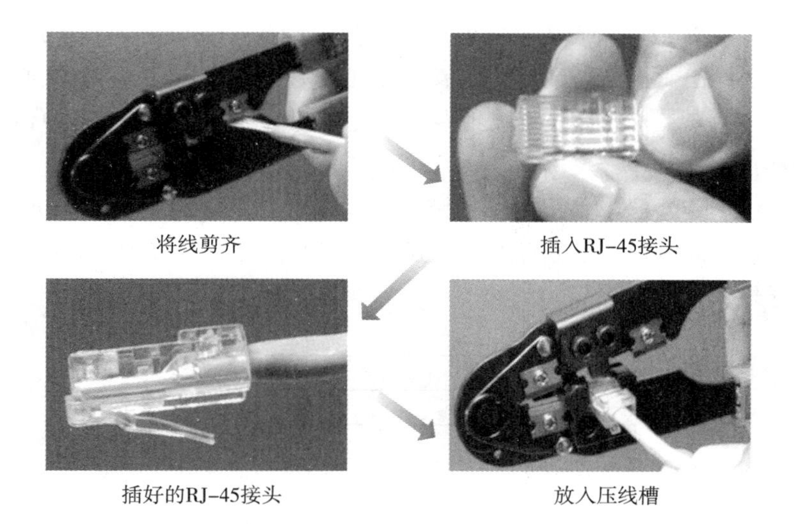

图 3－20　剪线与套入水晶头

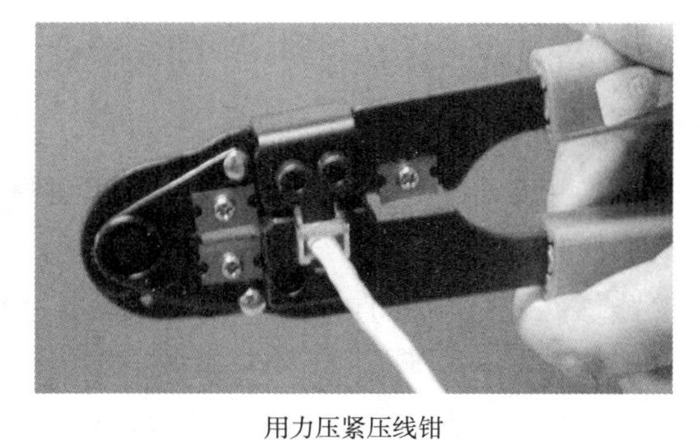

图 3－21　压制水晶头

(3) 使用测线仪测试水晶头，如图 3－22所示。

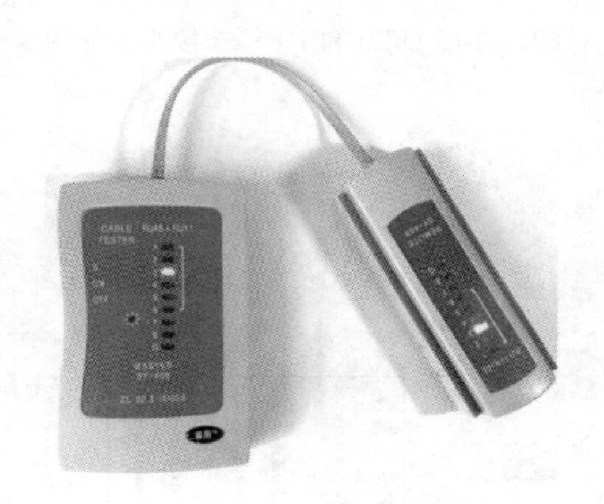

图 3－22　测试水晶头

3. 光纤（光缆）

光纤的全称是光导纤维，它是利用光的全反射原理制成的传输介质。

光纤是光导纤维的简称，是一种由玻璃或塑料制成的纤维，可作为光传导工具。实用的光纤比人的头发丝稍粗，通信用光纤的外径一般为 125～140 μm。

光纤的基本结构模型是指光纤层状的构造形式，由纤芯、包层和涂覆层构成，呈同心圆柱形，如图 3－23 所示。

纤芯：位于中心，主要采用高纯度的二氧化硅（SiO_2），并掺有少量的掺杂剂，以提高纤芯的光折射率 n_1，从而传输光信号；纤芯的直径 d_1 一般为 2～50 μm。

包层：位于中间，也是高纯度的二氧化硅（SiO_2），也掺有一些掺杂剂，以降低包层的光折射率 n_2，$n_1>n_2$，满足全反射条件，使得光信号能约束在纤芯中传输；包层的外径 d_2 一般为 125 μm。

涂覆层：位于最外层，采用丙烯酸酯、硅橡胶、尼龙等材料，保护光纤不受水汽侵蚀和机械擦伤，同时增加了光纤的机械强度与可弯曲性，起着延长光纤寿命的作用；涂覆后的光纤外径一般为 1.5 mm。

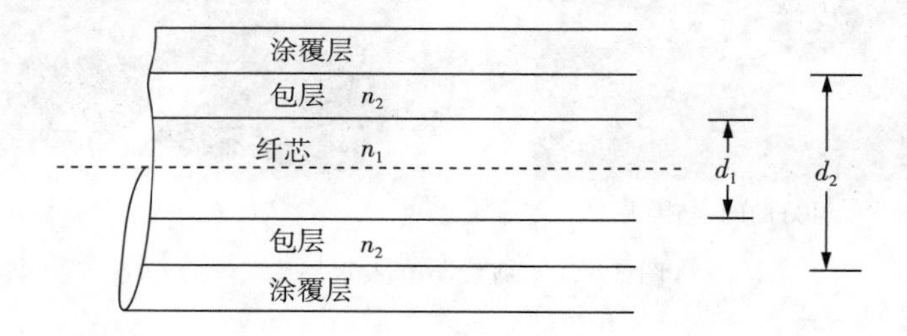

图 3－23　光纤结构

(1) 光纤传输的原理。光纤传输的原理是“光的全反射”，如图 3－24 所示。当光线从纤芯 n_1 射向包层 n_2 时，由于 $n_1>n_2$，当入射角大于全反射临界角，按照几何光学全反射原理，射线在纤芯和包层的交界面会产生全反射，于是把光闭锁在光纤芯内部向前传播，这样就保证光能够在光纤中一直传输下去，即使经过略微弯曲的路由，光线也不会射向光纤之外。

(2) 光纤的分类。按传输的模式数目，光纤分为单模光纤（Single Mode Fiber）和多模光纤（Multi Mode Fiber），如图 3－25 所示。

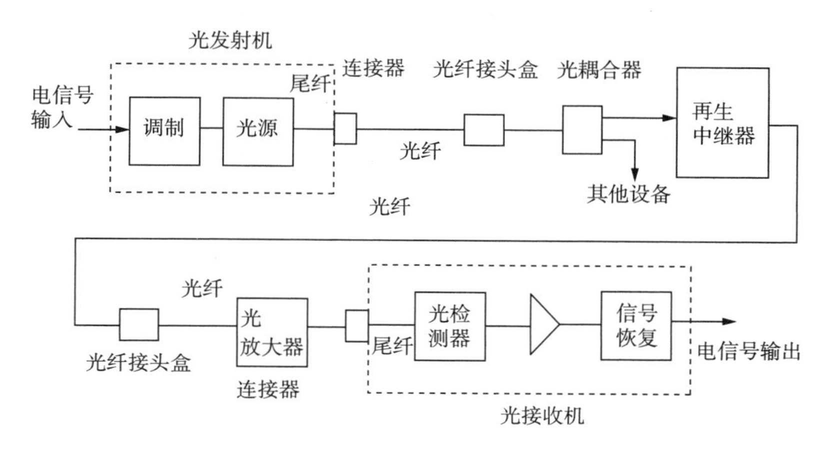

图 3-24　光纤传输的原理

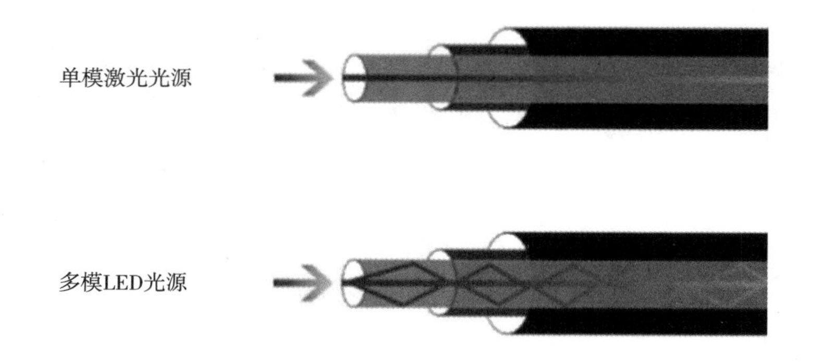

图 3-25　单模光纤和多模光纤

① 单模光纤。支持一种模式传输，纤芯直径为 8.5～9.5 μm，包层直径为 125 μm，传输距离在 5 km 以上，适于长距离传输，光源为激光光源，采用黄色外护套，如图 3-26所示。

② 多模光纤。支持多种模式传输，纤芯直径为 50 μm 和 62.5 μm，包层直径为 125 μm，适用于短距离传输，常用的应用场景为机房内跳纤，光源为 LED（发光二极管）光源，采用橙色或水绿色外护套，如图 3-26 所示。

光缆（Optical Fiber Cable）是为了满足光学、机械或环境的性能规范而制造的，它是将置于包覆护套中的一根或多根光纤作为传输媒介，并可以单独或成组使用，如图 3-27所示。

光缆的中心部分包括一根或多根光导纤维，通过从激光器或发光二极管发出的光波穿过中心光缆进行数据传输。在光缆的外面是一层玻璃，称之为包层。在包层外面，是一层塑料的网状 Kevlar（一种高级的聚合材料），以保护内部的中心线，最后一层塑料封套覆盖在网状屏蔽物上，如图 3-28 所示。

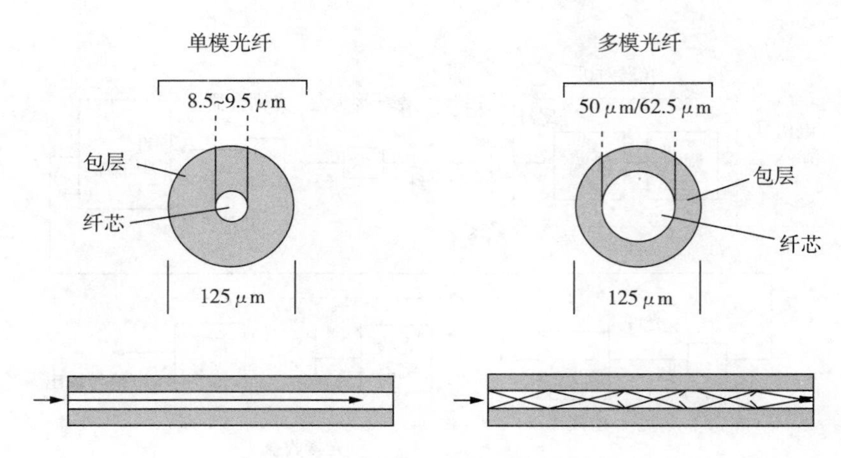

图 3-26　单模光纤与多模光纤结构

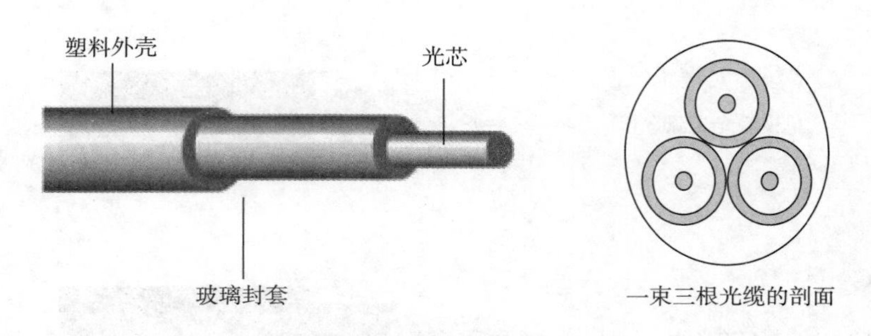

图 3-27　光缆结构

按传输性能、距离和用途分类：长途光缆、城域光缆、海底光缆和入户光缆；

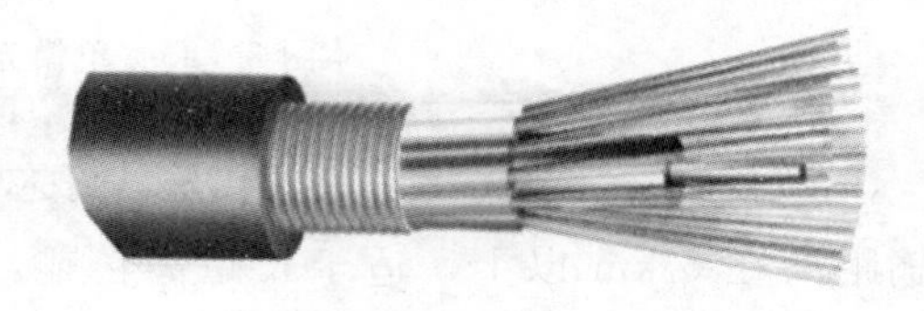

图 3-28　光缆组成

按光纤的种类分类：多模光缆、单模光缆；

按光纤套塑方法分类：紧套光缆、松套光缆、束管式光缆和带状多芯单元光缆；

按光纤芯数多少分类：单芯光缆、双芯光缆、四芯光缆、六芯光缆、八芯光缆、十二芯光缆和二十四芯光缆等；

按敷设方式分类：管道光缆、直埋光缆、架空光缆和水底光缆。

实验活动 2　熔接光纤

【实验目的】

（1）认识光纤。

（2）切割与剥除光纤。

（3）使用熔接机。

【实验内容】

准备工具：光纤熔接机、光纤切割刀、剥线刀、斜口钳、剥纤钳（米勒钳）、无尘布、酒精（酒精棉片也可），如图3-29所示。

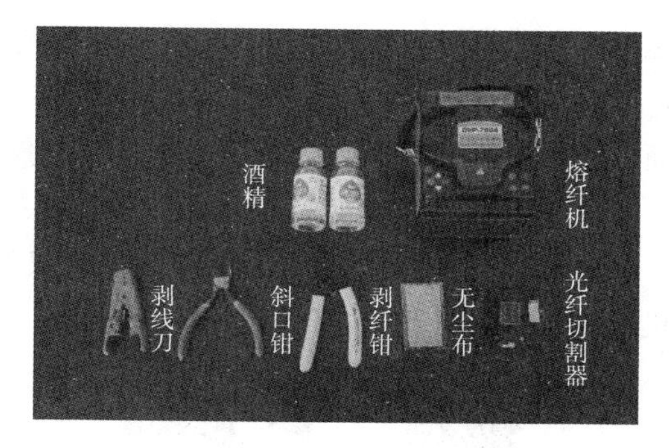

图3-29 准备工具

（1）光纤外皮层的剥除：需要用到的工具是剥线刀、剥纤钳、酒精。用剥线刀剥去光缆外保护套，根据现场施工的经验，线缆剥开长度为50～100 cm适宜，注意剥去的力度，如图3-30所示。

（2）套入热缩管：谨防端面污染，热缩管应在剥纤前穿入，严禁在端面制备后穿入，如图3-31所示。

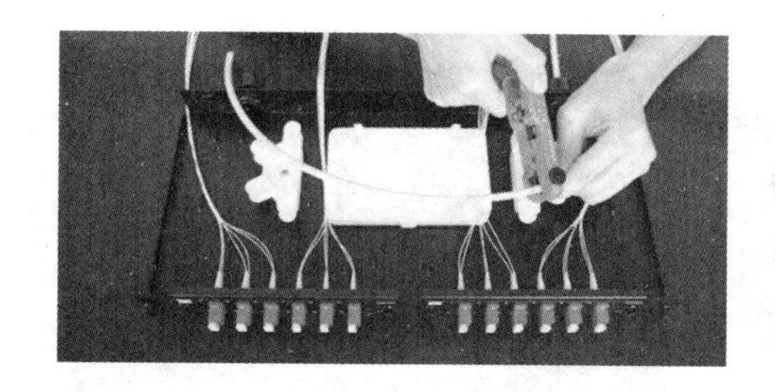

图3-30 剥除光纤外皮层

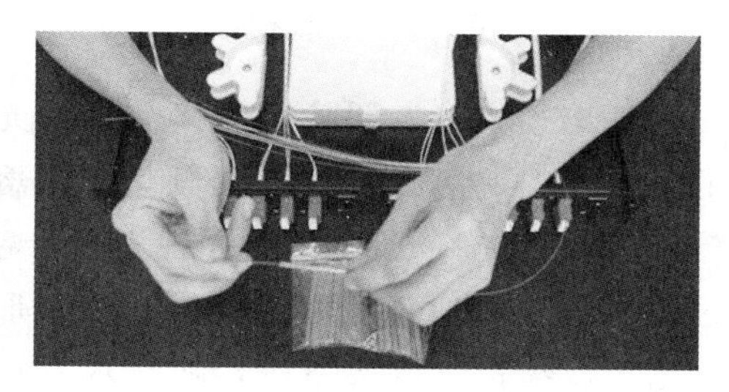

图3-31 套入热缩管

（3）剥除光纤涂覆层：用剥纤钳剥去光纤外被护套，剥纤钳应与光纤垂直，上方向下倾斜一定角度，然后用钳口轻轻卡住光纤，右手随之用力，顺光纤轴向平推出去，剥去长度为3～5 cm适宜，如图3-32所示。

（4）清洁光纤：观察光纤剥除部分的涂覆层是否全部剥除，若有残留，可用棉球或无尘布蘸适量酒精进行擦拭，如图3-33所示。

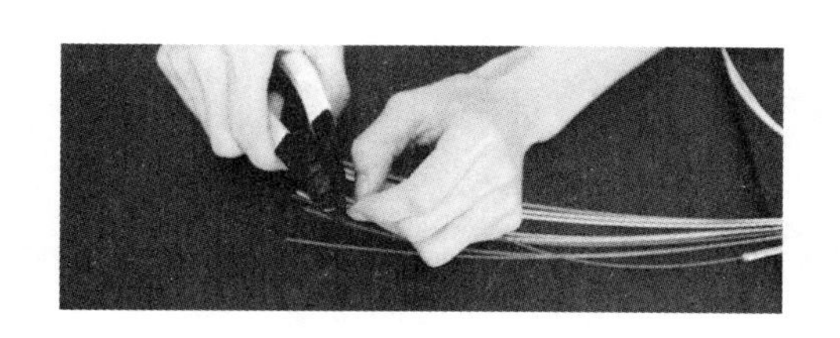

图3-32 剥除光纤涂覆层

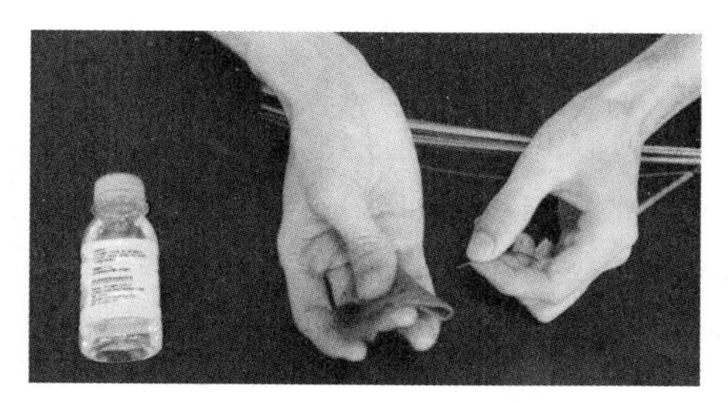

图3-33 清洁光纤

(5) 裸纤的切割：裸纤的清洁、切割和熔接的时间应紧密衔接，不可间隔过长，特别是已制备的端面切勿放在空气中。移动时要轻拿轻放，防止与其他物件擦碰。在接续中，应根据环境，对切刀"V"形槽、压板、刀刃进行清洁，谨防端面污染。切割是光纤端面制备中最为关键的部分，严格、科学的操作规范是保证。切割时，动作要自然、平稳，勿重、勿急，避免断纤、斜角、毛刺、裂痕等不良端面的产生，如图 3-34 所示。

(6) 将裸纤放入熔接机：将切割好的裸纤放入熔接机中，注意不要超过或触碰熔接机内的电极棒，压上小盖板后再制作另一端的裸纤，如图 3-35 所示。

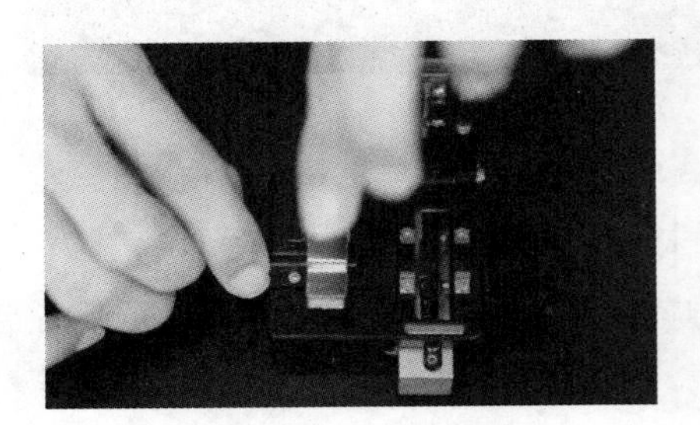

图 3-34 切割裸纤

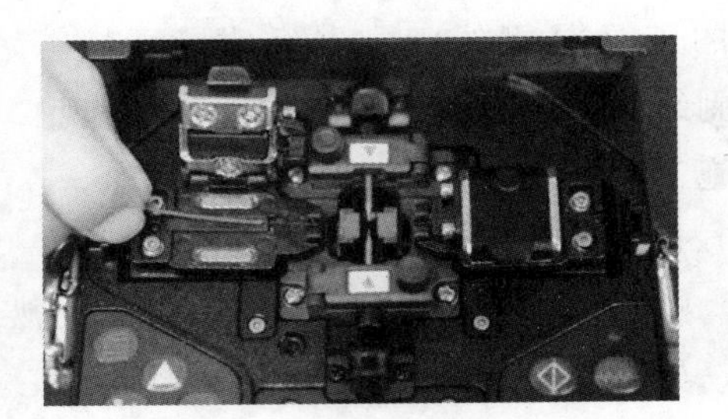

图 3-35 将裸纤放入熔接机

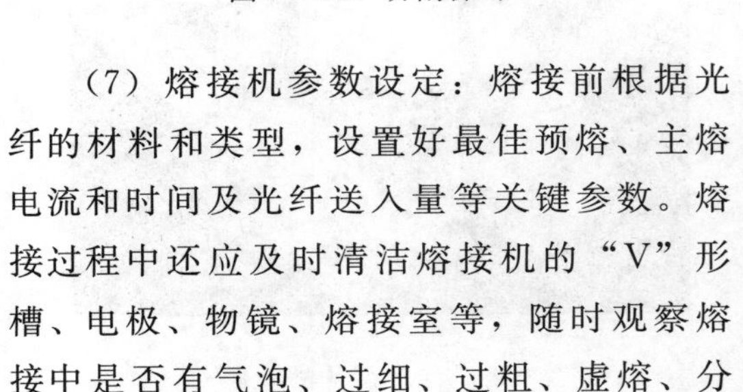

(7) 熔接机参数设定：熔接前根据光纤的材料和类型，设置好最佳预熔、主熔电流和时间及光纤送入量等关键参数。熔接过程中还应及时清洁熔接机的"V"形槽、电极、物镜、熔接室等，随时观察熔接中是否有气泡、过细、过粗、虚熔、分离等不良现象。

(8) 光纤熔接：熔接完成后，应观察熔纤损耗，损耗在 0.03 dB 以下才算合格，如图 3-36 所示。

图 3-36 光纤熔接

实验活动 3 组建文件共享对等网（无 DHCP 服务器）

【实验目的】

(1) 认识对等网的组成。

(2) 掌握组建对等网。

(3) 掌握文件共享。

【实验内容】

1. 统一配置 IP 地址

鼠标右键单击桌面右下角的网络连接图标，打开网络和共享中心，如图 3-37 所示。

图 3－37　打开网络和共享中心

更改适配器设置，如图 3－38 所示。

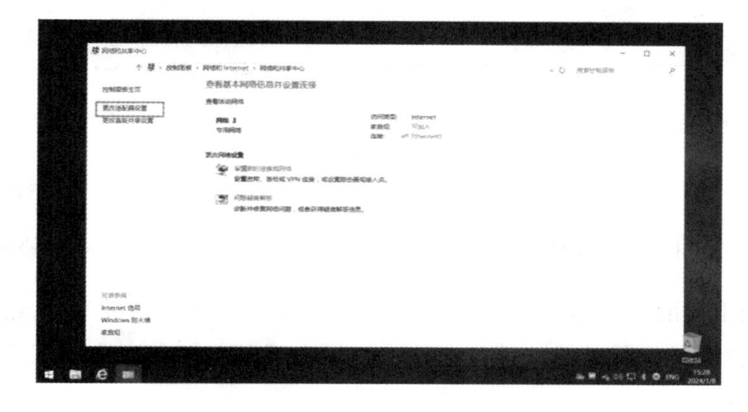

图 3－38　更改适配器设置

选择本地网络连接的图标，并双击鼠标左键（不同网卡连接名称不同），如图 3－39 所示。

图 3－39　选择本地网络连接的图标

在对话框中单击“属性”，如图 3－40 所示。

双击 Internet 协议版本 4（IPv4），如图 3－41 所示。

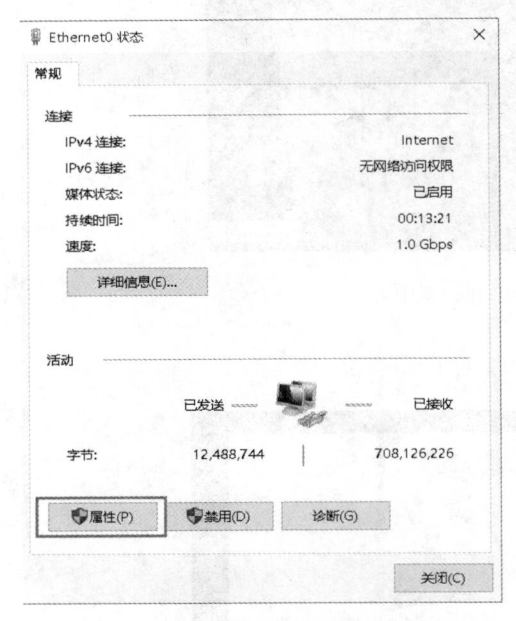

图 3－40　本地网络连接属性

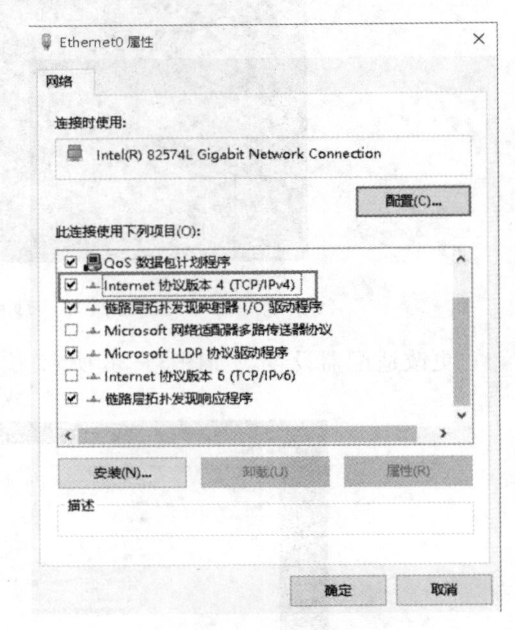

图 3－41　IPv4 协议

选择使用下面的 IP 地址，并依次填写好 IP 地址（不同主机的 IP 地址网络号相同，主机号不同）、子网掩码、网关地址、DNS（域名系统）地址，完成后单击“确定”，如图 3－42 所示。

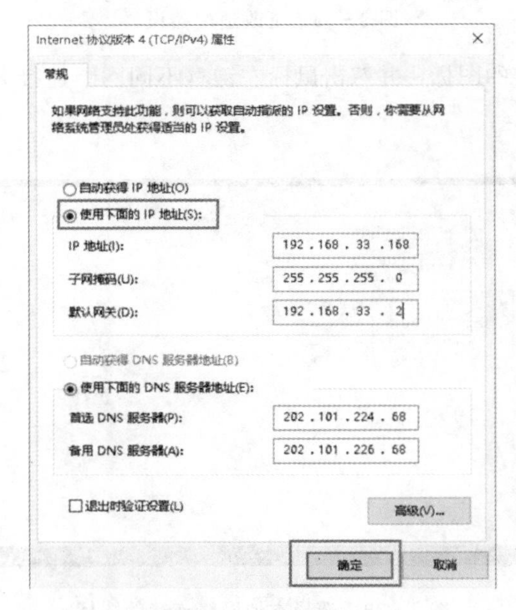

图 3－42　IP 地址填写

2. 建立共享

在有共享的磁盘或文件夹上单击鼠标右键选择“属性”，如图3-43所示。

图3-43 磁盘属性

在属性对话框中选择共享选项卡，如图3-44所示。

单击“高级共享”，如图3-45所示。

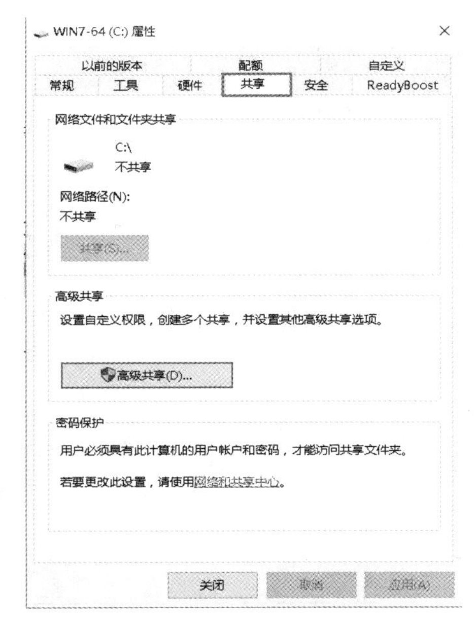

图3-44 磁盘共享

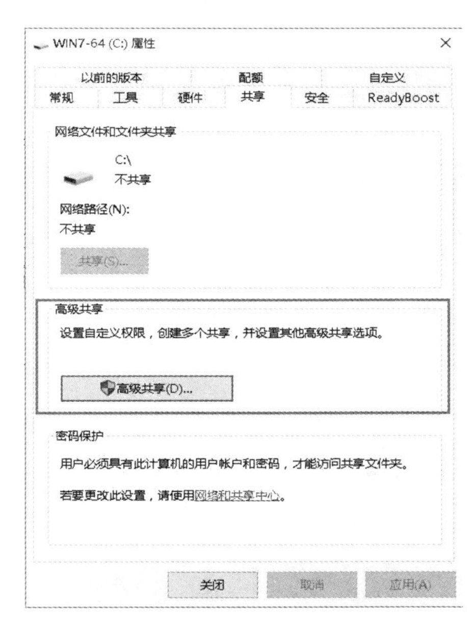

图3-45 磁盘高级共享

勾选“共享此文件夹”，填入共享名称，选择同时共享用户数量（可以保持默认），完成后单击“权限”按钮，如图 3 - 46 所示。

在权限对话框中单击“添加”按钮，如图 3 - 47 所示。

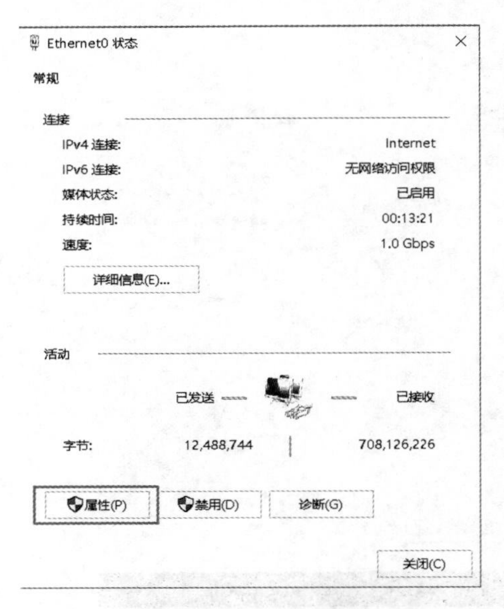

图 3 - 46　填入共享名称

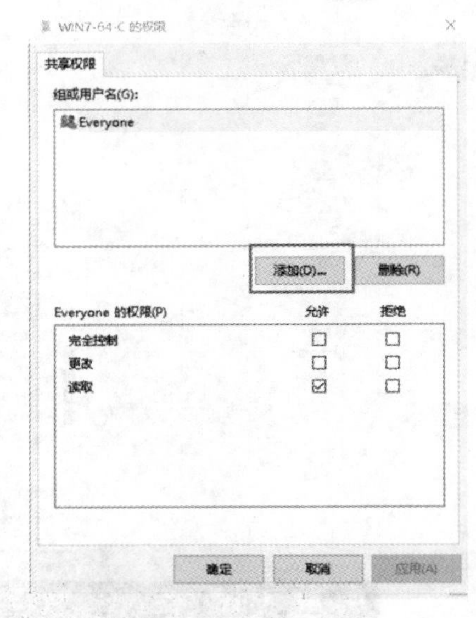

图 3 - 47　添加用户

在对话框中单击“确定”按钮，如图 3 - 48 所示。

在选择用户与组对话框中单击“立即查找”，在下方的搜索结果中选中要添加的用户，单击“确定”，如图 3 - 49 所示。

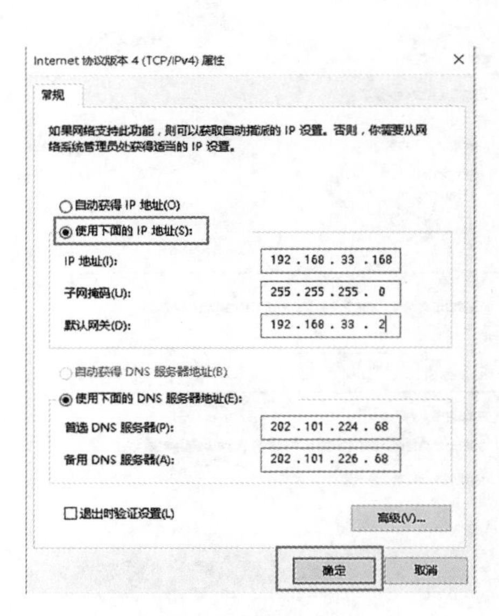

图 3 - 48　查找用户

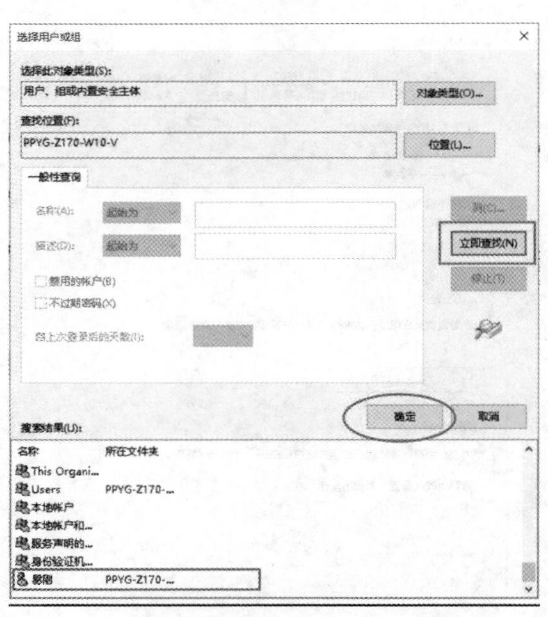

图 3 - 49　添加用户

为了安全可在权限对话框中将新添加的用户更改权限，并将 everyone 用户删除，单击“确定”完成配置，如图 3－50 所示。

设置好共享的磁盘或文件夹，如图 3－51 所示。

图 3－50　更改用户权限　　　　图 3－51　共享后的磁盘图标

3. 访问共享

其他的 PC 设置好 IP 地址，打开资源管理器，在地址栏中输入要访问的主机地址（\\192.168.33.168），如图 3－52 所示。

双击要访问的资源，输入正确的用户名与密码即可访问，如图 3－53 所示。

图 3－52　通过 IP 地址访问共享

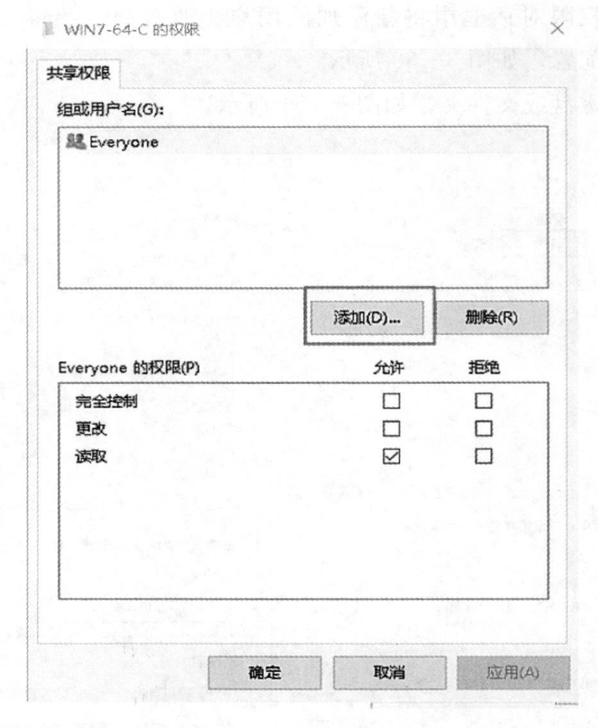

图 3-53　访问共享资源

3.3　局域网的组建

局域网的组建是一个既复杂又重要的过程，需要综合考虑多个因素和技术细节。通过科学的规划、精心的实施以及严格的测试，可以构建一个稳定、高效且安全的局域网系统，为组织的日常运作和发展提供有力的支持。

局域网的组建过程中，确定需求和规划网络拓扑以及选购合适的网络设备是两个至关重要的步骤。下面我们将对这两个知识点进行全面、完整且准确地介绍。

3.3.1　确定需求和规划网络拓扑

局域网的组建首先需要明确网络的建设目的和需求。这涉及对组织或企业内部的业务流程、员工使用习惯以及未来增长需求进行深入了解和分析。只有明确了需求，才能确保所构建的局域网能够充分适应实际应用场景。

在确定需求后，接下来需要规划网络拓扑结构。网络拓扑结构是指网络中各个设备之间的连接方式和位置关系。常见的网络拓扑结构包括星型、总线型、树状等。选择哪种拓扑结构取决于网络规模、设备数量、传输需求以及成本等因素。在规划拓扑结构时，还需要考虑网络的扩展性和灵活性，以便在未来能够轻松地进行网络升级和扩展。

3.3.2　选购合适的网络设备

选购合适的网络设备是局域网组建过程中不可或缺的一环。网络设备的质量和性能直接影响到网络的稳定性和可靠性。

首先，需要根据网络规模和需求选择合适的交换机和路由器。交换机负责实现数据包的转发和交换，路由器则负责连接不同的网络段并进行路由选择。在选择设备时，需要考虑设备的端口数量、传输速率、处理能力以及安全性等因素。

其次，选购高质量的网线也是至关重要的。网线是连接网络设备的桥梁，其质量和性能直接影响到数据传输的速度和稳定性。因此，在选择网线时，需要关注其材质、传输速率以及抗干扰能力等方面。

再次，如果要实现无线接入功能，还需要选购合适的无线接入点或无线路由器。在选择无线设备时，需要考虑其覆盖范围、传输速率、安全性以及兼容性等因素。

最后，需要考虑设备的可扩展性和未来升级的可能性。随着网络规模的扩大和技术的不断更新，可能需要对设备进行升级或更换。因此，在选购设备时，需要选择那些具备良好扩展性和升级潜力的产品。

3.3.3　连接和配置网络设备

局域网的组建过程中，连接和配置网络设备是至关重要的一步。在选购完所有必要的网络设备后，接下来便是将这些设备按照预先规划的网络拓扑结构进行连接，以确保数据能够在网络中顺畅地传输。

需要按照网络拓扑规划，使用网线将各个设备（如计算机、打印机、服务器等）连接到交换机或路由器上。在这个过程中，需要注意网线的类型和长度，确保它们能够满足数据传输的需求，并且连接稳定可靠。对于大型网络，可能还需要使用光纤等高速传输介质。

对于无线网络部分，除了将无线接入点连接到有线网络外，还需要进行无线网络的配置。这包括设置无线网络的名称（SSID）、加密方式（如WPA2）以及密码等，以确保无线网络的安全性和稳定性。同时，还需要调整无线接入点的信道和功率等参数，以避免信号干扰并保证覆盖范围。

完成物理连接后，接下来便是设备的配置。这需要根据设备厂商提供的说明书和指南来进行。在配置过程中，需要对每个设备进行初始化，包括设置管理地址、登录密码等基本信息。然后，根据网络的需求，配置设备的各项参数，如IP地址、子网掩码、网关等。对于交换机和路由器等核心设备，还需要配置VLAN、路由协议等高级功能，以满足网络的复杂需求。

在配置过程中，还需要注意设备的兼容性和互操作性。不同厂商的设备可能存在差异，因此在配置时需要仔细核对设备的参数和设置，确保它们能够正常工作并相互协作。

随着网络技术的不断发展，新的设备和技术不断涌现。因此，在连接和配置网络设备时，还需要关注最新的技术动态和最佳实践，以确保局域网的性能和安全性能够得到不断提升。

3.3.4 分配和管理网络地址

在局域网组建过程中，分配和管理网络地址是至关重要的一步。网络地址，特别是IP地址，是设备在网络中相互识别、通信的基础。

1. 自动分配IP地址：DHCP服务

DHCP是一种网络协议，它使得主机可以从DHCP服务器自动获取IP地址和其他网络配置参数。使用DHCP可以极大地简化网络管理，特别是当网络中有大量设备需要接入时。DHCP服务器负责维护一个IP地址池，并根据请求动态地为设备分配IP地址。这样，管理员无须手动为每个设备配置IP地址，降低了配置错误的可能性。

2. 手动配置静态IP地址

尽管DHCP给网络管理带来了便利，但在某些情况下，可能需要手动配置静态IP地址。例如，某些关键设备（如服务器、路由器等）需要稳定的IP地址以便于管理和访问。在这些情况下，管理员需要手动为设备分配一个固定的IP地址，并配置相应的子网掩码、默认网关等参数。静态IP地址的配置需要谨慎进行，以避免IP地址冲突和配置错误。

3. 访问控制和权限管理

除了分配IP地址外，网络安全也是网络地址管理的重要方面。为了防止未授权用户的访问和操作，需要实施严格的访问控制和权限管理。这包括设置网络设备的访问密码、限制访问权限、使用防火墙过滤不必要的网络流量等。管理员还可以利用VLAN等技术，将网络划分为不同的逻辑区域，进一步限制不同区域之间的访问。

4. 地址冲突和重复使用的预防

在分配IP地址时，管理员需要确保每个设备都有唯一的IP地址，以避免地址冲突。此外，随着网络设备的增加和更换，管理员需要定期检查和更新IP地址分配表，确保没有重复的IP地址被分配。

5. 使用网络扫描工具

管理员还可以使用网络扫描工具来检测网络中的设备及其IP地址分配情况。这些工具可以帮助管理员发现潜在的IP地址冲突、未授权的设备接入等问题，并及时进行处理。

分配和管理网络地址是局域网组建过程中的一项重要任务。通过使用DHCP服务自动分配IP地址、手动配置静态IP地址以及实施严格的访问控制和权限管理，可以确保网络中的设备能够正常通信并保障网络安全。

3.3.5　考虑网络安全与性能优化

局域网的组建不仅涉及物理连接和设备配置，还需要深入考虑网络安全与性能优化这两个核心方面。它们对于确保网络稳定运行和数据安全传输至关重要。

1. 网络安全

网络安全是局域网组建中的首要任务，它直接关系到企业或个人数据的安全。以下是一些关键的网络安全措施：

(1) 强密码策略。为网络设备设置复杂且独特的密码是防止未经授权访问的第一道防线。密码应包含大小写字母、数字和特殊字符，并定期更换，以减少被破解的风险。

(2) 固件更新与漏洞修补。定期检查和更新网络设备的固件是确保网络安全的关键步骤。固件更新通常包含对已知漏洞的修补，能够提升设备的整体安全性。

(3) 访问控制机制。建立完善的访问控制机制，如使用 VLAN 将网络划分为不同的逻辑段，限制不同区域之间的访问，能够有效防止潜在的安全威胁。此外，通过 MAC 地址过滤、IP 地址限制等方式，可以进一步限制对网络的访问。

(4) 防火墙与入侵检测系统。部署防火墙和入侵检测系统能够实时监控网络流量，发现并阻止恶意攻击和未经授权的访问。这些系统能够提供实时的安全警报，帮助管理员迅速应对潜在的安全威胁。

(5) 安全审计与培训。定期进行网络安全审计，检查网络的安全配置和漏洞，确保安全措施的有效性。同时，对网络管理员和用户进行安全培训，增强他们的安全意识，减少人为因素导致的安全风险。

2. 性能优化

除了网络安全外，性能优化也是局域网组建中不可忽视的一环。以下是一些关键的性能优化措施：

(1) 交换机替换集线器。使用交换机代替集线器可以显著提高网络的性能。交换机能够根据 MAC 地址直接传输数据包，避免了集线器广播数据包导致的网络拥堵和性能下降。

(2) 合理规划网络拓扑。在规划网络拓扑时，需要充分考虑网络的规模和需求，避免出现过多的层级和冗余连接。合理规划的网络拓扑能够减少数据传输的延迟和丢包率，提升网络的整体性能。

(3) 负载均衡。对于大型网络，实施负载均衡策略可以将网络流量分散到多个设备上，避免单个设备过载。这不仅可以提高网络的吞吐量和响应速度，还能增强网络的可靠性和稳定性。

(4) 优化网络协议与配置。根据网络的实际需求，选择合适的网络协议和配置参数。例如，调整 TCP/IP 的相关参数、优化路由算法等，都能够提升网络的传输效率和性能。

网络安全与性能优化是局域网组建过程中不可或缺的两个方面。通过采取适当的安全措施和性能优化手段，可以确保网络安全稳定运行，满足企业或个人对数据传输的需求。

3.3.6 测试与调试

局域网组建完成后，测试与调试工作是不可或缺的重要环节。这一环节旨在确保网络连接的稳定性、设备间的通信流畅性以及数据传输的高效性。

1. 测试网络连接

需要对网络的整体连接进行测试。这包括检查各个设备是否成功接入网络，以及它们之间的连接是否畅通。可以使用 ping 命令来测试设备之间的连通性，确保数据包能够在网络中正确传输。

2. 设备间通信测试

除了网络连接，还需要测试设备间的通信功能。这包括测试不同设备之间的文件传输、打印共享、远程访问等功能是否正常工作。通过实际使用场景中的操作，验证设备间的通信是否满足预期需求。

3. 数据传输速度测试

数据传输速度是局域网性能的重要指标之一。在测试阶段，需要使用专业的网络测试工具来测量网络带宽和传输速度。这有助于了解网络的实际性能，并根据测试结果进行相应的优化调整。

4. 调试与优化

根据测试结果，可能会发现网络存在一些问题或不足。这时需要进行调试工作，找出问题的成因并进行修复。调试过程中，可能需要调整设备的配置参数、优化网络拓扑结构或升级网络设备等。通过调试和优化，可以进一步提升网络的稳定性和性能。

需要注意的是，测试与调试是一个持续的过程。即使网络初步搭建完成并通过了初步测试，随着网络的使用和设备的增减，可能仍需要进行后续的调试和优化工作。

综上所述，测试与调试是局域网组建过程中不可或缺的一环。通过全面的测试和细致的调试，可以确保网络的稳定性和可靠性，为组织内部的通信和资源共享提供有力的支持。

局域网的组建涉及多个方面的知识和技术。除了测试与调试外，还需要充分考虑网络需求、设备选型、网络拓扑规划、设备连接与配置、网络地址分配以及网络安全与性能优化等多个方面。只有综合考虑这些因素，并进行合理的规划和实施，才能搭建一个稳定、高效且安全的局域网，满足组织内部的通信和资源共享需求。

3.4　无线局域网技术

无线局域网（WLAN）技术是一种革命性的网络技术，它利用无线信道作为传输媒介，实现了计算机局域网络的无线化。通过将计算机网络与无线通信技术有效结合，WLAN技术为用户提供了更加便捷、高效的网络接入方式，为用户提供随时、随地、随意的宽带网络接入服务。

3.4.1　技术基础与标准

无线局域网技术建立在IEEE 802.11标准系列的基础之上，该系列标准定义了无线局域网的物理层和数据链路层特性，为无线网络的实现提供了统一的技术规范。这些标准利用高频信号（如2.4 GHz或5 GHz）作为传输介质，实现了无线设备之间的通信。

IEEE 802.11标准是IEEE（电气与电子工程师协会）在1997年为WLAN定义的一个无线网络通信的工业标准，它规定了无线局域网的基本网络结构和数据传输方法。随着技术的不断进步和应用需求的增长，这一标准得到了持续的补充和完善。目前，802.11标准系列已经涵盖了多个子标准，每个子标准都有其独特的特点和适用场景。

其中，802.11a标准使用5 GHz频段，支持更高的数据传输速率，但传输距离相对较短，适用于需要高速数据传输且设备间距较近的场景。802.11b标准则使用2.4 GHz频段，虽然传输速率相对较低，但具有更远的传输距离和更好的穿墙能力，适合在家庭和小型办公环境中使用。

此外，802.11e标准关注无线网络的服务质量（QoS），通过优化数据传输和调度机制，提高了网络在繁忙情况下的性能和稳定性。802.11g标准则在802.11b的基础上提升了传输速率，同时保持了较好的兼容性。802.11i标准则着重于无线网络的安全性，引入了一系列加密和认证机制，保护用户数据的安全。

最后，802.11n标准通过采用先进的调制技术和多输入多输出（MIMO）技术，显著提升了无线网络的传输速率和容量，为用户提供了更加流畅的网络体验。

这些标准的制定和完善，为无线局域网技术的发展和应用提供了坚实的基础，推动了无线网络的普及和进步。随着未来技术的不断发展，相信IEEE 802.11标准系列还将继续扩展和完善，为无线局域网技术的发展带来更多的可能性和机遇。

3.4.2　网络构成与拓扑结构

无线局域网系统的网络构成与拓扑结构是理解其工作原理和应用场景的关键。根据实际应用需求和网络布局的不同，WLAN系统可以采用多种构成方式，每种方式都有其独特的优势和适用场景。

点对点型无线局域网构成方式最为简单直接。在这种结构中，两个设备通过无线信道直接建立连接，实现数据的点对点传输。这种方式适用于中远距离上的高速数据传输，特别适用于两个固定的有线局域网络之间的无线连接。由于无须通过其他网络设备中转，点对点型无线局域网在传输效率和稳定性方面具有优势。

点对多点型无线局域网由一个中心节点和多个外围节点组成。中心节点通常作为网络的管理和控制中心，负责监控和管理所有外围节点对网络的访问。外围节点则通过无线信道与中心节点建立连接，实现数据的传输和共享。这种结构适用于需要将多个设备或子网连接到一个中心网络的场景，如企业办公网络或校园网络。通过中心节点的集中管理，可以实现对整个网络的统一控制和配置。

分布覆盖型无线局域网则类似于分组无线网，其网络拓扑结构更加灵活和复杂。在这种结构中，所有相关节点都参与数据的传输和路由选择，形成一个分布式的无线网络。这种结构适用于需要广泛覆盖和灵活接入的场景，如大型公共场所、会展中心或临时网络部署等。由于节点众多且结构复杂，分布覆盖型无线局域网在管理和维护方面可能会面临一些挑战，但同时也具有更高的灵活性和可扩展性。

除了上述三种主要构成方式外，无线局域网还可以根据具体需求进行定制和优化。例如，在一些特殊场景下，可能需要采用混合型的网络拓扑结构，结合点对点、点对多点和分布覆盖型的特点，以满足特定的应用需求。

无线局域网系统的网络构成与拓扑结构多种多样，每种方式都有其独特的优势和适用场景。在选择和设计无线局域网时，需要根据实际应用需求、网络规模、覆盖范围等因素进行综合考虑，以确保网络的稳定性、可靠性和高效性。

3.4.3 优势与应用场合

无线局域网技术相较于传统的有线局域网，展现出了诸多显著的优势，并在多个应用场合中发挥着不可替代的作用。

无线局域网技术的配置灵活性是其一大优势。传统的有线局域网受限于物理线缆的连接，设备位置一旦确定便难以随意更改。而无线局域网则打破了这一限制，只需在覆盖范围内，设备便可随时接入网络，无须烦琐的线缆铺设和连接工作。这种灵活性使得无线局域网特别适用于需要频繁调整设备位置或临时增加接入点的场合。

无线局域网技术适应性强。无论是在室内还是在室外，无线局域网都能提供稳定的网络连接。特别是在一些环境复杂或难以布线的地方，如古建筑、临时搭建的场所等，无线局域网技术能够轻松实现网络覆盖，满足用户的上网需求。

无线局域网的安装和维护也相对方便。传统的有线局域网在安装时需要进行大量的线缆铺设和连接工作，不仅耗时耗力，还容易出现故障。而无线局域网则无须考虑这些问题，只需设置好接入点和配置参数，便可快速搭建一个完整的网络。在维护方面，无线局域网也更为简便，可以通过远程管理和监控来确保网络稳定运行。

从经济性角度来看，无线局域网技术也具有一定的优势。虽然无线设备的初期投资可能略高于有线设备，但考虑到无线局域网无须布线、节省空间、降低维护成本等优势，其总体经济效益是较为可观的。

在应用场合方面，无线局域网技术广泛应用于移动工作环境中。对于需要频繁移动或出差的商务人士来说，无线局域网技术能够为他们提供随时随地的网络接入服务，方便他们进行信息检索、文件传输等工作。此外，无线局域网还可用于临时组网场合，如灾后恢复、短期商用系统以及大型会议等。在这些场合中，无线局域网能够快速搭建一个临时网络，为相关人员提供网络支持和信息共享服务。

此外，无线局域网还可以作为有线局域网的无线延伸或无线互联。在一些大型办公场所或校园内，有线网络可能难以覆盖所有区域。此时，可以利用无线局域网技术将有线网络进行无线延伸，扩大网络覆盖范围。同时，无线局域网还可以实现不同有线网络之间的无线互联，提高网络的连通性和灵活性。

随着技术的不断进步和应用需求的增长，无线局域网技术将在未来继续发挥重要作用，为用户提供更加便捷、高效的网络服务。

3.4.4　传输与干扰问题

无线局域网依赖电磁频谱来传输信息，这与无线广播和电视的原理相似。通过无线信道，信息被编码并被发送至接收设备。这些信道可以是无线微波或红外线，它们都使用特定的频率来传输数据。然而，这种无线传输方式也带来了一系列与传输和干扰相关的问题。

无线局域网使用的频率资源是有限的，因此需要遵守政府机构设定的使用规范。这包括有效频率的使用限制以及发送功率电平的标准。这些规定旨在确保无线局域网不会对其他无线通信服务造成干扰，同时也保证了无线局域网自身的稳定性和可靠性。

在实际应用中，无线局域网常常会遇到多径干扰等问题。多径干扰是指信号在传输过程中，由于遇到障碍物而发生反射、折射或绕射，导致接收端收到多个不同路径的信号。这些信号在相位和幅度上可能存在差异，从而在接收端产生干扰，影响信号的接收质量。

为了解决这些问题，无线局域网采用了多种技术手段进行干扰抑制和信号增强。例如，通过采用扩频、调制编码等技术，提高信号的抗干扰能力；利用天线分集、多输入多输出等技术，改善信号的传输质量；同时，还可以采用功率控制、频率规划等策略，减少不同网络之间的干扰。

除了多径干扰外，无线局域网还可能面临其他类型的干扰，如电磁干扰、噪声干扰等。这些干扰可能来源于其他无线通信设备、电气设备或自然环境等因素。为了应对这些干扰，无线局域网设备通常会配备相应的抗干扰电路和算法，以减小干扰对信号传输的影响。

无线局域网在传输信息时面临多种干扰问题。通过遵守政府规范、采用合适的技术手段和策略，可以有效地抑制干扰、增强信号，从而确保无线局域网的稳定性和可靠性。

综上所述，无线局域网是一种高效、灵活的网络接入方式，被广泛应用于各种场合。随着技术的不断发展和完善，无线局域网将在未来继续发挥重要作用，为用户提供更加便捷、高效的网络服务。

实验活动4　配置家用无线路由器

访链接示例如图 3-54 所示。

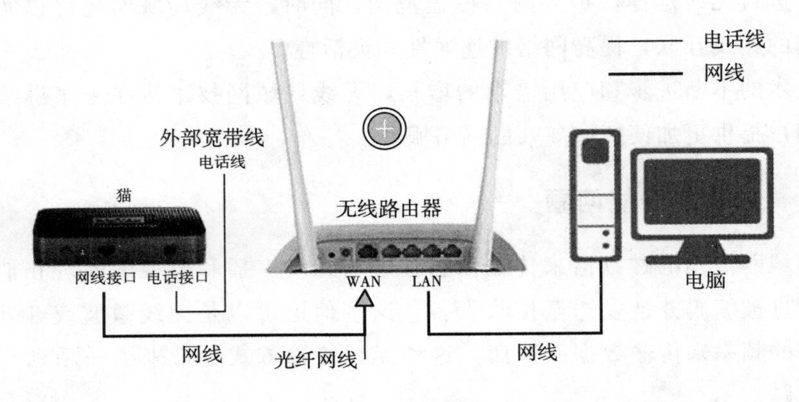

图 3-54　访链接示例

【实验目的】

（1）认识家用路由器。

（2）掌握配置路由器的方法。

【实验内容】

（1）打开浏览器，在地址栏中输入路由器的管理地址（不同厂商默认地址不同），如图 3-55 所示。

（2）输入用户名与密码（支持快速配置的路由器，只通过密码认证），如图 3-56 所示。

（3）在网络状态中，可以查看当前的网络情况与连接的终端数量，如图 3-57 所示。

（4）在终端管理中，可以对已登录的终端设备进行管理，如图 3-58 所示。

（5）进入无线设置页面，可以配置路由器的 SSID（无线 Wi-Fi 名称）与路由器的无线密码。还可以选择关闭或隐藏无线 Wi-Fi，如图 3-59 所示。

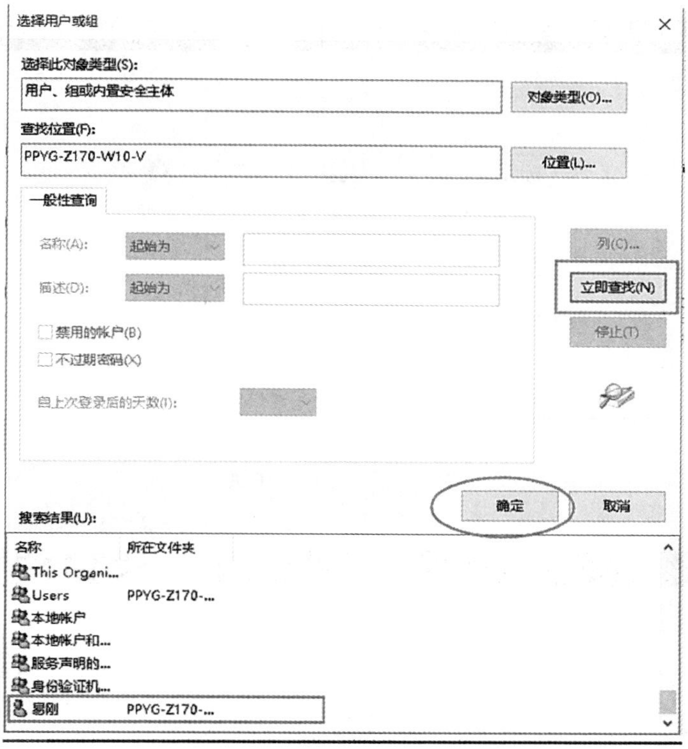

选择用户或组
选择此对象类型(S):
用户、组或内置安全主体　对象类型(O)...
查找位置(F):
PPYG-Z170-W10-V　位置(L)...
一般性查询
名称(A): 起始为
描述(D): 起始为
列(C)...
立即查找(N)
停止(T)
禁用的帐户(B)
不过期密码(X)
自上次登录后的天数(I):
确定　取消
搜索结果(U):

名称	所在文件夹
This Organi...	
Users	PPYG-Z170-...
本地帐户	
本地帐户和...	
服务声明的...	
身份验证机...	
易刚	PPYG-Z170-...

图 3 - 55　在浏览器中输入路由器的管理地址

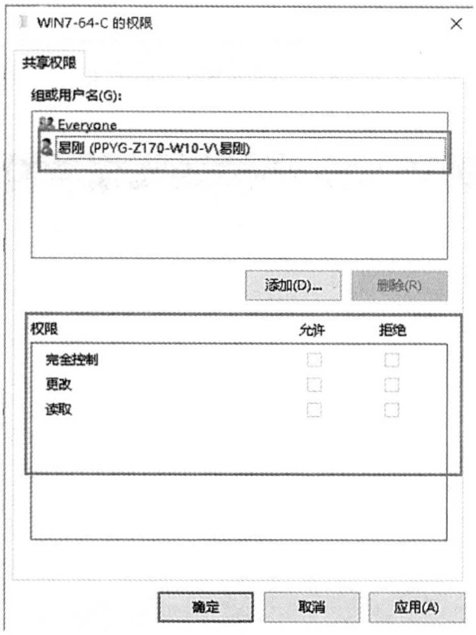

WIN7-64-C 的权限
共享权限
组或用户名(G):
Everyone
易刚 (PPYG-Z170-W10-V\易刚)
添加(D)...　删除(R)

权限	允许	拒绝
完全控制		
更改		
读取		

确定　取消　应用(A)

图 3 - 56　输入路由器管理密码

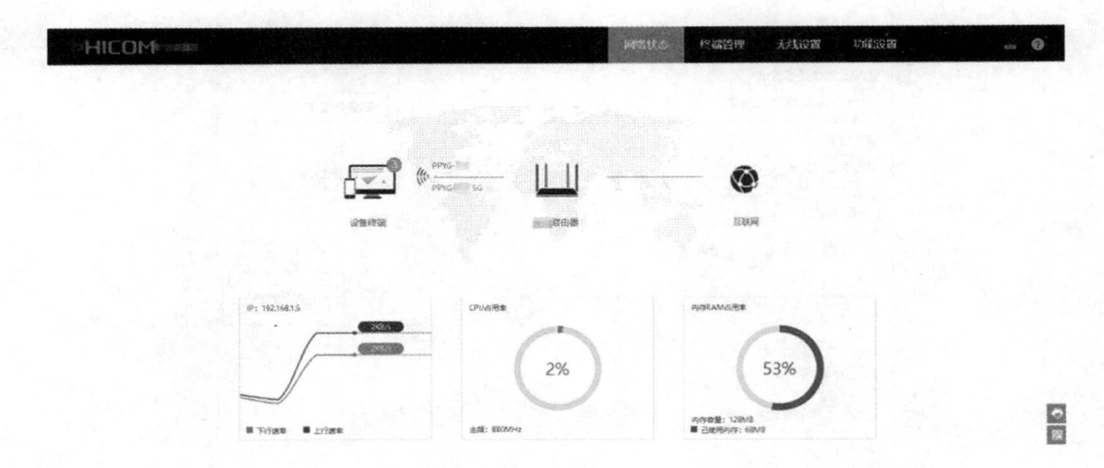

图 3 - 57　路由器主页

图 3 - 58　路由器终端管理页

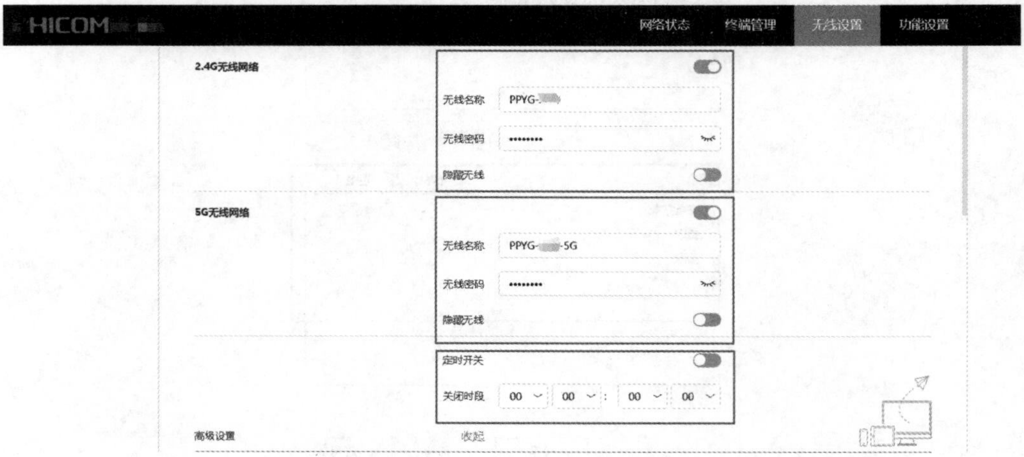

图 3 - 59　路由器 Wi - Fi 配置页

（6）进入无线高级设置中进行配置，如图 3 - 60 所示。

图 3 - 60　路由器无线高级配置页

配置无线工作模式，可根据实际情况调整，参数见表 3 - 1。目前 Wi - Fi 版本以 Wi - Fi 5 和 Wi - Fi 6 为主流。

表 3 - 1　Wi - Fi 版本

Wi - Fi 版本	Wi - Fi 标准	发布时间	最高速率	工作频段
Wi - Fi 0	IEEE 802.11	1997 年	2 Mbps	2.4 GHz
Wi - Fi 1	IEEE 802.11a	1999 年	54 Mbps	5 GHz
Wi - Fi 2	IEEE 802.11b	1999 年	11 Mbps	2.4 GHz
Wi - Fi 3	IEEE 802.11g	2003 年	54 Mbps	2.4 GHz
Wi - Fi 4	IEEE 802.11n	2009 年	600 Mbps	2.4 GHz 或 5 GHz
Wi - Fi 5	IEEE 802.11ac	2014 年	1 Gbps	5 GHz
Wi - Fi 6	IEEE 802.11ax	2019 年	11 Gbps	2.4 GHz 或 5 GHz

配置信号通道，可以避免多个无线 Wi - Fi 信号相互干扰，在 802.11b/g 网络标准中，无线网络的信道虽然可以有 13 个，但非重叠的信道，也就是不互相干扰的信道只有 1、6、11（或 13）这三个，如图 3 - 61 所示。

配置 Wi - Fi 带宽，带宽值越大，数据传输量越大，但传输距离较短。20 MHz 和 40 MHz的区别：20 MHz 对应的是 65 M 带宽，穿透性相对较好；40 MHz 对应的是 150 M 带宽，穿透性不如 20 MHz。追求稳定的话就选择 20 MHz，近距离传输可以选择 40 MHz，如图 3 - 62 所示。

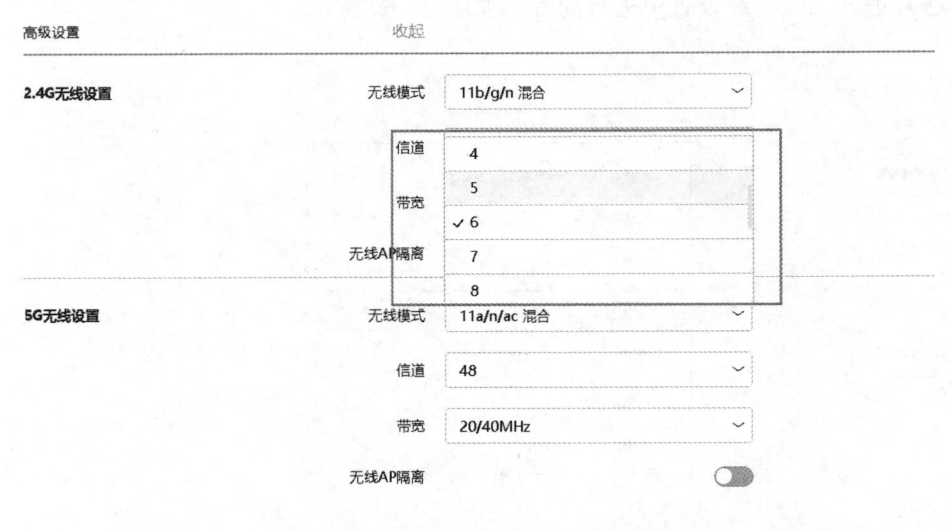

图 3-61　路由器无线信号通道配置页

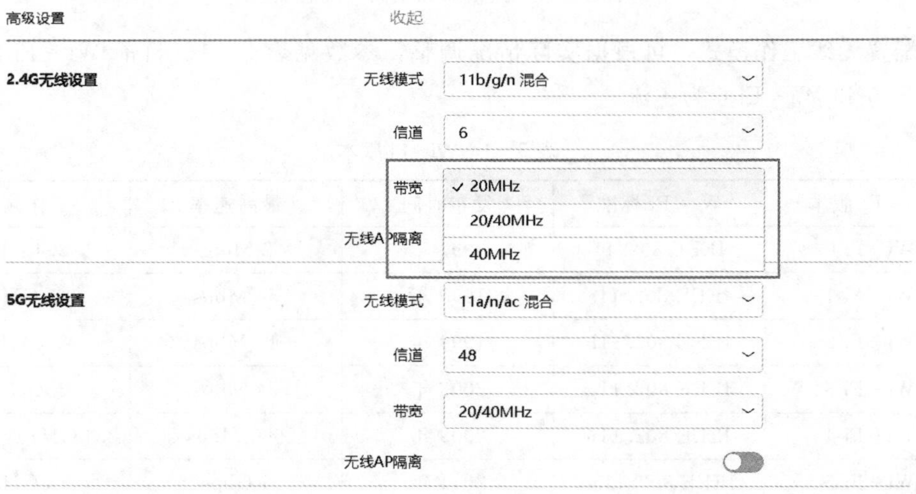

图 3-62　路由器无线带宽配置页

(7) 配置上网设置（有的路由器称为广域网设置），上网方式有自动获取、静态地址、宽带拨号三种，如图 3-63 所示。

自动获取一般用于专线用户，由运营商分配带宽与上网权限，如图 3-64 所示。

静态地址，即被运营商分配了固定的 IP 地址，如图 3-65 所示。

宽带拨号，即通过 PPPoE 协议进行用户认证，需要填写运营商提供的账号与密码，如图 3-66 所示。

(8) 局域网设置用于更改路由器内网 IP 与掩码，如图 3-67 所示。

图3-63　路由器广域网配置页

图3-64　路由器广域网配置自动获取

图3-65　路由器广域网配置静态地址

图 3-66　路由器广域网配置宽带拨号

图 3-67　路由器局域网地址配置页

（9）局域网中的 DHCP 服务可以为连接到路由器的终端设备自动分配 IP 地址，设置时只需填入待分配的 IP 地址范围（地址池）即可。也可以关闭 DHCP 服务，让每个终端自行填入静态的 IP 地址（当移动终端较多时，不建议关闭 DHCP），如图 3-68 所示。

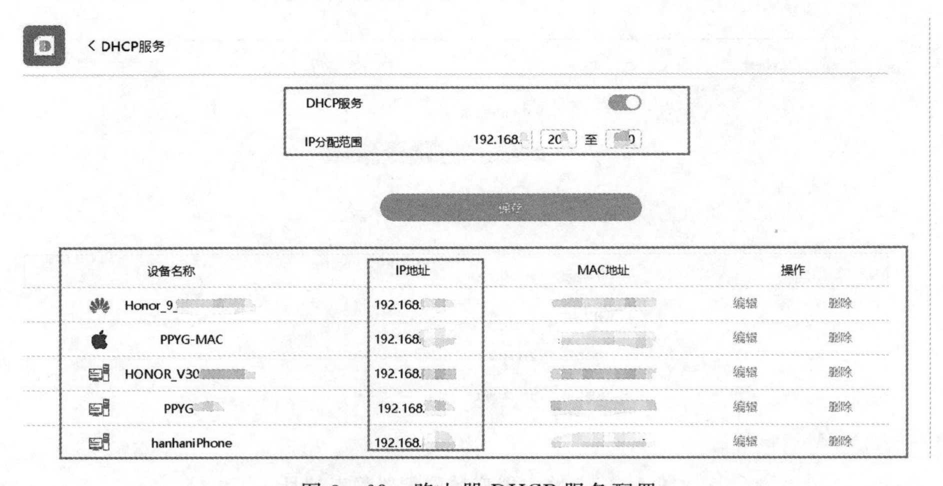

图 3-68　路由器 DHCP 服务配置

（10）在安全配置中，设置防火墙与 MAC 地址过滤，也可以使用路由器默认配置，如图 3-69 所示。

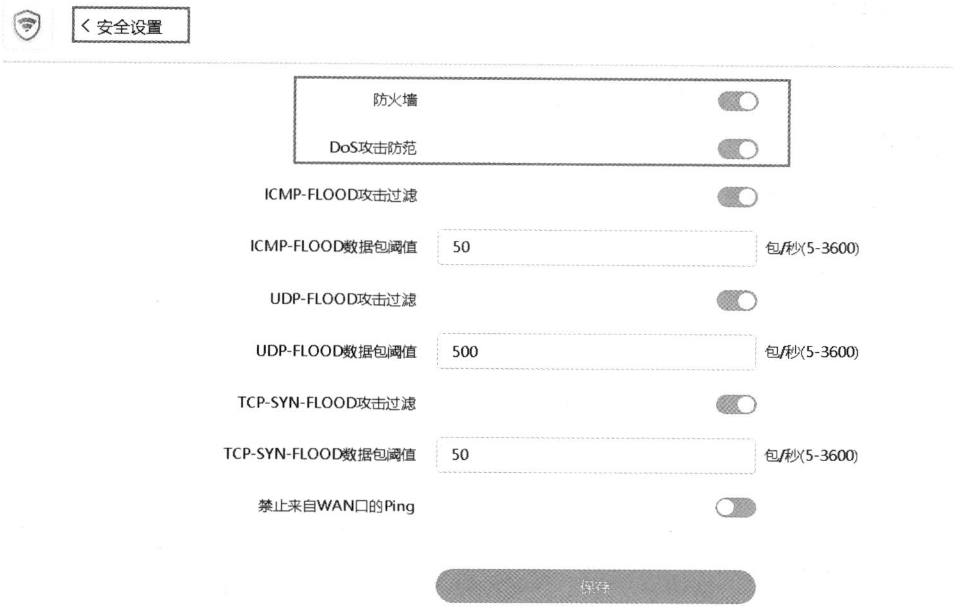
安全设置
防火墙
DoS攻击防范
ICMP-FLOOD攻击过滤
ICMP-FLOOD数据包阈值
50
包/秒(5-3600)
UDP-FLOOD攻击过滤
UDP-FLOOD数据包阈值
500
包/秒(5-3600)
TCP-SYN-FLOOD攻击过滤
TCP-SYN-FLOOD数据包阈值
50
包/秒(5-3600)
禁止来自WAN口的Ping
保存

图 3-69　路由器安全配置页

MAC 地址过滤有黑名单（名单上有的 MAC 不允许上网）与白名单（名单上有的 MAC 允许上网），可根据需要使用，如图 3-70 所示。

白名单
白名单
拦截终端
终端名称
IP地址与MAC地址
操作
PPYG-
IP: 192.168.
MAC:
移除
PPYG-MAC
IP: 192.168.
MAC:
本机
Honor_9_
IP: 192.168.
MAC:
移除
全部移除

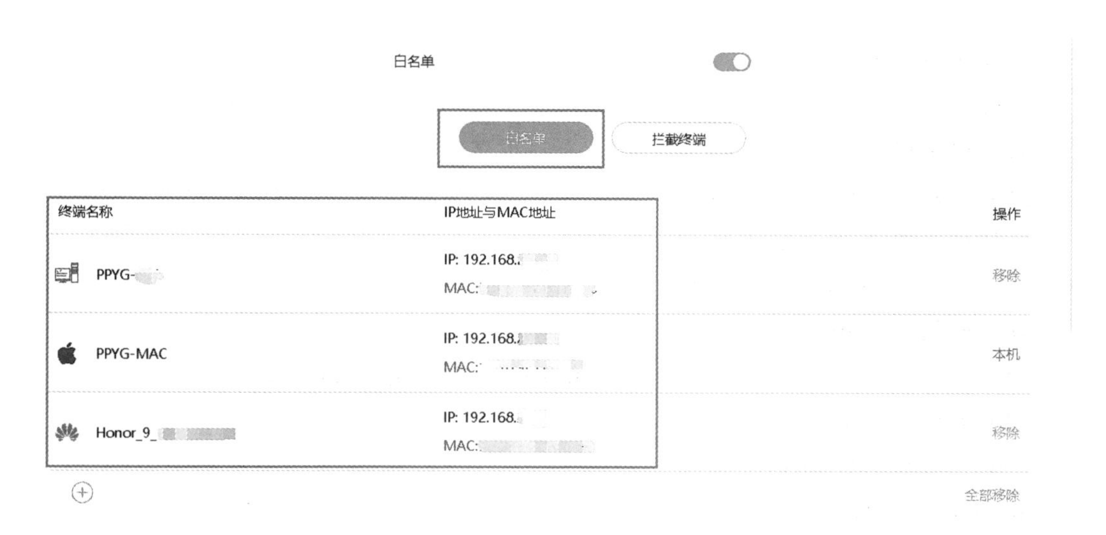

图 3-70　配置路由器 MAC 地址过滤

技能训练 1　华为交换机基础配置

【实验目的】

1. 认识企业交换机。
2. 掌握华为交换机基础配置的方法。

【实验内容】

实验连接拓扑如图 3－71 所示。

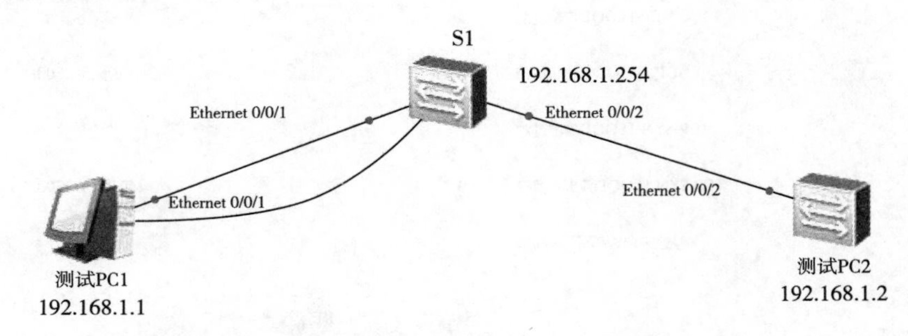

图 3－71　实验连接拓扑

PC1 通过管理口登入 S1

PC1（测试 PC1）：

进入系统视图

<Huawei>system－view

交换机命名 S1

[Huawei] sysname S1

设置管理口

[S1] user－interface console 0

访问模式为密码访问

[S1－ui－console0] authentication－mode password

访问密码明文 huawei

[S1－ui－console0] set authentication password simple huawei

设置虚电路连接

[S1] user－interface vty 0 4

访问模式为 AAA

[S1－ui－vty0－4] authentication－mode aaa

进入 AAA 配置

[S1] aaa
建立用户 test 密码 123
[S1 - aaa] local - user test password cipher 123
配置用户级别 3
[S1 - aaa] local - user test privilege level 3
配置用户访问类型为 Telnet
[S1 - aaa] local - user test service - type Telnet
配置 vlanif 接口
[S1] interface vlanif 1
配置 IP 地址
[S1 - Vlanif1] ip address 192.168.1.254 24
返回上一视图
[S1 - Vlanif1] quit
PC2:
进入系统视图
<Huawei>system - view
交换机命名 S2
[Huawei] sysname PC2
配置 vlanif 接口
[PC2] interface vlanif 1
配置 IP 地址
[PC2 - Vlanif1] ip address 192.168.1.2 24
返回上一视图
[PC2 - Vlanif1] quit
返回上一视图
[PC2] quit
远程登入 S1
<PC2>telnet 192.168.1.254
配置接口组
[S1] port - group 1
向接口组添加接口成员
[S1 - port - group - 1] group - member Ethernet 0/0/1 to Ethernet 0/0/2
配置接口信息
[S1 - port - group - 1] description to computer
关闭接口自动协商

[S1 - Ethernet0/0/2] undo negotiation auto

更改接口速率为 100 M

[S1 - port - group - 1] speed 100

返回上一视图

[S1 - port - group - 1] quit

查看配置

[S1] display current - configuration

返回上一视图

[S1] quit

保存配置文件

<S1>save S3700 - S1. ZIP

退出 Telnet 登入

<S1>quit

<PC2>

技能训练 2 华为交换机配置虚拟局域网

【实验目的】

1. 认识虚拟局域网。

2. 掌握配置虚拟局域网的方法。

【实验内容】

实验连接拓扑如图 3 - 72 所示。

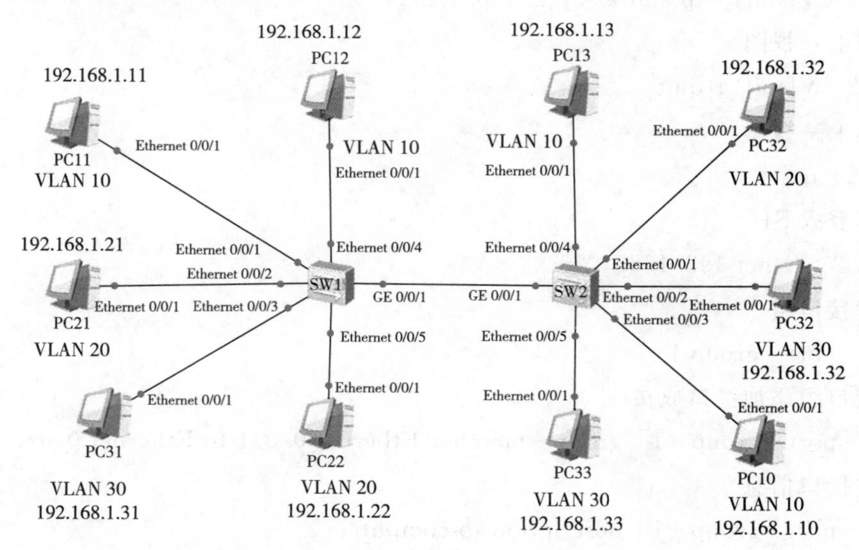

图 3 - 72 实验连接拓扑

一、按照拓扑建立好链接，并设置好 PC 机 IP 地址后开启所有设备（图 3－73）

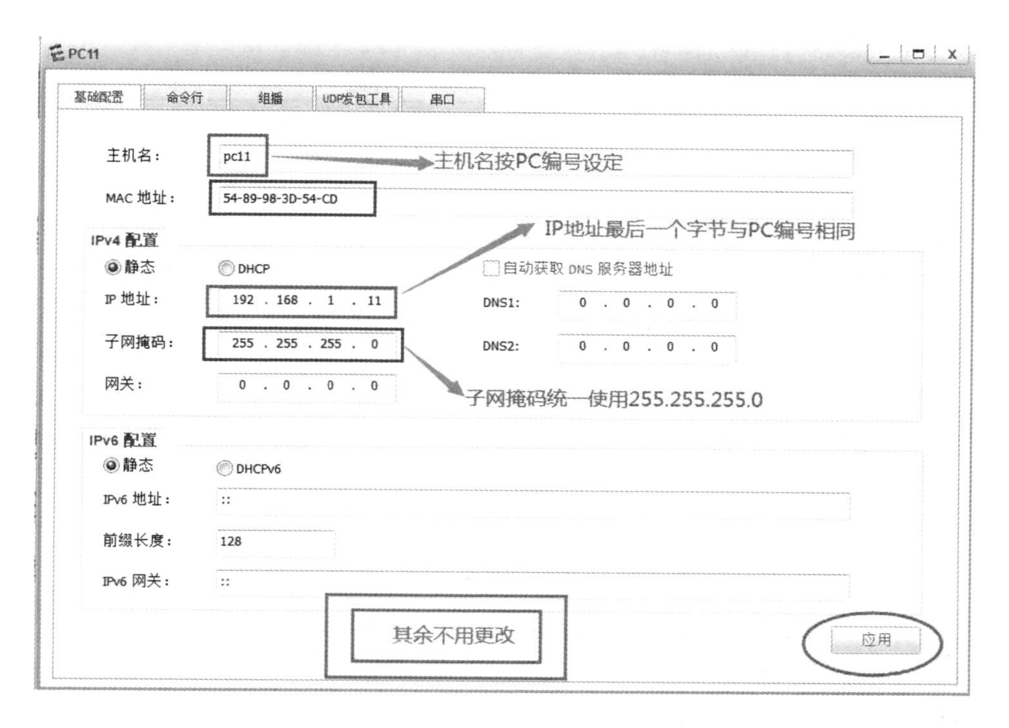

图 3－73　实验中的 PC 机 IP 地址

二、SW－1 配置

1. 进入系统视图并更改设备名称

<Huawei>system－view

[Huawei] sysname SW－1

2. 划分 VLAN

[SW－1] vlan batch 10 20 30

(也可以使用：

[SW－1] vlan 10

[SW－1－vlan10] quit

[SW－1] vlan 20

[SW－1－vlan20] quit

[SW－1] vlan 30

[SW－1－vlan30] quit

分别单独创建 VLAN10、20、30)

3. 查看刚建立的 VLAN（图 3－74）。

[SW－1] display vlan

```
[SW-1]display vlan
Sep 25 2021 10:19:26-08:00 SW-1 DS/4/DATASYNC_CFGCHANGE:OID 1.3.6.1.4.1.2011.5.2
5.191.3.1 configurations have been changed. The current change number is 5, the
change loop count is 0, and the maximum number of records is 4095.
The total number of vlans is : 4
--------------------------------------------------------------------------------
U: Up;          D: Down;          TG: Tagged;          UT: Untagged;
MP: Vlan-mapping;                 ST: Vlan-stacking;
#: ProtocolTransparent-vlan;      *: Management-vlan;
--------------------------------------------------------------------------------

VID  Type    Ports
--------------------------------------------------------------------------------
1    common  UT:Eth0/0/1(U)     Eth0/0/2(U)      Eth0/0/3(U)      Eth0/0/4(U)
                Eth0/0/5(U)     Eth0/0/6(D)      Eth0/0/7(D)      Eth0/0/8(D)
                Eth0/0/9(D)     Eth0/0/10(D)     Eth0/0/11(D)     Eth0/0/12(D)
                Eth0/0/13(D)    Eth0/0/14(D)     Eth0/0/15(D)     Eth0/0/16(D)
                Eth0/0/17(D)    Eth0/0/18(D)     Eth0/0/19(D)     Eth0/0/20(D)
                Eth0/0/21(D)    Eth0/0/22(D)     GE0/0/1(U)       GE0/0/2(D)

10   common
20   common
30   common
```

默认所有端口都在VLAN 1

已建立好的VLAN

图 3-74 查看交换机 VLAN 信息

4. 设置 access 端口类型，并将端口划分到相应的 VLAN

（1）进入接口设置。

[SW-1] interface Ethernet0/0/1

（2）设置端口类型为 access。

[SW-1-Ethernet0/0/1] port link-type access

（3）将端口添加到 VLAN。

[SW-1-Ethernet0/0/1] port default vlan 10

（4）以此更改其他端口（注意接口号与 VLAN ID）。

[SW-1] interface Ethernet 0/0/2

[SW-1-Ethernet0/0/2] port link-type access

[SW-1-Ethernet0/0/2] port default vlan 20

[SW-1-Ethernet0/0/2] quit

[SW-1] interface Ethernet 0/0/3

[SW-1-Ethernet0/0/3] port link-type access

[SW-1-Ethernet0/0/3] port default vlan 30

[SW-1-Ethernet0/0/3] quit

[SW-1] interface Ethernet 0/0/4

[SW-1-Ethernet0/0/4] port link-type access

[SW-1-Ethernet0/0/4] port default vlan 10

[SW-1-Ethernet0/0/4] quit

[SW - 1] interface Ethernet 0/0/5

[SW - 1 - Ethernet0/0/5] port link - type access

[SW - 1 - Ethernet0/0/5] port default vlan 20

[SW - 1 - Ethernet0/0/5] quit

5. 设置 trunk 端口类型，并将允许通过的 VLAN ID 添加到 trunk 端口

(1) 进入接口设置。

[SW - 1] interface GigabitEthernet 0/0/1

(2) 设置端口类型为 trunk。

[SW - 1 - GigabitEthernet0/0/1] port link - type trunk

(3) 添加允许通过的 VLAN ID。

[SW - 1 - GigabitEthernet0/0/1] port trunk allow - pass vlan 10 20 30

(也可使用 port trunk allow - pass vlan ALL 命令添加所有允许通过)

[SW - 1 - GigabitEthernet0/0/1] quit

6. 查看端口是否添加到相应的 VLAN 中（图 3 - 75）

[SW - 1] display port vlan

7. 保存配置

<SW - 1>save

```
[SW-1]display port vlan
Port                    Link Type    PVID  Trunk VLAN List
-------------------------------------------------------------
Ethernet0/0/1           access       10    -
Ethernet0/0/2           access       20    -
Ethernet0/0/3           access       30    -
Ethernet0/0/4           access       10    -
Ethernet0/0/5           access       20    -
Ethernet0/0/6           hybrid       1     -
Ethernet0/0/7           hybrid       1     -
Ethernet0/0/8           hybrid       1     -
Ethernet0/0/9           hybrid       1     -
Ethernet0/0/10          hybrid       1     -
Ethernet0/0/11          hybrid       1     -
Ethernet0/0/12          hybrid       1     -
Ethernet0/0/13          hybrid       1     -
Ethernet0/0/14          hybrid       1     -
Ethernet0/0/15          hybrid       1     -
Ethernet0/0/16          hybrid       1     -
Ethernet0/0/17          hybrid       1     -
Ethernet0/0/18          hybrid       1     -
Ethernet0/0/19          hybrid       1     -
Ethernet0/0/20          hybrid       1     -
Ethernet0/0/21          hybrid       1     -
Ethernet0/0/22          hybrid       1     -
GigabitEthernet0/0/1    trunk        1     1 10 20 30
GigabitEthernet0/0/2    hybrid       1     -
```

图 3 - 75　查看交换机端口 VLAN 信息

三、SW－2 配置

1. 进入系统视图并更改设备名称

<Huawei>system－view

[Huawei] sysname SW－2

2. 划分 VLAN

[SW－2] vlan batch 10 20 30

(也可以使用：

[SW－2] vlan 10

[SW－2－vlan10] quit

[SW－2] vlan 20

[SW－2－vlan20] quit

[SW－2] vlan 30

[SW－2－vlan30] quit

分别单独创建 VLAN10、20、30)

3. 查看刚建立的 VLAN

[SW－2] display vlan

4. 设置 access 端口类型，并将端口划分到相应的 VLAN

(1) 进入接口设置。

[SW－2] interface Ethernet 0/0/1

(2) 设置端口类型为 access。

[SW－2－Ethernet0/0/1] port link－type access

(3) 将端口添加到 VLAN。

[SW－2－Ethernet0/0/1] port default vlan 20

(4) 以此更改其他端口（注意接口号与 VLAN ID）

[SW－2－Ethernet0/0/1] interface Ethernet 0/0/2

[SW－2－Ethernet0/0/2] port link－type access

[SW－2－Ethernet0/0/2] port default vlan 30

[SW－2－Ethernet0/0/2] quit

[SW－2] interface Ethernet 0/0/3

[SW－2－Ethernet0/0/3] port link－type access

[SW－2－Ethernet0/0/3] port default vlan 10

[SW－2－Ethernet0/0/3] quit

[SW－2] interface Ethernet 0/0/4

[SW－2－Ethernet0/0/4] port link－type access

[SW－2－Ethernet0/0/4] port default vlan 10

[SW - 2 - Ethernet0/0/4] quit

[SW - 2] interface Ethernet 0/0/5

[SW - 2 - Ethernet0/0/5] port link - type access

[SW - 2 - Ethernet0/0/5] port default vlan 30

[SW - 2 - Ethernet0/0/5]

[SW - 2 - Ethernet0/0/5] quit

5. 设置 trunk 端口类型，并将允许通过的 VLAN ID 添加到 trunk 端口

（1）进入接口设置。

[SW - 2] interface GigabitEthernet 0/0/1

（2）设置端口类型为 trunk

[SW - 2 - GigabitEthernet0/0/1] port link - type trunk

（3）添加允许通过的 VLAN ID

[SW - 2 - GigabitEthernet0/0/1] port trunk allow - pass vlan all

[SW - 1 - GigabitEthernet0/0/1] quit

6. 查看端口是否添加到相应的 VLAN 中

[SW - 2] display port vlan

7. 保存配置

<SW - 1>save

四、验证配置

使用 ping 命令在相同色标与不同色标的 PC 机中验证连通，如图 3 - 76 所示。

图 3 - 76　验证结果

技能训练 3 华为 VLAN 综合项目实例

【实验目的】

1. 熟练搭建网络拓扑。
2. 熟练划分与配置 VLAN。

【实验内容】

项目需求如图 3－77 所示。

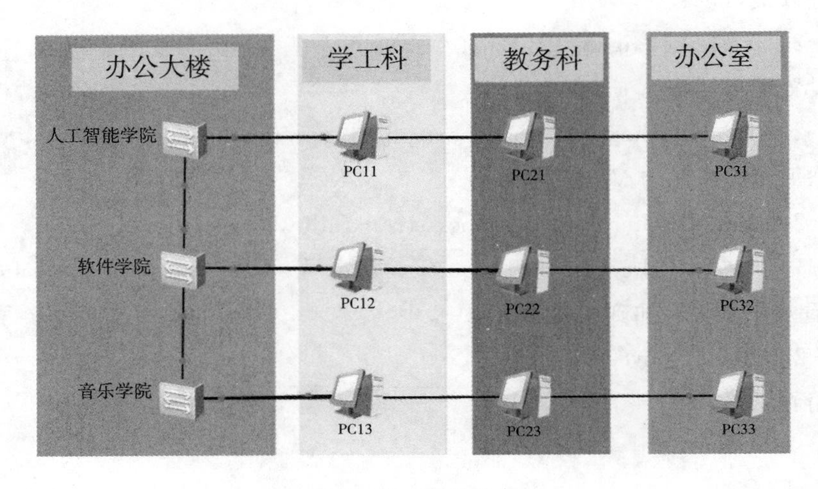

图 3－77 项目需求

项目实例：

假设学校办公楼每一层为一个分院，每个分院下设学工科、教务科、办公室。为了使相同功能的科室业务统一，同时又不影响其他科室通信，作为网络管理员的你该如何配置该大楼的局域网？

项目规划如图 3－78 所示。

1. 交换机命名：人工智能学院 SW－1、软件学院 SW－2、音乐学院 SW－3。
2. VLAN 划分：学工科 VLAN 10、教务科 VLAN 20、办公室 VLAN 30。
3. 端口分配：学工科端口 1、教务科端口 2、办公室端口 3。
4. IP 分配：学工科 .1X、教务科 .2X、办公室 .3X。

Rgznxy：

```
<Huawei>system－view
[Huawei] sysname RGZNXY
[RGZNXY] vlan 10
[RGZNXY－vlan10] quit
[RGZNXY] vlan 20
```

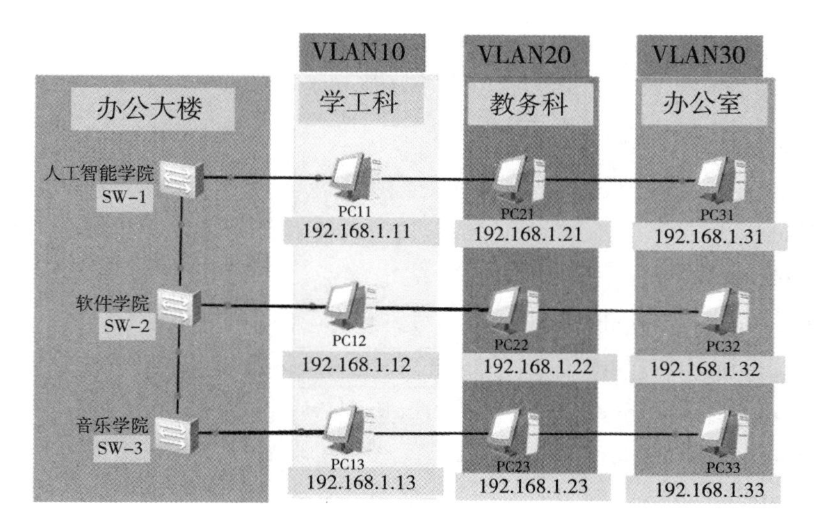

图3-78　项目规划

```
[RGZNXY-vlan20] quit
[RGZNXY] vlan 30
[RGZNXY-vlan30] quit
[RGZNXY] interface GigabitEthernet 0/0/1
[RGZNXY-GigabitEthernet0/0/1] port link-type trunk
[RGZNXY-GigabitEthernet0/0/1] port trunk allow-pass vlan all
[RGZNXY-GigabitEthernet0/0/1] quit
[RGZNXY] interface Ethernet 0/0/1
[RGZNXY-Ethernet0/0/1] port link-type access
[RGZNXY-Ethernet0/0/1] port default vlan 10
[RGZNXY-Ethernet0/0/1] quit
[RGZNXY] interface Ethernet 0/0/2
[RGZNXY-Ethernet0/0/2] port link-type access
[RGZNXY-Ethernet0/0/2] port default vlan 20
[RGZNXY-Ethernet0/0/2] quit
[RGZNXY] interface Ethernet 0/0/3
[RGZNXY-Ethernet0/0/3] port link-type access
[RGZNXY-Ethernet0/0/3] port default vlan 30
[RGZNXY-Ethernet0/0/3] quit
[RGZNXY] display vlan
rjxy:
<Huawei>system-view
```

```
[Huawei] sysname rjxy
[rjxy] vlan 10
[rjxy-vlan10] quit
[rjxy] vlan 20
[rjxy-vlan20] quit
[rjxy] vlan 30
[rjxy-vlan30] quit
[rjxy] interface GigabitEthernet 0/0/1
[rjxy-GigabitEthernet0/0/1] port link-type trunk
[rjxy-GigabitEthernet0/0/1] port trunk allow-pass vlan all
[rjxy-GigabitEthernet0/0/1] quit
[rjxy] interface GigabitEthernet 0/0/2
[rjxy-GigabitEthernet0/0/2] port link-type trunk
[rjxy-GigabitEthernet0/0/2] port trunk allow-pass vlan all
[rjxy-GigabitEthernet0/0/2] quit
[rjxy] interface Ethernet 0/0/1
[rjxy-Ethernet0/0/1] port link-type access
[rjxy-Ethernet0/0/1] port default vlan 10
[rjxy-Ethernet0/0/1] quit
[rjxy] interface Ethernet 0/0/2
[rjxy-Ethernet0/0/2] port link-type access
[rjxy-Ethernet0/0/2] port default vlan 20
[rjxy-Ethernet0/0/2] quit
[rjxy] interface Ethernet 0/0/3
[rjxy-Ethernet0/0/3] port link-type access
[rjxy-Ethernet0/0/3] port default vlan 30
[rjxy-Ethernet0/0/3] quit
[rjxy] display vlan
yyxy:
<Huawei>system-view
[Huawei] sysname yyxy
[yyxy] vlan 10
[yyxy-vlan10] quit
[yyxy] vlan 20
[yyxy-vlan20] quit
```

```
[yyxy] vlan 30
[yyxy-vlan30] quit
[yyxy] interface GigabitEthernet 0/0/1
[yyxy-GigabitEthernet0/0/1] port link-type trunk
[yyxy-GigabitEthernet0/0/1] port trunk allow-pass vlan all
[yyxy-GigabitEthernet0/0/1] quit
[yyxy] interface Ethernet 0/0/1
[yyxy-Ethernet0/0/1] port link-type access
[yyxy-Ethernet0/0/1] port default vlan 10
[yyxy-Ethernet0/0/1] quit
[yyxy] interface Ethernet 0/0/2
[yyxy-Ethernet0/0/2] port link-type access
[yyxy-Ethernet0/0/2] port default vlan 20
[yyxy-Ethernet0/0/2] quit
[yyxy] interface Ethernet 0/0/3
[yyxy-Ethernet0/0/3] port link-type access
[yyxy-Ethernet0/0/3] port default vlan 30
[yyxy-Ethernet0/0/3] quit
[yyxy] display vlan
```

本章小结

本章知识涉及局域网的多个重要方面，从基本概念到实际操作技能的培养。首先，我们了解了局域网的概念，它是一种覆盖范围较小、传输速度较快、位于同一地理位置的网络系统，通常用于连接个人计算机、工作站以及共享设备如打印机和文件服务器。接着，我们探讨了局域网的拓扑结构，包括常见的星型、环型、总线型和网状型等。每种拓扑结构有其特点和适用场景，对网络的稳定性和扩展性有着直接影响。在局域网传输介质方面，我们学习了不同种类的传输介质，包括有线介质如双绞线、同轴电缆和光纤，以及无线介质如无线电波和微波。每种介质都有其独特的特性，例如传输速率、传输距离、抗干扰能力等。

实训中，我们还动手制作了水晶头，这是构建以太网的基础操作之一，确保了网络信号的正确传输。光纤熔接则是高级技能，它涉及使用专业工具将两段光纤精准对接，保证光信号的最大传输效率。组建对等网让我们理解了如何在没有中心服务器的情况下，通过配置计算机使得它们可以直接相互通信和共享资源。配置家用路由器部分教会了我们如何设置和管理家庭网络，包括无线网络的 SSID 和密码设置，以及端口转发、QoS 等高级功能的配置。

最后，我们学习了华为交换机的基础命令配置，包括接口设置、VLAN 划分等。通过配置 VLAN，我们能够实现网络的逻辑分割，提高网络的安全性和管理效率。

总体来说，通过这次实训，我们对局域网的设计、构建和维护有了更深入的了解，并掌握了一些关键的网络技能，为将来在网络工程领域的工作打下了坚实的基础。

思考与练习

一、选择题

1. 局域网通常覆盖的地理范围是多大？（　　）

A. 几十米　　　　B. 几百米至几千米

C. 几十千米　　　　D. 上百千米

2. 在局域网中，哪种传输介质适合高速、高带宽且距离较长的数据传输？（　　）

A. 双绞线　　B. 同轴电缆　　C. 光纤　　D. 无线电波

3. 组建对等网的主要目的是什么？（　　）

A. 提高数据处理速度　　　　B. 实现资源共享

C. 增加网络存储容量　　　　D. 提升网络安全性

二、简答题

1. 简述制作水晶头的基本步骤，并说明连接设备前为什么要进行这一操作。

2. 描述在华为交换机上配置 VLAN 的基本命令及其作用。

第 4 章　广域网技术

在数字化时代，网络技术已成为连接世界的重要纽带。广域网作为连接不同地理位置的多个网络的关键技术，其重要性日益凸显。了解广域网的基础知识及其与 Internet 的接入方式，是构建远程通信和数据共享能力的基础。随着人们对高速互联网接入需求的增加，掌握使用光猫（光纤调制解调器）连接到 Internet 的技能变得至关重要。光猫利用光纤传输数据，为我们提供了高带宽、低延迟的网络体验，是现代家庭和小型企业实现宽带接入的首选技术。

为了管理和优化企业级的网络结构，华为企业路由器的配置和管理技能不可或缺。学习和应用华为路由器的基本配置命令能够帮助我们建立稳定的网络环境。此外，SSH（安全外壳）远程登录功能为网络管理员提供了一种安全的远程管理方式，而数字用户认证则确保了只有经过授权的用户才能访问网络资源。在网络规划方面，静态路由和动态路由的配置是关键技能，它们决定了数据如何在复杂的网络中被正确且高效地路由。同时，PPPoE（Point - to - Point Protocol Over Ethernet，点对点协议以太网）配置允许路由器通过以太网进行宽带连接，并完成身份验证过程，这对于许多家庭和小型企业连接到 Internet 是必要的。

本章将深入探讨这些主题，并提供实践操作的机会，使学员不仅能够理解理论，还能将其应用在实际的网络环境中。让我们开始深入了解广域网的世界，从基础到高级，逐步掌握网络技术的各个方面。

【本章内容提要】

了解广域网基础知识；
了解 Internet 接入技术；
掌握使用光猫连接 Internet；
掌握华为企业路由器的基本配置命令；
掌握华为企业路由器的 SSH 远程登录；
掌握华为企业路由器的数字用户认证配置；
掌握华为企业路由器的静态路由配置；
掌握华为企业路由器的动态路由配置；
掌握华为企业路由器的 PPPoE 配置。

4.1 广域网技术

当主机之间的距离较远时，例如，相隔几十千米或几百千米，甚至几千千米，局域网显然就无法完成主机之间的通信任务。这时就需要另一种结构的网络，即广域网。

广域网是一种连接不同地理位置的计算机网络的技术。它允许在不同地理位置的用户、设备和系统之间进行通信和数据交换。广域网通常覆盖较大的地理范围，可以跨越城市、州、国家甚至全球。

每当提到局域网这个概念，我们想到的往往是一个由许多交换机、接入点、终端和个别充当网关的路由器所组成的网络。

在绝大多数情况下，搭建局域网所使用的所有设备、线缆都属于这个网络的企业，连接这个网络的线缆也都位于企业所在的楼宇之内，而这个网络的维护服务通常也是由这个企业的内部人员，或者驻场这家企业的外包人员来提供。

鉴于广域网所连接的区域至少跨越数十千米，这种跨度的网络自然不是每一家企业或每一位用户都有能力搭建并维护的，所以如果企业或者用户希望实现这种跨度的通信，通常只能求助于已经铺设了庞大线路网的电信服务提供商，让它们以租赁的形式提供电信服务。

这也就是说，广域网并不像局域网那样是由客户企业所拥有的网络，它的所有方基本上是电信服务提供商，如图 4-1 所示。

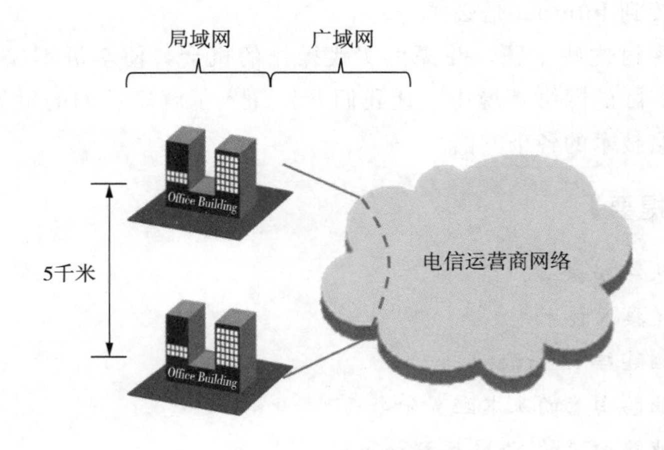

图 4-1　广域网示意图

在极端情况下，尽管某企业两座办公楼之间的距离只有 5 千米，但如果这家企业向电信运营商租赁专线将这两座办公楼连接起来，那么技术人员还是会称运营商接入办公楼的网络及运营商内部连接这两座办公楼的那部分网络为广域网。

4.1.1　广域网的主要特点

广域网作为一种连接不同地理位置计算机网络的网络技术，具有地理覆盖范围广、依赖于公共通信网络、传输速率和延迟受限、多种连接方式、安全性挑战以及管理和维护复杂性等特点。这些特点使得广域网的设计、部署和管理需要综合考虑多种因素，以确保网络的可靠性、安全性和效率。其主要特点有：

1. 地理覆盖范围广

广域网的最显著特点是其地理覆盖范围广。它可以连接地理位置相距甚远的计算机和设备，无论是城市间、国家间还是跨越大洋。这种广泛的覆盖范围使得广域网成为连接全球各地计算机网络的桥梁。

2. 依赖于公共通信网络

广域网通常依赖于公共通信网络，如电话线、光纤、微波链路等，以实现远距离的数据传输。这些公共通信网络提供了基础设施，使得广域网能够在不同的地理位置之间建立连接。

3. 传输速率和延迟受限

广域网的传输速率通常受传输介质和传输距离的影响。由于传输距离较长，信号衰减和干扰可能导致传输速率较低。此外，传输延迟也可能较高，特别是在跨越较远的地理距离时。

4. 多种连接方式

广域网可以采用多种连接方式，包括租用线路、虚拟专用网络（VPN）、公共交换电话网络（PSTN）和互联网等。这些连接方式各有优缺点，可以根据具体需求和应用场景选择合适的连接方式。

5. 安全性挑战

由于广域网涉及跨越不同地理位置的数据传输，因此安全性成为一个重要挑战。攻击者可能利用传输过程中的漏洞进行攻击，窃取敏感信息或破坏网络。因此，在广域网的设计和部署中，需要采取一系列安全措施来保护数据的机密性、完整性和可用性。

6. 管理和维护复杂性

广域网的管理和维护通常比局域网更加复杂。由于网络覆盖范围广，涉及多个地理位置和不同的通信设施，因此需要进行有效的网络管理和监控。此外，广域网还需要考虑不同时区、语言和文化背景等因素，以确保网络顺畅运行和用户体验。

4.1.2　广域网的实现方式

广域网的实现方式多样，每种方式都有其特定的应用场景和优缺点。以下是几种常见的广域网实现方式：

1. 租用线路

租用线路是一种专用的、点对点的连接方式，它提供稳定的、高带宽的网络连接。租用线路通常通过光纤或同轴电缆等物理介质实现，可以提供高速的数据传输和较低的延迟。这种方式适用于对数据传输速度、稳定性和安全性要求较高的应用场景，如金融机构、大型企业等。然而，租用线路的成本较高，且需要专门的维护和管理。

2. 虚拟专用网络

虚拟专用网络是一种在公共网络上建立加密通道的技术，它可以使远程用户在访问内部网络资源时，实现安全的、私密的通信。VPN 可以通过多种协议和技术实现，如 IPSec、SSL/TLS 等。VPN 的优点是成本低、灵活性高，可以方便地扩展网络范围。然而，VPN 的性能可能受到公共网络的影响，存在一定的安全隐患。

3. 公共交换电话网络

公共交换电话网络是一种基于电路交换技术的传统电话网络。虽然 PSTN 的带宽有限且传输速度较慢，但它具有广泛的覆盖范围和稳定的连接性能。PSTN 通常用于语音通信和低速数据传输，如传真和调制解调器通信等。

4. 互联网

互联网是一种全球性的、分布式的计算机网络，它通过 TCP/IP 协议将各种不同类型的网络连接起来。互联网具有广泛的覆盖范围、丰富的资源和强大的通信能力，使得用户可以在全球范围内进行高速的数据传输和交换。互联网是实现广域网连接的最常见方式之一，适用于大多数企业和个人的通信和协作需求。然而，互联网的安全性和稳定性问题需要注意，需要采取相应的安全措施和技术手段来保障网络通信的安全性和可靠性。

在选择广域网的实现方式时，需要综合考虑应用场景、成本、性能、安全性和可维护性等因素。同时，随着技术的不断发展，新的广域网实现方式也会不断涌现，如基于软件定义网络（SDN）和网络功能虚拟化（NFV）的广域网解决方案等。这些新技术将给广域网的发展带来更多的可能性和挑战。

4.1.3 广域网的应用

广域网作为连接不同地理位置的计算机网络的关键技术，被广泛应用于各个领域，为企业、组织和个人提供了高效、便捷的通信和协作方式。以下是广域网的一些主要应用领域：

1. 企业和组织

企业和组织是广域网的主要应用领域之一。通过广域网，企业可以实现跨地区的办公、数据共享、远程会议等功能，提高工作效率和灵活性。例如，分公司与总部之间的数据传输、远程员工的网络连接、企业资源规划（ERP）和客户关系管理（CRM）系统的跨地区访问等，都依赖于广域网的支持。

2. 云计算和数据中心

云计算和数据中心是广域网的重要应用领域之一。通过广域网，用户可以远程访问和使用云服务，实现数据存储、处理和共享。数据中心之间的数据备份、容灾和迁移等操作，也需要通过广域网来实现。

3. 物联网（IoT）

物联网是指通过互联网连接各种物理设备，实现设备之间的数据交换和智能化控制。广域网在物联网中发挥着重要作用，连接着分布在不同地理位置的物联网设备，实现数据的远程传输和监控。例如，智能家居系统、工业自动化、智能交通等，都需要广域网的支持。

4. 远程教育和医疗

广域网为远程教育和医疗提供了可能。通过广域网，教育机构可以将优质的教育资源传递给分布在不同地区的学生，实现教育公平和资源共享。医疗机构可以通过广域网实现远程医疗咨询、远程诊断和手术指导等，扩大和提高医疗服务的覆盖范围和质量。

5. 电子商务和在线服务

电子商务和在线服务是广域网的另一个重要应用领域。通过广域网，用户可以访问各种在线购物平台、社交媒体、娱乐网站等，享受便捷的在线服务。这些在线服务背后的数据处理、存储和传输，都离不开广域网的支持。

总之，广域网作为一种连接不同地理位置计算机网络的网络技术，被广泛应用于企业、组织和个人的通信和协作中。它为企业和组织提供了高效、便捷的跨地区通信和数据共享方式，推动了云计算、物联网、远程教育和医疗等领域的发展。同时，随着技术的不断进步和应用需求的增长，广域网的应用领域也将不断扩展和深化。

4.1.4　广域网面临的挑战和安全问题

广域网作为连接不同地理位置计算机网络的关键技术，虽然为企业、组织和个人提供了高效、便捷的通信和协作方式，但同时也面临一些挑战和安全问题。

1. 传输延迟和带宽限制

由于广域网跨越较大的地理范围，传输延迟和带宽限制成为其面临的主要挑战之一。传输延迟可能导致实时通信和视频会议等应用的效果不佳，而带宽限制则可能影响大数据传输和云计算等应用的性能。

2. 安全问题

广域网的安全性是另一个重要问题。由于数据在公共网络上传输，广域网容易受到各种网络攻击，如黑客入侵、数据泄露、恶意软件等。这些攻击可能导致敏感信息被泄露、网络系统瘫痪和数据被篡改等严重后果。

3. 网络管理和维护

广域网的管理和维护也是一项复杂而繁重的任务。由于网络覆盖范围广，涉及多个地理位置和不同的通信设施，需要进行有效的网络监控和故障排除。此外，广域网还需要考虑不同时区、语言和文化背景等因素，以确保网络顺畅运行和用户体验。

4. 成本问题

广域网的建设和维护成本较高，特别是对于大型企业和组织而言。租用线路、VPN 设备、互联网接入费用等都是需要考虑的成本因素。如何在保证网络性能和安全的前提下，降低广域网的成本，是企业和组织需要面对的挑战。

5. 技术更新和演进

随着技术的不断进步和应用需求的增长，广域网技术也在不断更新和演进。新的技术标准和协议不断涌现，要求企业和组织不断更新网络设备和软件，以适应新的应用需求和安全挑战。

为了应对上述挑战和安全问题，企业和组织需要采取一系列措施，如优化网络架构、加强安全防护、完善网络管理和维护流程、合理控制成本以及积极跟进技术更新等。只有这样，才能确保广域网高效、稳定和安全运行，为企业和组织的发展提供有力支持。

总之，广域网是一种重要的网络技术，它使得不同地理位置的用户可以相互通信和交换数据，为企业和组织提供了更加灵活和高效的工作方式。同时，也需要注意广域网的安全性和可靠性问题，确保网络连接的稳定性和安全性。

4.2 互联网

互联网，亦被广泛称为国际网络，是一个将全球各地的网络相互连接形成的庞大网络体系。这一体系基于一组通用的通信协议，确保各种设备和系统能够无缝地进行数据交换和通信，从而构建了一个逻辑上统一的全球网络。

4.2.1 互联网的起源与发展

1. 互联网的起源

互联网的起源可以追溯到 20 世纪 60 年代末期，当时美国国防部高级研究计划署（ARPA）资助建立了一个名为阿帕网（ARPANET）的实验性网络。建立这个网络的初衷是在发生核战争时，能够保持通信的连通性，即使部分网络节点遭受攻击，其他部分仍能正常工作。

阿帕网采用了分组交换技术，将信息分割成小块（称为“包”），然后通过不同的路径发送，最后在目的地重新组装。这种技术不仅提高了通信的可靠性，还使得网络能够扩展到更远的距离，连接更多的节点。

2. 互联网的发展

(1) 第一阶段：ARPANET与早期互联网。在ARPANET建立之后，互联网开始逐渐发展。1973年，ARPANET实现了与第一个非军事网络的连接，这标志着互联网开始向更广泛的领域扩展。

(2) 第二阶段：TCP/IP的普及。1974年，互联网的研究者们开始开发TCP/IP，这个协议成为互联网通信的基础。TCP/IP协议的出现，使得互联网能够连接不同类型的计算机和网络设备，促进了互联网的快速发展。

(3) 第三阶段：互联网的商业化与全球扩张。20世纪80年代末和90年代初，互联网开始商业化，并逐渐在全球范围内扩张。1989年，互联网向社会公众开放，这使得更多的人和组织能够接入互联网。1991年，互联网上的节点数量超过了1000个，这标志着互联网开始进入快速增长的阶段。

(4) 第四阶段：万维网的出现与互联网的普及。1993年，万维网（WWW）的出现进一步推动了互联网的普及。万维网基于超文本协议，使得人们可以通过浏览器访问和浏览网页信息。这一技术的出现极大地丰富了互联网的内容和应用，使得互联网成为人们获取信息、交流沟通的重要平台。

3. 互联网的未来展望

随着互联网技术的不断发展和普及，互联网将继续渗透到各个领域，推动经济社会持续发展。未来，互联网可能会面临更多的挑战和机遇，如人工智能、物联网、区块链等新兴技术的发展将与互联网深度融合，创造出更加智能、高效、安全的新型互联网应用和服务。同时，随着全球数字化进程的加速，互联网也将成为连接全球、促进合作共赢的重要纽带。

4.2.2　互联网的功能与服务

互联网的功能与服务十分广泛，涵盖了通信、资源共享、信息服务等多个方面。以下是对互联网功能与服务的一些详细阐述：

1. 通信

互联网提供了多种通信方式，如电子邮件、在线聊天、网络电话、网络传真和网络视频会议等。这些服务使得人们可以方便、快捷地进行远程沟通，无论身处何地，都能保持紧密的联系。

2. 资源共享

通过FTP（File Transfer Protocol，文件传输协议），互联网实现了文件的上传和下载，使得资源可以方便地在全球范围内共享。同时，云存储等技术的发展也使得数据共享变得更加便捷和安全。

3. 信息服务

互联网是信息化社会的产物，为人们提供了各种各样的信息服务。人们可以通过互联网了解新闻、科技、文化、娱乐、学术等领域的最新发展成果，获取学术文献、电子书籍、百科全书等各种资料。

4. 商业和经济发展

互联网对商业和经济的发展产生了深远的影响。商家可以通过互联网进行产品推广、品牌形象建设、市场调研和数据分析等，优化产品设计和营销策略。同时，互联网还催生了电子商务、共享经济等新型商业模式。

5. 教育和学习

互联网给教育和学习带来了巨大的变革。人们可以通过在线课程、学术论文、电子图书等丰富的网络教育资源进行学习，这些资源可以随时随地获取。此外，互联网还提供了学习交流的平台，如在线课堂、教育平台等，使学生和教师能够进行跨时空的互动。

6. 政治和社会

互联网对政治和社会的影响也越来越显著。它为人们提供了一个表达意见、参与公共事务讨论的平台，推动了社会的民主化进程。同时，互联网也成为社会问题的放大镜，使得各种社会问题能够迅速传播并引起广泛关注。

总之，互联网的功能与服务涵盖了人们生活的方方面面，不断推动着社会的进步和发展。随着技术的不断创新和应用场景的不断拓展，互联网的功能与服务还将继续丰富和完善。

4.2.3 互联网与万维网的区别

互联网和万维网（World Wide Web，简称 WWW 或 Web）是两个相关但不完全相同的概念。

互联网是一种全球性的计算机网络，由多个网络组成，连接着全球各地的设备。它可以让这些设备之间交换信息、共享资源和服务。互联网使用各种协议（如 TCP/IP）来实现这些设备之间的通信。

万维网是互联网上的一个应用层，它使用超文本标记语言（HTML）来描述和链接网页，使得用户可以通过浏览器访问和浏览这些网页。万维网使用超链接（Hyperlinks）将各个网页连接在一起，构成了一个庞大的信息网络。

简单来说，互联网是基础设施，它提供了全球范围内的通信和连接能力；而万维网则是建立在互联网上的一个应用层，它提供了网页浏览、信息获取和交互等功能。

需要注意的是，虽然万维网是互联网的一部分，但互联网的功能和服务远不止于此。互联网还提供了电子邮件、文件传输、远程登录、即时通信等许多其他功能和服务。因此，虽然万维网是我们日常生活中使用最多的互联网应用之一，但互联网本身的功能和范围更加广泛。

4.2.4 “互联网＋”的概念

近年来，“互联网＋”成了一个热门的概念。“互联网＋”代表一种新的社会形态，即充分发挥互联网在社会资源配置中的优化和集成作用，将互联网的创新成果深度融入经济、社会各领域之中，提升全社会的创新力和生产力，形成更广泛的以互联网为基础设施和实现工具的经济发展新形态。

“互联网＋”是互联网思维的进一步实践成果，它推动经济形态不断地演变，从而提高社会经济实体的生命力，为改革、创新、发展提供广阔的网络平台。通俗来说，“互联网＋”就是“互联网＋各个传统行业”，但这并不是简单的两者相加，而是利用信息通信技术以及互联网平台，让互联网与传统行业深度融合，创造新的发展生态。它代表一种先进的生产力，推动经济形态不断演变。

这一概念在2015年由中国政府提出，旨在鼓励传统产业与互联网融合发展，并被视为推动中国经济进一步发展的新形式。然而，“互联网＋”并非仅为中国所特有，实际上，这一概念已经被许多国家和地区所采用，并成为全球范围内的发展趋势。

互联网作为一个全球性的通信和信息交换平台，已经深入人们生活的方方面面。它不仅提供了丰富多样的信息资源和服务，还推动了各行各业的创新与发展。随着“互联网＋”概念的深入实施和技术的不断进步，我们有理由相信互联网将在未来发挥更加重要的作用，为社会进步和经济发展做出更大的贡献。

4.3 Internet 接入技术

互联网接入技术是实现用户设备（如个人计算机、智能手机等）与互联网连接的关键技术。它决定了用户能够访问和使用互联网资源的方式和速度。随着技术的不断进步，互联网接入技术也在不断发展，为用户提供更多样化、更高性能的接入方式。

目前，常见的互联网接入方式有以下几种：

4.3.1 电话线拨号（PSTN）接入

电话线拨号（Public Switched Telephone Network，PSTN）接入是最早被用于连接互联网的技术之一。PSTN基于传统的电话网络，使用模拟信号进行通信，为用户提供低速但稳定的互联网接入服务。尽管随着技术的发展，高速宽带接入方式如光纤和DSL已经逐渐取代了PSTN，但在一些偏远地区或特定场景下，PSTN仍然是一种可行的互联网接入方式。

PSTN是一个全球性的电话网络，由各地的电话公司运营，用于提供电话通信服务。它基于电路交换技术，确保通话过程中的通信质量。PSTN 网络使用模拟信号传输语音，同时也支持数据传输，但速度较慢。

其工作原理是当用户通过 PSTN 接入互联网时，需要使用调制解调器将计算机的数字信号转换为模拟信号，以便在电话线上传输。调制解调器通过拨号连接到 ISP (Internet Service Provider，互联网服务提供商）提供的接入号码，建立与互联网的连接。一旦连接建立，用户就可以通过 PSTN 访问互联网上的资源。

PSTN 的特点：

低速连接：PSTN 的数据传输速率相对较低，通常不超过 56 kbps。

稳定性：由于 PSTN 网络覆盖广泛且成熟稳定，因此 PSTN 接入通常具有较好的稳定性。

成本：PSTN 接入成本相对较低，适合对互联网速度要求不高的用户。

普及性：PSTN 网络在全球范围内都有覆盖，因此用户无须额外安装设备即可接入。

尽管 PSTN 在速度上已经无法满足现代互联网应用的需求，但在一些特定场景下仍然有其应用价值：

偏远地区：在一些偏远地区，宽带网络覆盖不足，PSTN 作为一种基本的互联网接入方式仍然被使用。

应急通信：在灾难或紧急情况下，当其他通信方式不可用时，PSTN 可以作为一种可靠的通信手段。

低成本需求：对于只需要进行简单网页浏览或电子邮件收发的用户，PSTN 提供了一种低成本的互联网接入选择。

电话线拨号接入作为一种早期的互联网接入方式，虽然在速度上已经无法满足现代人的需求，但在稳定性、成本和普及性等方面仍具有一定的优势。在特定场景下，PSTN 仍然是一种可行的互联网接入选择。随着技术的发展和应用场景的变化，PSTN 将在未来继续发挥其作用，并与其他通信技术共同发展。

4.3.2 综合业务数字网（ISDN）接入

综合业务数字网（Integrated Services Digital Network，ISDN）是一种数字通信网络，旨在为用户提供语音、数据、视频等多种通信业务的集成服务。ISDN 接入技术为用户提供了比传统电话线拨号接入技术更高的数据传输速率和更好的通信质量，是实现高速互联网接入的一种重要方式。

ISDN 基于数字传输和数字交换技术，将传统的模拟电话线路升级为数字线路，从而实现了语音、数据和视频等多种业务的综合传输。ISDN 网络由网络终端设备(NT)、基本速率接口（BRI）和一次群速率接口（PRI）等组成，支持用户同时使用多个通信业务。

ISDN使用数字信号进行通信，通过数字传输和数字交换技术实现语音、数据和视频等多种业务的传输。用户设备通过基本速率接口或一次群速率接口连接到ISDN网络，然后通过网络终端设备接入ISP提供的互联网服务。ISDN网络使用数字信号处理技术，可以在一条数字线路上同时传输多种业务，提高了通信效率和质量。

ISDN的特点：

高速数据传输：ISDN提供了比传统电话线拨号接入更高的数据传输速率，最高可达128 kbps（对于BRI）或2 Mbps（对于PRI）。

多种业务集成：ISDN支持语音、数据和视频等多种业务的集成传输，用户可以在上网的同时拨打电话或发送传真。

稳定性好：ISDN使用数字传输和数字交换技术，具有更好的通信质量和稳定性。

覆盖范围广泛：ISDN网络覆盖范围广泛，用户无须额外安装设备即可接入。

ISDN接入技术适用于以下场景：

需要高速数据传输：对于需要高速数据传输的用户，ISDN提供了一种比传统电话线更快的接入方式。

需要多种业务集成：对于需要同时使用语音、数据和视频等多种业务的用户，ISDN提供了集成的通信解决方案。

需要稳定可靠的通信：ISDN使用数字传输和数字交换技术，具有更好的通信质量和稳定性，适用于需要稳定可靠通信的场景。

综合业务数字网接入技术是一种基于数字传输和数字交换技术的互联网接入方式，具有高速数据传输、多种业务集成、稳定性好等特点。ISDN适用于需要高速数据传输、多种业务集成和稳定可靠通信的场景。随着技术的发展和应用场景的变化，ISDN将在未来继续发挥其作用，并与其他通信技术共同发展。

4.3.3　非对称数字用户线（ADSL）接入

非对称数字用户线（Asymmetric Digital Subscriber Line，ADSL）是一种基于现有电话线路的宽带接入技术。它利用普通双绞铜线为家庭或小型企业提供高速的下行数据传输和相对较慢的上行数据传输，是实现宽带互联网接入的主要方式之一。

ADSL利用频分复用技术，将普通电话线路划分为高频和低频两部分。高频部分用于高速下行数据传输（通常达到数兆比特每秒），而低频部分则用于传统的电话通信和低速上行数据传输。因此，ADSL的传输速度是不对称的，即下行速度远高于上行速度。

ADSL的工作原理基于离散多音调制（DMT）技术。在用户端，DSL调制解调器（DSL modem）将计算机的数字信号转换为高频模拟信号，并通过电话线路发送到局端。在局端，另一个DSL调制解调器将接收的模拟信号转换回数字信号，然后将其传输到互联网服务提供商的网络中。同样地，上行数据传输也是通过这一过程实现的，但速度较慢。

ADSL 的特点：

高速下行和低速上行：ADSL 提供较高的下行数据传输速率（通常为数兆比特每秒至数十兆比特每秒），而上行速率则较低（通常为数百千比特每秒至数兆比特每秒）。

利用现有电话线路：ADSL 无须重新布线，可以利用现有的电话线路进行宽带接入。

距离限制：由于信号衰减的原因，ADSL 的覆盖范围通常限于离局端较近的距离（通常在几千米范围内）。

成本效益：相对于其他宽带接入方式，ADSL 具有较高的性价比，适用于家庭和小型企业。

ADSL 接入技术适用于以下场景：

家庭和小型企业：对于需要高速互联网接入的家庭和小型企业，ADSL 提供了一种经济实用的解决方案。

现有电话线路利用：对于已经部署了电话线路的地区，ADSL 可以充分利用现有资源，避免重复布线。

距离限制：虽然 ADSL 的覆盖范围有限，但对于距离局端较近的用户来说，它是一种可行的宽带接入方式。

非对称数字用户线接入技术是一种基于现有电话线路的宽带接入方式，利用频分复用技术和离散多音调制技术实现高速下行和低速上行数据传输。它具有高速下行、利用现有电话线路、成本效益等特点，适用于家庭和小型企业等场景。随着光纤网络的扩展和升级，ADSL 的应用可能会逐渐减少，但在特定场景下仍然具有重要价值。

4.3.4 光纤接入

光纤接入技术是利用光纤作为传输介质，将信息以光信号的形式从光网络单元（ONU）传输到用户设备的技术。光纤接入技术以其高带宽、低损耗、抗干扰能力强等优点，成为现代宽带接入的主流技术，为用户提供了更加高速、稳定的互联网接入服务。

光纤接入技术基于光纤传输原理，使用光信号代替电信号进行数据传输。光纤由纤芯和包层组成，光信号在纤芯中传播，而包层则起到保护和反射的作用。光纤接入系统由光网络单元（ONU）、光线路终端（OLT）和光纤线路组成，其中 ONU 位于用户端，OLT 位于服务提供商端，光纤线路则负责连接两者。

在光纤接入系统中，数据以光信号的形式在光纤中传播。发送端将电信号转换为光信号，通过光纤发送到接收端。接收端再将光信号转换回电信号，以便用户设备处理。光纤接入技术采用时分复用（TDM）或波分复用（WDM）等方式，实现多个用户共享一条光纤线路。

光纤接入技术的特点：

高带宽：光纤具有极高的传输带宽，可以满足高清视频、大型游戏等高速数据传输需求。

低损耗：光纤传输过程中损耗较小，可以保证信号的稳定性和可靠性。

长距离传输：光纤可以实现较长距离的传输，减少了中继站点的需求。

抗干扰能力强：光纤对电磁干扰具有较强的抵抗力，适用于各种复杂环境。

光纤接入技术适用于以下场景：

光纤接入技术被广泛应用于家庭、企业、学校等场景，为用户提供高速、稳定的互联网接入服务。特别是在高清视频、在线游戏、云计算等应用领域，光纤接入技术发挥着不可或缺的作用。

光纤接入技术以其高带宽、低损耗、抗干扰能力强等优点，成为现代宽带接入的主流技术。它利用光纤作为传输介质，将信息以光信号的形式从光网络单元传输到用户设备。光纤接入技术被广泛应用于家庭、企业、学校等场景，为用户提供高速、稳定的互联网接入服务。随着技术的不断发展，光纤接入技术将在未来发挥更加重要的作用。

4.3.5 无线接入

无线接入技术是指通过无线方式将用户设备连接到互联网或其他网络服务的技术。它摆脱了传统有线接入方式的束缚，为用户提供了更加灵活、便捷的互联网接入体验。无线接入技术已经成为现代通信领域的重要组成部分，被广泛应用于各个领域。

无线接入技术基于无线电波传输原理，利用电磁波将信息从发送端传输到接收端。无线接入系统通常由基站（Base Station）、移动设备（如智能手机、笔记本电脑等）以及无线信道组成。基站负责与用户设备进行无线通信，提供互联网接入服务。

无线接入技术的工作原理主要基于电磁波的传播和信号处理技术。在发送端，数据经过编码、调制等处理后转换为电磁波信号，通过无线信道传输到接收端。在接收端，信号经过解调、解码等处理后还原为原始数据，供用户设备使用。无线接入技术通常采用多种无线通信技术，如 Wi-Fi、蓝牙、移动通信等。

无线接入技术的特点：

灵活性：无线接入技术摆脱了有线连接的束缚，用户可以在任何覆盖范围内自由移动，无须担心线路限制。

便捷性：无线接入技术简化了设备的连接过程，用户只需通过简单的设置即可连接到互联网或其他网络服务。

覆盖范围广泛：无线接入技术可以覆盖广泛的地理区域，为用户提供便捷的互联网接入体验。

移动性支持：无线接入技术支持用户在移动过程中保持网络连接，适用于移动办公、移动学习等场景。

无线接入技术适用于以下场景：

无线接入技术被广泛应用于各个领域，如家庭、企业、公共场所等。在家庭场景中，无线接入技术为用户提供了便捷的互联网接入方式，如通过 Wi-Fi 路由器连接智能家居设备、手机和平板电脑等。在企业场景中，无线接入技术支持员工在办公区域内自由移动并保持网络连接，提高工作效率。在公共场所中，如咖啡厅、图书馆、机场等，无线接入技术为用户提供免费的互联网接入服务，满足其信息获取和社交需求。

无线接入技术以其灵活性、便捷性和广泛的覆盖范围，成为现代通信领域的重要组成部分。它利用无线电波传输原理，将用户设备连接到互联网或其他网络服务。无线接入技术被广泛应用于家庭、企业、公共场所等各个场景，为用户提供了更加便捷、高效的互联网接入体验。随着技术的不断发展，无线接入技术将在未来发挥更加重要的作用。

除了以上几种常见的互联网接入技术外，还有一些新型的接入技术正在不断发展和应用。例如，卫星互联网接入技术可以通过卫星通信网络实现偏远地区的互联网接入；Li-Fi 技术则利用可见光进行数据传输，具有极高的传输速率和安全性。随着科技的进步和创新，未来还将有更多新型的互联网接入技术出现，为用户提供更加便捷、高效的网络体验。

4.4 通过无线局域网连接 Internet

4.4.1 硬件设备需求

要通过无线局域网接入 Internet，首先需要确保你具备以下关键硬件设备：

宽带 Internet 连接：这是连接到 Internet 的基础。宽带 Internet 连接通常通过光纤、同轴电缆或电话线实现。其中，光纤入户因其高速、稳定的特性，已经成为现代家庭和企业宽带接入的首选方式。

光猫（Optical Network Terminal，ONT）：光猫是一种将光信号转换为电信号的设备，它能够将来自光纤的光信号转换为家庭或企业网络设备可以理解的电信号。光猫通常由 Internet 服务提供商提供。

4.4.2 宽带连接过程

连接到宽带 Internet 的步骤如下：

安装宽带：首先，你需要联系 Internet 服务提供商，如电信、移动、联通等，申请宽带服务。ISP 会为你提供光纤接入服务，并将光猫安装在你的住所或办公地点。

配置光猫：光猫安装完成后，ISP的工作人员会进行初步配置，确保光猫能够正常工作并连接到Internet。

无线局域网设置：一旦光猫配置完成，你可以购买无线路由器（如果光猫没有内置Wi-Fi功能）来设置无线局域网。无线路由器可以将有线Internet连接转换为无线信号，使多台设备（如智能手机、笔记本电脑、智能电视等）能够同时连接到Internet。

4.4.3 安全性考虑

在设置无线局域网时，安全性是非常重要的。确保使用强密码来保护你的无线网络，并定期更新密码。此外，可以考虑启用无线网络的加密功能（如WPA2），以防止未经授权的访问。

4.4.4 连接到Internet

当无线局域网设置完成后，你可以通过以下方式连接到Internet：

无线设备：智能手机、笔记本电脑、平板电脑等无线设备可以在无线网络设置中找到你的无线网络名称（SSID），并输入正确的密码进行连接。

有线设备：对于需要通过有线方式连接到Internet的设备（如台式机、游戏机等），你可以使用网线将设备直接连接到光猫或无线路由器的LAN口。

通过无线局域网连接Internet需要宽带Internet连接、光猫以及无线路由器（如果需要）等硬件设备。正确设置和配置这些设备后，你可以享受到高速、稳定的Internet连接，满足日常工作和生活的需求。同时，确保网络安全也是非常重要的，要时刻关注并更新你的网络安全设置。

4.5 路由交换技术

路由交换技术是一种网络通信技术，用于在计算机网络中传送数据包时选择合适的路径。它通过建立和维护路由表来确定数据包从源地址到目标地址的最佳路径。这种技术通过路由器和交换机实现数据的传输和交换，是网络通信中非常重要的一种技术。

4.5.1 路由技术

1. 路由器的作用

路由器在网络中扮演着至关重要的角色，特别是在连接不同网络时。其主要功能包括在不同网络之间转发数据包，确保数据包能够按照正确的路径到达目的地。路由器通过解析数据包的目标地址，决定数据包应当发送至哪个下一跳路由器或目标主机。为实现这一功能，每个路由器都维护着一个详尽的路由表，该表包含关于网络拓扑结构和可达性的关键信息。这些信息帮助路由器确定最佳的转发路径，从而实现网络的高效和可靠通信。

2. 路由表的建立与维护

路由表的建立与维护是路由器实现其功能的核心环节。这一过程涉及路由器与其他路由器之间的信息交换。路由器通过发送和接收路由更新信息，了解网络拓扑的变化和新的可达路径。这些信息随后被整合到路由表中，形成一幅完整的网络地图。当数据包到达路由器时，路由器会参考这张路由表，确定数据包的下一跳地址。这个过程是动态的，随着网络状况的变化，路由表也会不断更新，以确保数据包始终沿着最佳路径传输。

除了动态更新，路由器还会使用静态路由配置。这通常是在网络结构相对固定或有特殊需求时使用，管理员手动配置路由信息。静态路由配置不会根据网络动态变化自动更新，但可以提供更稳定和可控的路由选择。

3. 路由协议

路由协议是路由器之间交换路由信息的标准和规范。这些协议定义了路由器如何发现其他路由器、如何交换路由信息以及如何计算最佳路径。根据工作方式和适用范围，路由协议可以分为多种类型，如内部网关协议（IGP）和外部网关协议（EGP）。

内部网关协议主要用于在自治系统（AS）内部交换路由信息，如 RIP（路由信息协议）、OSPF（开放式最短路径优先）等。这些协议根据网络拓扑和度量标准（如跳数、带宽等）计算最佳路径，并在路由器之间同步路由表。

外部网关协议则用于不同自治系统之间的路由信息交换，如 BGP（边界网关协议）。BGP 允许自治系统之间交换路由信息，并根据策略和条件确定路由选择，实现跨多个自治系统的网络互连。

这些路由协议为网络提供了高效、可靠和灵活的路由选择机制，确保了数据包在不同网络之间能够顺利传输。随着网络技术的不断发展，新的路由协议和算法不断涌现，以适应更加复杂和多变的网络环境。

4.5.2 交换技术

1. 交换机的作用

交换机是现代计算机网络中的核心设备之一，它负责在同一网络内部实现数据的转发和交换。交换机通过读取数据包中的 MAC 地址信息，根据预定义的转发规则来确定数据包的传输路径。这种基于 MAC 地址的转发方式确保了数据包能够准确地到达目标设备，从而实现网络内部的高效通信。

交换机通过构建和维护一个 MAC 地址表来管理网络中的数据流。当交换机接收一个数据包时，它会检查数据包的源 MAC 地址和目标 MAC 地址，并在 MAC 地址表中查找相应的条目。如果目标 MAC 地址存在于表中，交换机就会将数据包直接转发到对应的端口；如果目标 MAC 地址不在表中，交换机则会执行泛洪操作，将数据包发送到除接收端口外的所有端口，以寻找目标设备。

通过不断学习和更新 MAC 地址表，交换机能够逐渐适应网络流量的变化，优化数据包的转发路径，从而提高网络的吞吐量和响应速度。

2. VLAN 技术

VLAN（Virtual Local Area Network，虚拟局域网）技术是一种将物理网络划分为多个逻辑网络的方法。通过 VLAN 技术，管理员可以根据业务需求、部门划分或安全策略等因素，将网络中的设备划分到不同的 VLAN 中。每个 VLAN 都具有独立的广播域和安全策略，可以实现不同 VLAN 之间的隔离和通信控制。

VLAN 的划分可以基于端口、MAC 地址、IP 地址等多种方式。这种划分方式使得网络结构更加灵活，可以方便地调整设备的归属和通信关系。同时，VLAN 技术还可以配合访问控制列表（ACL）等安全机制，实现对网络流量的精细控制和管理。

VLAN 技术的应用有助于提高网络的安全性。通过将敏感数据和关键业务划分到独立的 VLAN 中，并限制与其他 VLAN 的通信，可以有效减少潜在的安全风险。此外，VLAN 技术还可以提高网络的性能。通过将大量设备划分到不同的 VLAN 中，可以减少广播流量和不必要的通信开销，从而提高网络的吞吐量和响应速度。

3. 子网划分

某公司网络规模扩大，原先使用的 C 类网络地址 192.168.1.0 已不能满足需求，现有计算机约 150 台。为了提升网络性能和安全性，该公司决定对该网络进行子网划分。

(1) 子网划分步骤。

① 确定子网掩码。由于 C 类网络的默认子网掩码为 255.255.255.0，我们需要根据实际需求来调整这个掩码以划分出合适数量的子网。考虑到计算机数量为 150 台左右，我们需要划分出足够数量的子网来容纳这些计算机，同时确保每个子网内的主机数量不会过多，以便于管理。

假设我们决定使用 255.255.255.192 作为新的子网掩码。这个掩码将 C 类网络地址划分成了 4 个子网。子网掩码中的连续 1 代表网络部分，连续 0 代表主机部分，所以新的子网掩码将 IP 地址的最后 8 位中的前 2 位用于表示网络部分，后 6 位用于表示子网内的主机部分。

② 计算块大小。块大小是由子网掩码决定的，它表示每个子网内可以容纳的主机数量。计算方法是 2 的 n 次方减去 2，其中 n 是子网掩码中用于表示主机部分的位数。在这个例子中，$n=6$，所以块大小为 2 的 6 次方 $=64$。但需要注意，实际上每个子网中可用的主机地址是块大小再减 2（需要减去网络地址和广播地址），所以实际可用主机数为 62。

③ 确定子网和合法主机。使用块大小，我们可以计算出所有的子网以及每个子网

内的合法主机范围。从网络地址开始，每次增加块大小（在这个例子中是64，因为256－192＝64），我们可以得到所有的子网地址。对于每个子网，合法的主机地址范围是子网地址加1到子网地址加块大小减2。

例如，对于第一个子网，网络地址是192.168.1.0，块大小是32，所以合法主机范围是192.168.1.1至192.168.1.30。

（2）实施子网划分。

① 配置网络设备。根据计算出的子网和合法主机范围，我们需要在路由器、交换机等网络设备上进行相应的配置。这包括设置每个设备的IP地址、子网掩码，以及配置路由表等。

② 测试和验证。配置完成后，我们需要进行测试和验证，以确保子网划分生效且各子网之间可以正常通信。这可以通过ping命令、traceroute命令等网络工具来实现。

4. 交换协议

交换机之间需要使用特定的交换协议来实现数据的转发和交换。这些交换协议规定了交换机如何识别数据包、如何转发数据包以及如何与其他交换机进行通信和协作。

常见的交换协议包括以太网交换协议、ATM（异步传输模式）交换协议等。以太网交换协议适用于以太网网络环境，它规定了交换机如何根据MAC地址转发数据包、如何处理冲突和拥塞等问题。ATM交换协议则适用于ATM网络环境，它支持面向连接的通信方式，提供了更高的带宽和更低的延迟。

这些交换协议确保了交换机能够高效地处理网络中的数据流，实现数据包的快速转发和准确到达。通过优化交换协议的设计和实现，可以进一步提高网络的性能和可靠性。

交换技术在现代计算机网络中发挥着至关重要的作用。通过交换机的功能、VLAN技术的应用以及交换协议的支持，我们可以构建一个高效、安全、灵活的网络环境，满足各种复杂的业务需求。

4.5.3 路由交换技术的应用

1. 提高网络性能

路由交换技术在提升网络性能方面发挥着至关重要的作用。通过合理的路由选择和交换策略，网络中的数据包能够高效地找到最佳路径，从而减少网络拥塞和延迟现象。当数据包在网络中传输时，路由器和交换机会根据路由表和转发规则进行智能决策，确保数据包能够快速地到达目的地。这不仅可以提高网络的吞吐量，使网络能够处理更多的数据流量，还可以加快数据的传输速度，提升用户的体验。

此外，路由交换技术还可以实现负载均衡和流量控制。通过合理分配网络资源和调整网络参数，路由交换技术可以确保网络中的流量分布均匀，避免某些节点或链路过载。同时，它还可以根据网络状况动态调整转发策略，以适应不断变化的网络需求。

这些措施共同提升了网络的整体性能，使其更加稳定、高效和可靠。

2. 实现网络隔离与通信

VLAN 技术是路由交换技术的重要组成部分，它能够实现不同部门或用户之间的网络隔离，同时确保他们之间正常通信。通过 VLAN 技术，管理员可以将网络划分为多个逻辑上独立的子网，每个子网具有自己的广播域和安全策略。这样，不同部门或用户之间的数据流量可以被限制在各自的子网内，从而实现网络隔离。

同时，VLAN 技术还允许不同子网之间进行必要的通信。通过设置 VLAN 间路由或 VLAN 聚合等机制，可以实现不同子网之间的数据交换和资源共享。这种灵活的通信方式既满足了不同部门或用户之间的协作需求，又保证了网络的安全性和可控性。

3. 保障网络安全

路由交换技术在网络安全方面也发挥着重要作用。通过配合防火墙、入侵监测系统等安全设备，路由交换技术可以实现对网络流量的监控，提高网络的安全性。路由器和交换机可以根据预设的安全规则和策略，对进出网络的数据包进行过滤和审查。它们可以识别并阻挡恶意流量，防止未经授权的访问和攻击行为，从而保护网络免受潜在的安全威胁。

此外，路由交换技术还可以提供详细的日志记录和审计功能。通过对网络流量和设备状态进行实时监控和记录，管理员可以及时发现并处理潜在的安全问题。这有助于追踪和定位安全事件的来源和影响范围，为网络安全事件的应急响应和调查提供有力支持。

路由交换技术在提高网络性能、实现网络隔离与通信以及保障网络安全等方面发挥着重要作用。它们是现代计算机网络不可或缺的一部分，为各种复杂的业务需求提供了强大的技术支持。

4.5.4　路由器配置

路由器是计算机网络中的关键设备，负责数据的转发、路由选择和网络安全等。为了确保网络的正常运行和满足特定需求，我们需要对路由器进行适当配置。

1. 路由器配置基础知识

在进行路由器配置之前，我们需要了解以下几个基本概念：

(1) IP 地址：用于标识网络中的设备，确保设备之间正常通信。

(2) 子网掩码：用于划分 IP 地址中的网络部分和主机部分，帮助路由器识别数据包的目标网络。

(3) 网关：数据包离开本地网络时所经过的下一个路由器或设备的 IP 地址。

2. 路由器配置步骤

(1) 连接路由器。使用网线将路由器连接到计算机，并确保路由器已接通电源。

(2) 访问路由器管理界面。在计算机上打开浏览器，输入路由器的 IP 地址（通常在路由器背面的标签或说明书中找到），进入路由器管理界面。

（3）登录路由器。在管理界面中输入用户名和密码（默认为 admin 或路由器背面标签上的信息），登录路由器。

（4）配置网络参数。

① 设置 WAN 口参数：根据接入网络的方式（如拨号上网、静态 IP 等），选择正确的 WAN 口连接类型，并填写相应的网络参数（如上网账号、密码等）。

② 设置 LAN 口参数：配置路由器的内部网络，包括 IP 地址、子网掩码和 DHCP 服务器等。确保 DHCP 服务器已启用，以便为连接的设备自动分配 IP 地址。

（5）配置无线设置。

① 开启无线功能：确保路由器的无线功能已开启。

② 设置无线网络名称（SSID）：为无线网络取一个易于记忆的名称。

③ 设置安全加密方式：选择 WPA2 - PSK（AES）等安全加密方式，确保无线网络的安全。

④ 设置密码：为无线网络设置一个强密码，防止未经授权的访问。

（6）保存配置并重启路由器：完成配置后，保存配置并重启路由器，使配置生效。

3. 路由器配置示例

以 TP - LINK WR340G 家用无线路由器为例，进行简单配置：

（1）将路由器的 WAN 口与宽带猫的 LAN 口用网线连接，确保路由器电源已接通。

（2）在计算机上打开浏览器，输入路由器的默认 IP 地址（如 192.168.1.1），进入路由器管理界面。

（3）输入默认的用户名和密码（通常为 admin），登录路由器。

（4）在网络参数设置中，选择 PPPoE 连接类型，并填写宽带拨号上网的账号和密码。

（5）在无线设置中，开启无线功能，设置无线网络名称（如 MyWi - Fi）和密码（如 12345678）。

（6）保存设置并重启路由器，完成配置。

通过以上步骤，我们可以对路由器进行简单的配置，以满足基本的网络需求。当然，根据不同的网络环境和业务需求，路由器配置可能会更加复杂和多样化。在实际应用中，我们可以根据具体情况进行相应的调整和优化。

实验活动　配置光猫接入 Internet

【实验目的】

掌握家用光猫的配置方法。

【实验内容】

(1) 光猫连接示例如图 4-2 所示。

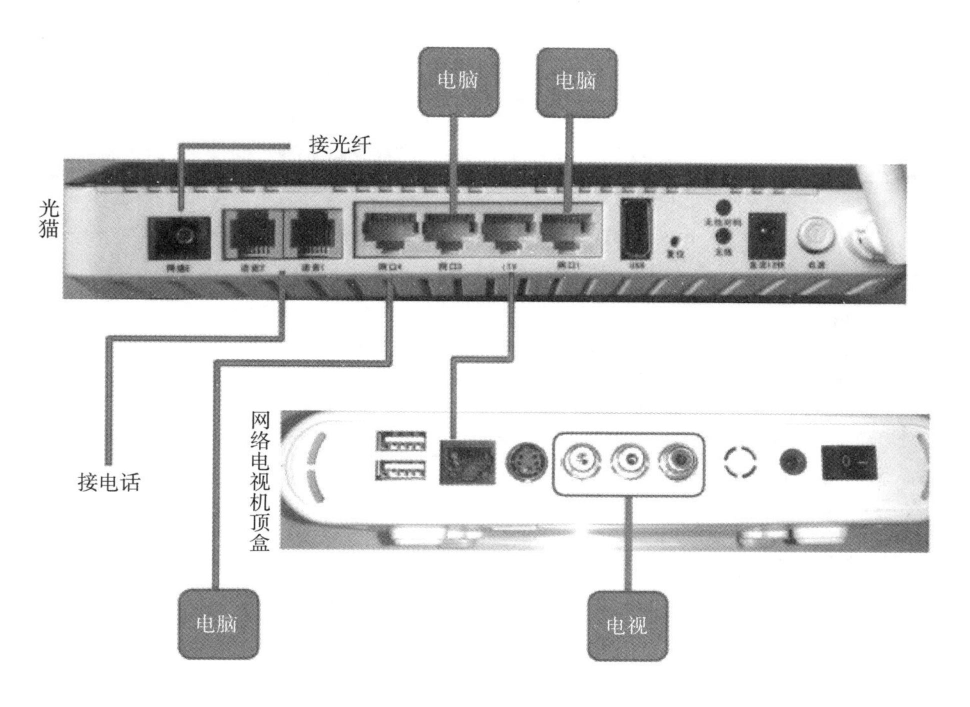

图 4-2　光猫链接示例

(2) 在浏览器地址栏中输入光猫的管理地址，进入光猫的登入界面，再输入用户名与密码登入光猫，如图 4-3 所示。

图 4-3　光猫登录页

（3）找到“网络”——>宽带设置，可以看到一个 PPPoE 模式，将使能钩去掉，端口绑定也取消勾选，记下自己的 VLAN ID 后单击“修改”，如图 4-4 所示。

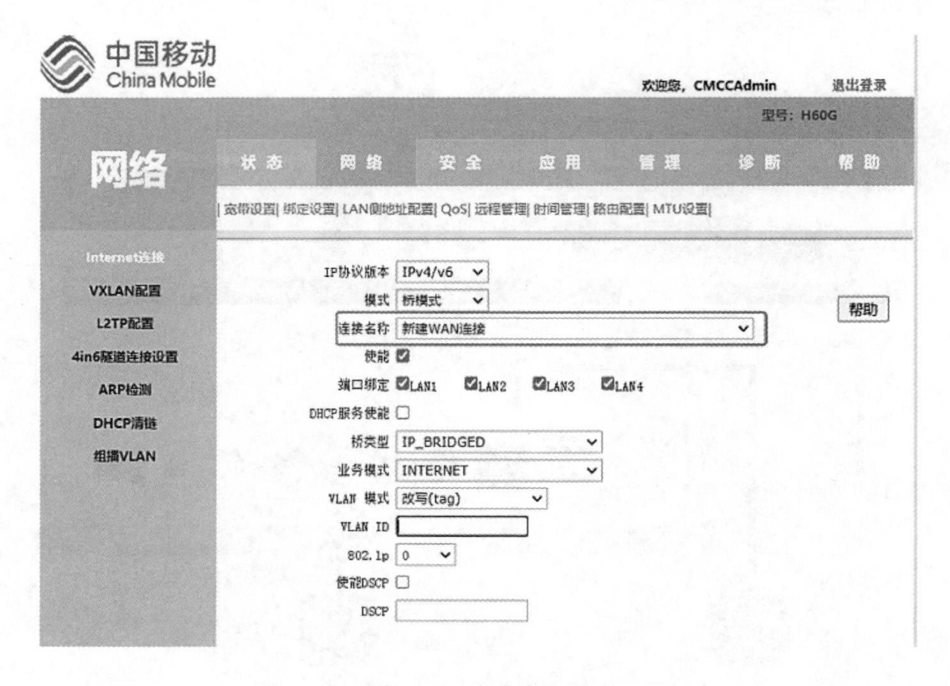

图 4-4　光猫配置页

（4）新建 WAN 连接模式为“桥模式”，勾选使能，LAN1、2、3、4 可以全勾选，意思是四个 LAN 全都可以拨号，DHCP 服务取消勾选，桥类型选择 IP BRIDGE，业务模式选择 INTERNET，VLAN 模式选择改写 tag，VLAN ID 填写刚才记下的 VLAN。其他默认即可，最后单击“修改”。

（5）路由器填入你的账号和密码即可，一般即可拨号成功。

技能训练 1　华为路由器基础配置

【实验目的】

掌握华为企业路由器的基本配置。

【实验内容】

实验拓扑如图 4-5 所示。

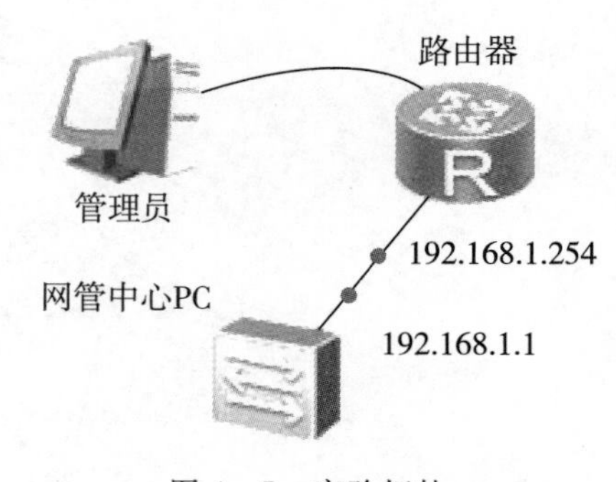

图 4-5　实验拓扑

一、路由器基本配置命令

1. 启动 PC 与路由器电源

2. 进入系统视图

<Huawei>system - view

3. 修改设备名称为：AR - 1

[Huawei] sysname AR - 1

4. 设置系统时钟时区为BJ（格式为：名称 add 时区）（在用户视图下操作）

[AR - 1] quit

<AR - 1>clock timezone bj add 08：00：00

5. 设置设备当前时间和日期（格式为时：分：秒 年-月-日）（在用户视图下操作）

<AR - 1>clock timezone bj add 08：00：00

<AR - 1>clock datetime 11：16：00 2021 - 09 - 03

6. 配置在用户登录前显示的标题消息

<AR - 1>system - view

[AR - 1] header login information " welcome to huawei certification!"

7. 配置在用户登录后显示的标题消息

[AR - 1] header shell information " Please don't reboot the device!"

8. 配置登入用户

控制口（console）

[AR - 1] user - interface console 0

配置指定用户界面下的用户级别（6级）

[AR - 1 - ui - console0] user privilege level 6

配置本地认证密码为huawei

[AR - 1 - ui - console0] set authentication password cipher * * * * * * *

设置超时时间（30秒）

[AR - 1 - ui - console0] idle - timeout 1 30

设置显示行数为30行

[AR - 1 - ui - console0] screen - length 30

设置历史命令缓冲区的大小（20条）

[AR - 1 - ui - console0] history - commandmax - size 20

二、配置远程登入与AAA

1. 进入虚电路配置

[Lyq] user - interface vty 0 4

2. 认证方式改成AAA

[Lyq - ui - vty0 - 4] authentication - mode aaa

3. 配置指定用户界面下的用户级别（4级）

[Lyq - ui - vty0 - 4] user privilege level 4

4. 配置 AAA

进入 AAA

[Lyq] aaa

配置用户名与密码

[Lyq - aaa] local - user * * * * * * * password cipher * * * * * * * *

配置用户访问类型

[Lyq - aaa] local - user jw2201 service - type telnet

三、验证 Telnet

1. 配置路由器接口 IP

[Lyq] interface GigabitEthernet 0/0/0

[Lyq - GigabitEthernet0/0/0] ip address 192. 168. 1. 254 24

2. 配置客户端（网管中心 PC）IP

<Huawei>system - view

[Huawei] sysname WGZX - PC

[WGZX - PC] interface Vlanif 1

[WGZX - PC - Vlanif1] IP address 192. 168. 1. 1 24

[WGZX - PC - Vlanif1] quit

3. 远程登入路由器

<WGZX - PC>telnet 192. 168. 1. 254

技能训练 2　SSH 远程登入

SSH（secure shell）特点：在传输数据的时候，对文件加密后传输。

SSH 作用：为远程登录会话和其他网络服务提供安全性协议。

SSH 是一套协议标准，可以用来实现两台机器之间的安全登录以及安全的数据传输，其保证数据安全的原理是非对称加密。

SSH 是在传统的 Telnet 协议基础上发展起来的一种安全的远程登录协议，相比于 Telnet，SSH 无论是在认证方式还是在数据传输的安全性上，都有很大的进步，而且部分企业出于安全的需求网络设备管理必须通过 SSH 方式来实现。

【实验目的】

掌握华为企业路由器的 SSH 远程登录。

掌握华为企业路由器的数字用户认证（AAA）配置。

【实验内容】

实验拓扑如图 4－6 所示。

图 4－6　实验拓扑

一、Server（AR－1）

1. 进入系统

<Huawei>system－view

2. 路由器改名

[Huawei] sysname AR－1

3. 在当前路由器上启用 SSH 服务

[AR－1] stelnet server enable

4. 创建密钥

[AR－1] rsa local－key－pair create

(The key name will be：Host

% RSA keys defined for Host already exist.

Confirm to replace them? (y/n) [n]：y

The range of public key size is (512 ～ 2048) .

Input the bits in the modulus [default ＝ 512]：1024)

5. 设置用户接口

[AR－1] user－interface vty 0 4

6. 设置当前 vty 线路的认证模式为 AAA

[AR－1－ui－vty0－4] authentication－mode aaa

7. 当前 vty 线路上启用 SSH 协议

[AR－1－ui－vty0－4] protocol inbound ssh

8. 配置 AAA 认证

[AR－1－ui－vty0－4] aaa

(1) 创建用户和密码。

[AR－1－aaa] local－user huawei password cipher 123456

(2) 设置用户等级。

[AR－1－aaa] local－user huawei privilege level 3

(3) 指定用户服务类型。

[AR－1－aaa] local－user huawei service－type ssh

[AR－1－aaa] quit

9. 允许用户鉴权模式全部都可以验证

[AR－1] ssh user huawei authentication－type all

10. 配置接口 IP 地址

[AR－1] interface GigabitEthernet 0/0/0

[AR－1－GigabitEthernet0/0/0] ip address 192.168.1.1 24

[AR－1－GigabitEthernet0/0/0] quit

[AR－1] quit

二、Client (AR－2)

1. 进入系统

<Huawei>system－view

2. 命名路由

[Huawei] sysname AR－2

3. 设置 SSH 客户端

[AR－2] ssh client first－time enable

4. 配置接口 IP 地址

[AR－2] interface GigabitEthernet 0/0/0

[AR－2－GigabitEthernet0/0/0] ip address 192.168.1.2 24

[AR－2－GigabitEthernet0/0/0] quit

5. 验证 (登录服务端)

[AR－2] stelnet 192.168.1.1

技能训练 3 配置静态路由

【实验目的】

掌握华为企业路由器的接口 IP 配置。

掌握华为企业路由器的静态路由配置。

掌握在华为企业路由器上查看路由表。

【实验内容】

实验拓扑如图 4－7 所示。

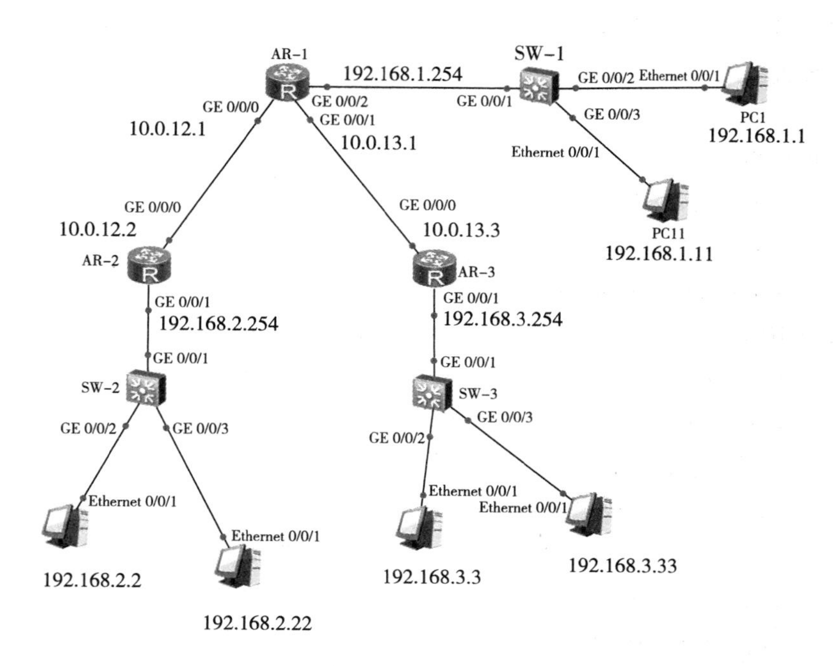

图 4－7　实验拓扑

一、完成基础配置

1. 配置 PC 机 IP 地址

按拓扑图中的标记，依次输入 PC 机的主机名、IP 地址、子网掩码（统一使用 255.255.255.0）、网关地址，如图 4－8 所示。

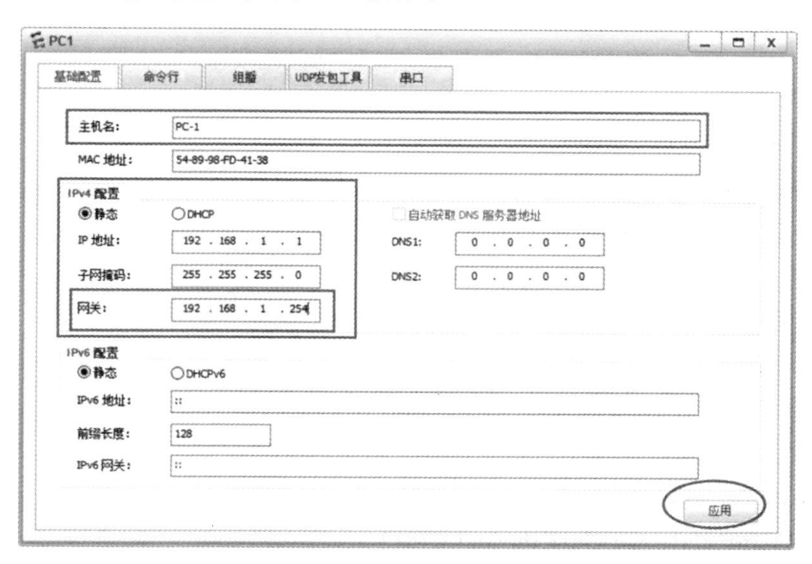

图 4－8　实验 PC－1 机的地址配置

2. 配置路由器基本设置与接口 IP 地址 AR－1：

进入系统视图

<Huawei>system－view

配置主机名为 AR－1

[Huawei] sysname AR－1

进入 GE 0/0/0 接口配置

[AR－1] interface GigabitEthernet 0/0/0

配置接口 IP 地址

[AR－1－GigabitEthernet0/0/0] ip address 10.0.12.1 24

[AR－1－GigabitEthernet0/0/0] quit

进入 GE 0/0/1 接口配置

[AR－1] interface GigabitEthernet 0/0/1

配置接口 IP 地址

[AR－1－GigabitEthernet0/0/1] ip address 10.0.13.1 24

[AR－1－GigabitEthernet0/0/1] quit

进入 GE 0/0/2 接口配置

[AR－1] interface GigabitEthernet 0/0/2

配置接口 IP 地址

[AR－1－GigabitEthernet0/0/2] ip address 192.168.1.254 24

[AR－1－GigabitEthernet0/0/2] quit

测试与局域网 1 的连通性

[AR－1] ping 192.168.1.1

AR－2：

进入系统视图

<Huawei>system－view

配置主机名为 AR－2

[Huawei] sysname AR－2

进入 GE 0/0/0 接口配置

[AR－2] interface GigabitEthernet 0/0/0

配置接口 IP 地址

[AR－2－GigabitEthernet0/0/0] ip address 10.0.12.2 24

[AR－2－GigabitEthernet0/0/0] quit

进入 GE 0/0/1 接口配置

[AR－2] interface GigabitEthernet 0/0/1

配置接口 IP 地址

[AR-2-GigabitEthernet0/0/1] ip address 192.168.2.254 24

[AR-2-GigabitEthernet0/0/1] quit

测试与 AR-1 的连通性

[AR-2] ping 10.0.12.1

测试与局域网 2 的连通性

[AR-2] ping 192.168.2.2

AR-3：

进入系统视图

<Huawei>system-view

配置主机名为 AR-3

[Huawei] sysname AR-3

进入 GE 0/0/0 接口配置

[AR-3] interface GigabitEthernet 0/0/0

配置接口 IP 地址

[AR-3-GigabitEthernet0/0/0] ip address 10.0.13.3 24

[AR-3-GigabitEthernet0/0/0] quit

进入 GE 0/0/1 接口配置

[AR-3] interface GigabitEthernet 0/0/1

配置接口 IP 地址

[AR-3-GigabitEthernet0/0/1] ip address 192.168.3.254 24

[AR-3-GigabitEthernet0/0/1] quit

测试与 AR-1 的连通性

[AR-3] ping 10.0.13.1

测试与局域网 2 的连通性

[AR-3] ping 192.168.3.3

二、配置静态路由

AR-1：

配置静态路由

[AR-1] ip route-static 192.168.2.0 24 10.0.12.2

[AR-1] ip route-static 192.168.3.0 24 10.0.13.3

[AR-1] quit

查看 AR-1 路由表，如图 4-9 所示。

<AR-1>display ip routing-table

测试局域网 2 的连通性

```
0/0/2
  192.168.2.0/24  Static   60    0          RD   10.0.12.2       GigabitEthernet
0/0/0
  192.168.3.0/24  Static   60    0          RD   10.0.13.3       GigabitEthernet
0/0/1
```

图 4-9　查看 AR-1 路由表

<AR-1>ping 192.168.2.2

测试局域网 3 的连通性

<AR-1>ping 192.168.3.3

保存配置

<AR-1>save

AR-2：

配置静态路由

[AR-2] ip route-static 192.168.1.0 24 10.0.12.1

[AR-2] ip route-static 192.168.3.0 24 10.0.12.1

[AR-2] quit

查看 AR-2 路由表，如图 4-10 所示。

<AR-2>display ip routing-table

```
  192.168.1.0/24      Static   60    0          RD   10.0.12.1       GigabitEthernet
0/0/0
  192.168.2.0/24      Direct   0     0          D    192.168.2.254   GigabitEthernet
0/0/1
  192.168.2.254/32    Direct   0     0          D    127.0.0.1       GigabitEthernet
0/0/1
  192.168.2.255/32    Direct   0     0          D    127.0.0.1       GigabitEthernet
0/0/1
  192.168.3.0/24      Static   60    0          RD   10.0.12.1       GigabitEthernet
0/0/0
```

图 4-10　查看 AR-2 路由表

测试局域网 1 的连通性

<AR-2>ping 192.168.1.1

保存配置

<AR-2>save

AR-3：

配置静态路由

[AR-3] ip route-static 192.168.1.0 24 10.0.13.1

[AR-3] ip route-static 192.168.2.0 24 10.0.13.1

[AR-3] quit

查看 AR-3 路由表，如图 4-11 所示。

<AR－3>display ip routing－table

```
127.255.255.255/32  Direct  0   0         D  127.0.0.1      InLoopBack0
 192.168.1.0/24  Static  60   0         RD  10.0.13.1      GigabitEthernet
0/0/0
 192.168.2.0/24  Static  60   0         RD  10.0.13.1      GigabitEthernet
0/0/0
 192.168.3.0/24  Direct  0    0         D   192.168.3.254  GigabitEthernet
0/0/1
```

图 4－11　查看 AR－3 路由表

保存配置

<AR－3>save

三、验证配置

各局域网内 PC 互 ping，能够 ping 通，如图 4－12 所示。

图 4－12　验证结果

技能训练 4　配置 RIP 路由

【实验目的】

掌握华为企业路由器的动态路由配置。

【实验内容】

实验拓扑如图 4－13 所示。

（1）配置好所有 PC 机的 IP 地址、子网掩码（255.255.255.0）与网关地址。

（2）配置好所有路由器的接口 IP 地址，并测试网络连通性。

（3）配置路由器 RIP 协议。

R－1：

<Huawei>system－view

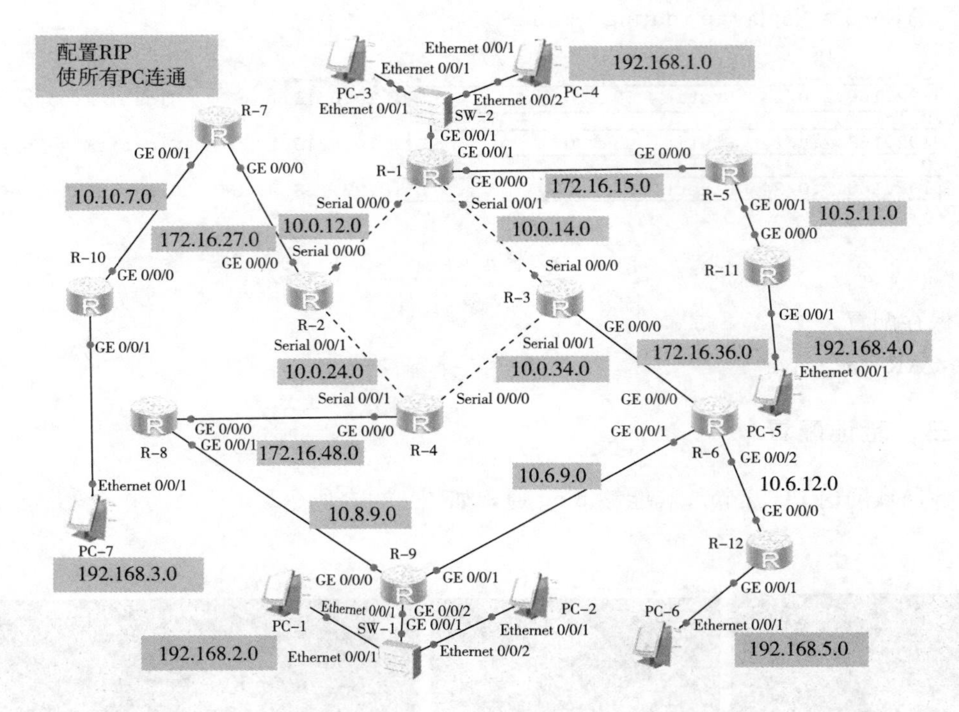

图 4-13　实验拓扑

```
[Huawei] sysname R-1
[R-1] interface Serial 0/0/0
[R-1-Serial0/0/0] ip address 10.0.12.1 24
[R-1-Serial0/0/0] interface Serial 0/0/1
[R-1-Serial0/0/1] ip address 10.0.14.1 24
[R-1] interface GigabitEthernet0/0/1
[R-1-GigabitEthernet0/0/1] ip address 192.168.1.254 24
[R-1] interface GigabitEthernet0/0/0
[R-1-GigabitEthernet0/0/0] ip address 172.16.15.1 24
[R-1-GigabitEthernet0/0/0] quit
[R-1] rip 1
[R-1-rip-1] version 2
[R-1-rip-1] network 10.0.0.0
[R-1-rip-1] network 172.16.0.0
[R-1-rip-1] network 192.168.1.0
```

R-2：

```
<Huawei>system-view
```

```
[Huawei] sysname R-2
[R-2] interface Serial 0/0/0
[R-2-Serial0/0/0] ip address 10.0.12.2 24
[R-2-Serial0/0/0] interface Serial 0/0/1
[R-2-Serial0/0/1] ip address 10.0.24.2 24
[R-2] interface GigabitEthernet 0/0/0
[R-2-GigabitEthernet0/0/0] ip address 172.16.27.2 24
[R-2-GigabitEthernet0/0/0] quit
[R-2] rip 1
[R-2-rip-1] version 2
[R-2-rip-1] network 10.0.0.0
[R-2-rip-1] network 172.16.0.0
```

R-3：

```
<Huawei>system-view
[Huawei] sysname R-3
[R-3] interface Serial 0/0/0
[R-3-Serial0/0/0] ip address 10.0.14.3 24
[R-3-Serial0/0/0] interface Serial 0/0/1
[R-3-Serial0/0/1] ip address 10.0.34.3 24
[R-3] interface GigabitEthernet 0/0/0
[R-3-GigabitEthernet0/0/0] ip address 172.16.36.3 24
[R-3] rip 1
[R-3-rip-1] network 10.0.0.0
[R-3-rip-1] network 172.16.0.0
```

R-4：

```
<Huawei>system-view
[Huawei] sysname R-4
[R-4] interface Serial 0/0/0
[R-4-Serial0/0/0] ip address 10.0.34.4 24
[R-4-Serial0/0/0] interface Serial 0/0/1
[R-4-Serial0/0/1] ip address 10.0.24.4 24
[R-4] interface GigabitEthernet 0/0/0
[R-4-GigabitEthernet0/0/0] ip address 172.16.48.4 24
[R-4-GigabitEthernet0/0/0] quit
```

R-5：

```
<Huawei>system-view
[Huawei] sysname R-5
[R-5] interface GigabitEthernet 0/0/0
[R-5-GigabitEthernet0/0/0] ip address 172.16.15.5 24
[R-5-GigabitEthernet0/0/0] interface GigabitEthernet 0/0/1
[R-5-GigabitEthernet0/0/1] ip address 10.5.11.5 24
[R-5-GigabitEthernet0/0/1] quit
[R-5] rip 1
[R-5-rip-1] version 2
[R-5-rip-1] network 10.0.0.0
[R-5-rip-1] network 172.16.0.0
```

R-6：

```
<Huawei>system-view
[Huawei] sysname R-6
[R-6] interface GigabitEthernet0/0/0
[R-6-GigabitEthernet0/0/0] ip address 172.16.36.6 24
[R-6-GigabitEthernet0/0/0] interface GigabitEthernet0/0/1
[R-6-GigabitEthernet0/0/1] ip address 10.6.9.6 24
[R-6-GigabitEthernet0/0/1] interface GigabitEthernet0/0/2
[R-6-GigabitEthernet0/0/2] ip address 10.6.12.6 24
[R-6] rip 1
[R-6-rip-1] version 2
[R-6-rip-1] network 10.0.0.0
[R-6-rip-1] network 172.16.0.0
```

R-7：

```
<Huawei>system-view
[Huawei] sysname R-7
[R-7] interface GigabitEthernet0/0/0
[R-7-GigabitEthernet0/0/0] ip address 172.16.27.7 24
[R-7-GigabitEthernet0/0/0] interface GigabitEthernet0/0/1
[R-7-GigabitEthernet0/0/1] ip address 10.10.7.7 24
[R-7-GigabitEthernet0/0/1] quit
[R-7] rip 1
[R-7-rip-1] version 2
[R-7-rip-1] network 10.0.0.0
```

[R－7－rip－1] network 172.16.0.0
R－8：
<Huawei>system－view
[Huawei] sysname R－8
[R－8] interface GigabitEthernet 0/0/0
[R－8－GigabitEthernet0/0/0] ip address 172.16.48.8 24
[R－8－GigabitEthernet0/0/0] interface GigabitEthernet 0/0/1
[R－8－GigabitEthernet0/0/1] ip address 10.8.9.8 24
[R－8－GigabitEthernet0/0/1] quit
[R－8] rip 1
[R－8－rip－1] version 2
[R－8－rip－1] network 10.0.0.0
[R－8－rip－1] network 172.16.0.0
R－9：
<Huawei>system－view
[Huawei] sysname R－9
[R－9] interface GigabitEthernet 0/0/0
[R－9－GigabitEthernet0/0/0] ip address 10.8.9.9 24
[R－9－GigabitEthernet0/0/0] interface GigabitEthernet 0/0/1
[Ethernet0/0/1] ip address 10.6.9.9 24
[R－9－Gigabit [R－9－GigabitEthernet0/0/1] interface GigabitEthernet 0/0/2
[R－9－GigabitEthernet0/0/2] ip address 192.168.2.254 24
[R－9－GigabitEthernet0/0/2] quit
[R－9] rip 1
[R－9－rip－1] version 2
[R－9－rip－1] network 10.0.0.0
[R－9－rip－1] network 192.168.2.0
R－10：
<Huawei>system－view
[Huawei] sysname R－10
[R－10] interface GigabitEthernet 0/0/0
[R－10－GigabitEthernet0/0/0] ip address 10.10.7.10 24
[R－10－GigabitEthernet0/0/0] interface GigabitEthernet 0/0/1
[R－10－GigabitEthernet0/0/1] ip address 192.168.3.254 24
[R－10] rip 1

```
[R-10-rip-1] version 2
[R-10-rip-1] network 192.168.3.0
[R-10-rip-1] network 10.0.0.0
R-11:
<Huawei>system-view
[Huawei] sysname R-11
[R-11] interface GigabitEthernet0/0/0
[R-11-GigabitEthernet0/0/0] ip address 10.5.11.11 24
[R-11-GigabitEthernet0/0/0] interface GigabitEthernet0/0/1
[R-11-GigabitEthernet0/0/1] ip address 192.168.4.254 24
[R-11-GigabitEthernet0/0/1] quit
[R-11] rip 1
[R-11-rip-1] version 2
[R-11-rip-1] network 10.0.0.0
[R-11-rip-1] network 192.168.4.0
R-12:
<Huawei>system-view
[Huawei] sysname R-12
[R-12] interface GigabitEthernet 0/0/0
[R-12-GigabitEthernet0/0/0] ip address 10.6.12.12 24
[R-12-GigabitEthernet0/0/0] interface GigabitEthernet 0/0/1
[R-12-GigabitEthernet0/0/1] ip address 192.168.5.254 24
[R-12] rip 1
[R-12-rip-1] version 2
[R-12-rip-1] network 10.0.0.0
[R-12-rip-1] network 192.168.5.0
```

技能训练5 配置单区域OSPF路由

【实验目的】

掌握华为企业路由器的动态路由（OSPF）配置。

【实验内容】

实验拓扑如图4-14所示。

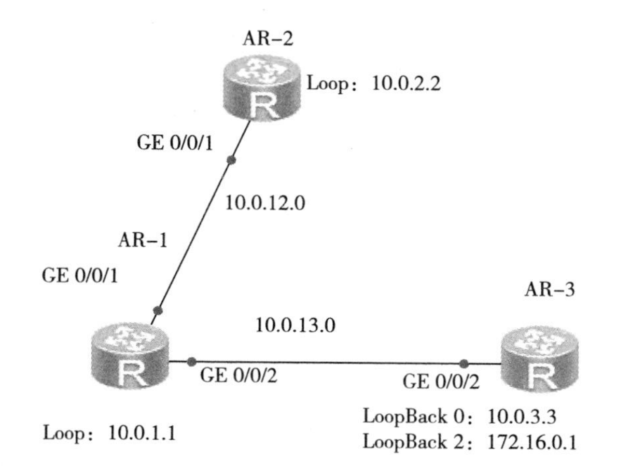

图 4-14　实验拓扑

一、基础配置

AR-1：

<Huawei>system-view

[Huawei] sysname AR-1

[AR-1] interface GigabitEthernet 0/0/1

[AR-1-GigabitEthernet0/0/1] ip address 10. 0. 12. 1 24

[AR-1-GigabitEthernet0/0/1] interface GigabitEthernet 0/0/2

[AR-1-GigabitEthernet0/0/2] ip address 10. 0. 13. 1 24

[AR-1-GigabitEthernet0/0/2] interface loopback 0

[AR-1-LoopBack0] ip address 10. 0. 1. 1 24

[AR-1-LoopBack0] quit

AR-2：

<Huawei>system-view

[Huawei] sysname AR-2

[AR-2] interface GigabitEthernet 0/0/1

[AR-2-GigabitEthernet0/0/1] ip address 10. 0. 12. 2 24

[AR-2-LoopBack0] ip address 10. 0. 2. 2 24

[AR-2-LoopBack0] quit

AR-3：

<Huawei>system-view

[Huawei] sysname AR-3

[AR-3] interface GigabitEthernet 0/0/2

[AR-3-GigabitEthernet0/0/2] ip address 10.0.13.3 24
[AR-3-GigabitEthernet0/0/2] ping 10.0.13.1
[AR-3-GigabitEthernet0/0/2] interface loopback 0
[AR-3-LoopBack0] ip address 10.0.3.3 24
[AR-3-LoopBack0] interface loopback 2
[AR-3-LoopBack2] ip address 172.16.0.1 24
[AR-3-LoopBack2] quit

二、配置 OSPF

AR-1:
[AR-1-ospf-1-area-0.0.0.0] network 10.0.1.0 0.0.0.255
[AR-1-ospf-1-area-0.0.0.0] network 10.0.12.0 0.0.0.255
[AR-1-ospf-1-area-0.0.0.0] network 10.0.13.0 0.0.0.255
[AR-1-ospf-1-area-0.0.0.0] quit
[AR-1-ospf-1] quit
AR-2:
[AR-2] ospf 1 router-id 10.0.2.2
[AR-2-ospf-1] area 0
[AR-2-ospf-1-area-0.0.0.0] network 10.0.12.0 0.0.0.255
[AR-2-ospf-1-area-0.0.0.0] network 10.0.2.0 0.0.0.255
[AR-2-ospf-1-area-0.0.0.0] quit
[AR-2-ospf-1] quit
AR-3:
[AR-3] ospf 1 router-id 10.0.3.3
[AR-3-ospf-1-area-0.0.0.0] network 10.0.3.0 0.0.0.255
[AR-3-ospf-1-area-0.0.0.0] network 10.0.13.0 0.0.0.255
[AR-3-ospf-1-area-0.0.0.0] quit
[AR-3-ospf-1] quit
[AR-3]
验证 OSPF 配置
在 AR-1\AR-2\AR-3 上查看路由表
display ip routing-table
在 AR-1 上查看 OSPF 邻居
[AR-1] display ospf peer
[AR-1] display ospf peer brief

在 AR－3 上发布缺省路由

[AR－3] ip route－static 0.0.0.0 0.0.0.0 loopback 2

[AR－3] ospf 1

[AR－3－ospf－1] default－route－advertise

[AR－3－ospf－1]

在 AR－1 上查看学习到的缺省路由，并测试联通性

[AR－2] display ip routing－table

[AR－2] ping 172.16.0.1

配置 AR－3 DR

AR－1：

[AR－1] interface GigabitEthernet 0/0/2

[AR－1－GigabitEthernet0/0/2] ospf dr－priority 200

[AR－1－GigabitEthernet0/0/2] quit

AR－3：

[AR－3] interface GigabitEthernet 0/0/2

[AR－3－GigabitEthernet0/0/2] ospf dr－

[AR－3－GigabitEthernet0/0/2] ospf dr－priority 100

[AR－3－GigabitEthernet0/0/2] quit

重启 AR－1 与 AR－2 G0\0\2 接口查看 DR 变更

技能训练 6　配置 PPPoE 接入广域网

【实验目的】

掌握华为企业路由器配置 PPPoE 接入广域网。

【实验内容】

实验拓扑如图 4－15 所示。

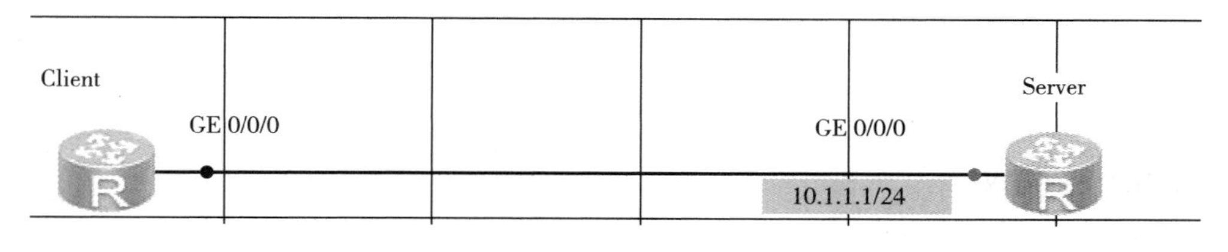

图 4－15　实验拓扑

Server：

<Huawei>system－view

[Huawei] sysname Server

配置逻辑接口

[Server] interface Virtual - Template 10

配置 IP 地址

[Server - Virtual - Template10] ip address 10. 1. 1. 1 24

建立 IP 地址池

[Server - Virtual - Template10] remote address pool pppoe

验证模式

[Server - Virtual - Template10] ppp authentication - mode chap

[Server - Virtual - Template10] quit

为 IP 地址池添加 IP

[Server] ip pool PPPoE

[Server - ip - pool - PPPoE] network 10. 1. 1. 0 mask 24

[Server - ip - pool - PPPoE] gateway - list 10. 1. 1. 1

[Server - ip - pool - PPPoE] quit

设定用户与密码认证方式

[Server] aaa

[Server - aaa] local - user huawei password cipher huawei123

[Server - aaa] local - user huawei service - type ppp

[Server - aaa] quit

与物理接口绑定

[Server] interface GigabitEthernet 0/0/0

[Server - GigabitEthernet0/0/0] pppoe - server bind virtual - template 10

[Server - GigabitEthernet0/0/0] quit

Client:

<Huawei>system - view

Enter system view, return user view with Ctrl+Z

[Huawei] sysname Client

进入逻辑接口

[Client] interface Dialer 1

启用 PPP 协议

[Client - Dialer1] link - protocol ppp

通过 PPP 自动协商向服务器获取地址

[Client - Dialer1] ip address ppp - negotiate

认证用户与密码

[Client - Dialer1] ppp chap user huawei

[Client－Dialer1] ppp chap password cipher huawei123

[Client－Dialer1] dialer user huawei

[Client－Dialer1] dialer bundle 10

[Client－Dialer1] quit

绑定物理接口

[Client] interface GigabitEthernet 0/0/0

[Client－GigabitEthernet0/0/0] pppoe－client dial－bundle－number 10

[Client－GigabitEthernet0/0/0] quit

查看从服务器获取到的 IP，如图 4－16 所示。

[Client] display ip interface brief

```
Interface                      IP Address/Mask      Physical   Protocol
Dialer1                        10.1.1.254/32        up         up(s)
```

图 4－16　查看从服务器获取到的 IP

Ping 服务器 IP 地址 10.1.1.1

查看抓包后的 PPPoE 报文，如图 4－17 所示。

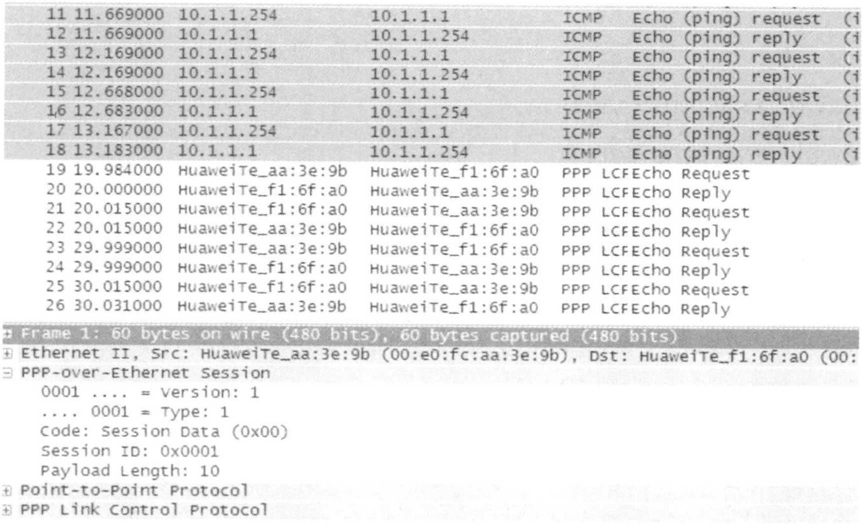

```
11 11.669000 10.1.1.254          10.1.1.1            ICMP  Echo (ping) request  (i
12 11.669000 10.1.1.1            10.1.1.254          ICMP  Echo (ping) reply    (i
13 12.169000 10.1.1.254          10.1.1.1            ICMP  Echo (ping) request  (i
14 12.169000 10.1.1.1            10.1.1.254          ICMP  Echo (ping) reply    (i
15 12.668000 10.1.1.254          10.1.1.1            ICMP  Echo (ping) request  (i
16 12.683000 10.1.1.1            10.1.1.254          ICMP  Echo (ping) reply    (i
17 13.167000 10.1.1.254          10.1.1.1            ICMP  Echo (ping) request  (i
18 13.183000 10.1.1.1            10.1.1.254          ICMP  Echo (ping) reply    (i
19 19.984000 HuaweiTe_aa:3e:9b   HuaweiTe_f1:6f:a0   PPP LCFEcho Request
20 20.000000 HuaweiTe_f1:6f:a0   HuaweiTe_aa:3e:9b   PPP LCFEcho Reply
21 20.015000 HuaweiTe_f1:6f:a0   HuaweiTe_aa:3e:9b   PPP LCFEcho Request
22 20.015000 HuaweiTe_aa:3e:9b   HuaweiTe_f1:6f:a0   PPP LCFEcho Reply
23 29.999000 HuaweiTe_aa:3e:9b   HuaweiTe_f1:6f:a0   PPP LCFEcho Request
24 29.999000 HuaweiTe_f1:6f:a0   HuaweiTe_aa:3e:9b   PPP LCFEcho Reply
25 30.015000 HuaweiTe_f1:6f:a0   HuaweiTe_aa:3e:9b   PPP LCFEcho Request
26 30.031000 HuaweiTe_aa:3e:9b   HuaweiTe_f1:6f:a0   PPP LCFEcho Reply

+ Frame 1: 60 bytes on wire (480 bits), 60 bytes captured (480 bits)
+ Ethernet II, Src: HuaweiTe_aa:3e:9b (00:e0:fc:aa:3e:9b), Dst: HuaweiTe_f1:6f:a0 (00:
- PPP-over-Ethernet Session
    0001 .... = Version: 1
    .... 0001 = Type: 1
    Code: Session Data (0x00)
    Session ID: 0x0001
    Payload Length: 10
+ Point-to-Point Protocol
+ PPP Link Control Protocol
```

图 4－17　查看抓包后的 PPPoE 报文

技能训练 7　PPPoE 与帧中继接入广域网

【实验目的】

掌握华为企业路由器 PPPoE 与帧中继接入广域网。

【实验内容】

实验拓扑如图 4-18 所示。

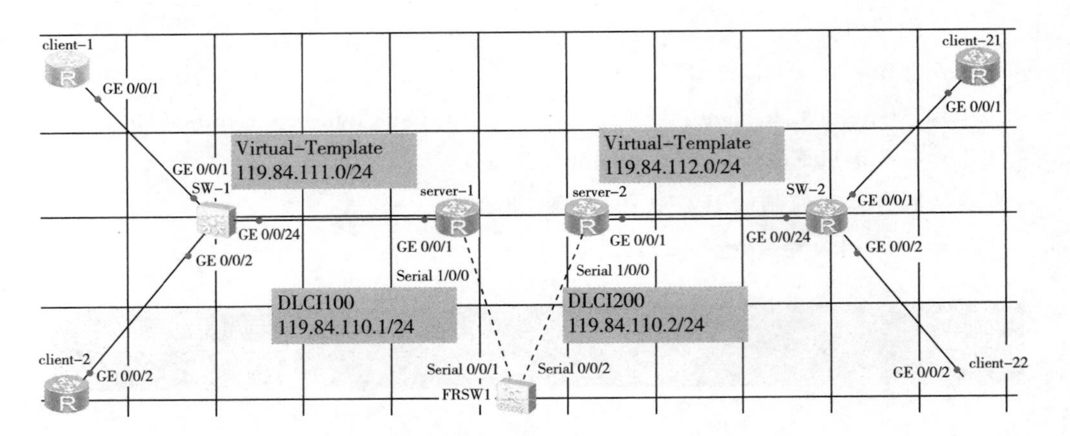

图 4-18 实验拓扑

PPPoE 配置

配置 PPPoE 服务器

server-1:

<Huawei>system-view

[Huawei] sysname server-1

一、配置虚拟模板接口

[server-1] interface Virtual-Template 1

1. 配置服务器 IP 地址

[server-1-Virtual-Template1] ip address 119.84.111.254 24

2. 配置为客户机分配远端 IP 地址

[server-1-Virtual-Template1] remote address pool pppoe

3. 配置验证模式（CHAP 或 PAP）

[server-1-Virtual-Template1] ppp authentication-mode chap

[server-1-Virtual-Template1] quit

4. 建立名为 PPPoE 的 IP 地址池

[server-1] ip pool pppoe

5. 配置 IP 地址池中的 IP 网段

[server-1-ip-pool-pppoe] network 119.84.111.0 mask 24

6. 配置网关地址

[server - 1 - ip - pool - pppoe] gateway - list 119.84.111.254

[server - 1 - ip - pool - pppoe] quit

二、配置用户验证信息

[server - 1] aaa

1. 建立用户

[server - 1 - aaa] local - user client - 1 password cipher 123456

[server - 1 - aaa] local - user client - 2 password cipher 123456

2. 配置用户访问服务类型

[server - 1 - aaa] local - user client - 1 service - type ppp

[server - 1 - aaa] local - user client - 2 service - type ppp

[server - 1 - aaa] quit

三、绑定物理接口

[server - 1] interface GigabitEthernet 0/0/1

[server - 1 - GigabitEthernet0/0/1] pppoe - server bind virtual - template 1

[server - 1 - GigabitEthernet0/0/1] quit

server - 2:

<Huawei>system - view

[Huawei] sysname server - 2

一、配置虚拟模板接口

[server - 2] interface Virtual - Template 1

1. 配置服务器 IP 地址

[server - 2 - Virtual - Template1] ip address 119.84.112.254 24

2. 配置为客户机分配远端 IP 地址

[server - 2 - Virtual - Template1] remote address pool pppoe2

3. 配置验证模式（CHAP 或 PAP）

[server - 2 - Virtual - Template1] ppp authentication - mode chap

[server - 2 - Virtual - Template1] quit

4. 建立名为 PPPoE2 的 IP 地址池

[server - 2] ip pool pppoe2

5. 配置 IP 地址池中的 IP 网段

[server - 2 - ip - pool - pppoe2] network 119.84.112.0 mask 24

6. 配置网关地址

[server - 2 - ip - pool - pppoe2] gateway - list 119.84.112.254

[server－2－ip－pool－pppoe2] quit

二、配置用户验证信息

[server－2] aaa

1. 建立用户

[server－2－aaa] local－user client－21 password cipher 123456

[server－2－aaa] local－user client－22 password cipher 123456

2. 配置用户访问服务类型

[server－2－aaa] local－user client－21 service－type ppp

[server－2－aaa] local－user client－22 service－type ppp

[server－2－aaa] quit

三、绑定物理接口

[server－2] interface GigabitEthernet 0/0/1

[server－2－GigabitEthernet0/0/1] pppoe－server bind virtual－template 1

[server－2－GigabitEthernet0/0/1] quit

配置 PPPoE 客户端

client－1：

<Huawei>system－view

[Huawei] sysname client－1

配置虚拟拨号接口

[client－1] interface Dialer 1

封装 PPP 协议

[client－1－Dialer1] link－protocol ppp

获取远端 IP 地址

[client－1－Dialer1] ip address ppp－negotiate

填入用户验证信息

[client－1－Dialer1] ppp chap user client－1

[client－1－Dialer1] ppp chap password cipher 123456

绑定用户虚拟拨号接口

[client－1－Dialer1] dialer user client－1

[client－1－Dialer1] dialer bundle 1

[client－1－Dialer1] quit

绑定物理接口

[client－1] interface GigabitEthernet 0/0/1

[client－1－GigabitEthernet0/0/1] pppoe－client dial－bundle－number 1

[client－1－GigabitEthernet0/0/1]

配置静态路由允许所有流量通过拨号接口发起 PPPoE 会话

[client－1] ip route－static 0.0.0.0 0.0.0.0 Dialer 1

[client－1] quit

client－2：

<Huawei>system－view

[Huawei] sysname client－2

配置虚拟拨号接口

[client－2] interface Dialer 1

封装 PPP 协议

[client－2－Dialer1] link－protocol ppp

获取远端 IP 地址

[client－2－Dialer1] ip address ppp－negotiate

填入用户验证信息

[client－2－Dialer1] ppp chap user client－2

[client－2－Dialer1] ppp chap password cipher 123456

绑定用户虚拟拨号接口

[client－2－Dialer1] dialer user client－2

[client－2－Dialer1] dialer bundle 1

[client－2－Dialer1] quit

绑定物理接口

[client－2] interface GigabitEthernet 0/0/2

[client－2－GigabitEthernet0/0/2] pppoe－client dial－bundle－number 1

配置静态路由允许所有流量通过拨号接口发起 PPPoE 会话

[client－2] ip route－static 0.0.0.0 0.0.0.0 Dialer 1

[client－2] quit

client－21

<Huawei>system－view

[Huawei] sysname client－21

配置虚拟拨号接口

[client－21] interface Dialer 1

封装 PPP 协议

[client－21－Dialer1] link－protocol ppp

获取远端 IP 地址

[client－21－Dialer1] ip address ppp－negotiate

填入用户验证信息

[client - 21 - Dialer1] ppp chap user client - 21

[client - 21 - Dialer1] ppp chap password cipher 123456

绑定用户虚拟拨号接口

[client - 21 - Dialer1] dialer user client - 21

[client - 21 - Dialer1] dialer bundle 1

[client - 21 - Dialer1] quit

绑定物理接口

[client - 21] interface GigabitEthernet 0/0/1

[client - 21 - GigabitEthernet0/0/1] pppoe - client dial - bundle - number 1

[client - 21 - GigabitEthernet0/0/1] quit

配置静态路由允许所有流量通过拨号接口发起 PPPoE 会话

[client - 21] ip route - static 0. 0. 0. 0 0. 0. 0. 0 Dialer 1

[client - 21] quit

client - 22：

<Huawei>system - view

[Huawei] sysname client - 22

配置虚拟拨号接口

[client - 22] interface Dialer 1

封装 PPP 协议

[client - 22 - Dialer1] link - protocol ppp

获取远端 IP 地址

[client - 22 - Dialer1] ip address ppp - negotiate

填入用户验证信息

[client - 22 - Dialer1] ppp chap user client - 22

[client - 22 - Dialer1] ppp chap password cipher 123456

绑定用户虚拟拨号接口

[client - 22 - Dialer1] dialer user client - 22

[client - 22 - Dialer1] dialer bundle 1

[client - 22 - Dialer1] quit

绑定物理接口

[client - 22] interface GigabitEthernet 0/0/2

[client - 22 - GigabitEthernet0/0/2] pppoe - client dial - bundle - number 1

[client - 22 - GigabitEthernet0/0/2] quit

配置静态路由允许所有流量通过拨号接口发起 PPPoE 会话

[client－22] ip route－static 0.0.0.0 0.0.0.0 Dialer 1

[client－22] quit

配置帧中继：

server－1

[server－1] interface Serial 1/0/0

1. 封装帧中继

[server－1－Serial1/0/0] link－protocol fr

2. 禁用自动虚电路标识符绑定

[server－1－Serial1/0/0] undo fr inarp

3. 配置静态虚电路标识符绑定

[server－1－Serial1/0/0] fr map ip 119.84.110.2 100

[server－1－Serial1/0/0] fr map ip 119.84.112.254 100

4. 配置 IP 地址

[server－1－Serial1/0/0] ip address 119.84.110.1 24

[server－1－Serial1/0/0] quit

server－2

[server－2] interface Serial 1/0/0

1. 封装帧中继

[server－2－Serial1/0/0] link－protocol fr

2. 禁用自动虚电路标识符绑定

[server－2－Serial1/0/0] undo fr inarp

3. 配置静态虚电路标识符绑定

[server－2－Serial1/0/0] fr map ip 119.84.110.1 200

[server－2－Serial1/0/0] fr map ip 119.84.111.254 200

4. 配置 IP 地址

[server－2－Serial1/0/0] ip address 119.84.110.2 24

[server－2－Serial1/0/0] quit

配置静态路由

server－1

[server－1] ip route－static 119.84.112.0 24 119.84.110.2

server－2

[server－2] ip route－static 119.84.111.0 24 119.84.110.1

验证结果：客户机之间相互 ping 通，如图 4－19 所示。

```
<Client-1>ping 119.84.112.253
  PING 119.84.112.253: 56  data bytes, press CTRL_C to break
    Reply from 119.84.112.253: bytes=56 Sequence=1 ttl=253 time=160 ms
    Reply from 119.84.112.253: bytes=56 Sequence=2 ttl=253 time=90 ms
    Reply from 119.84.112.253: bytes=56 Sequence=3 ttl=253 time=70 ms
    Reply from 119.84.112.253: bytes=56 Sequence=4 ttl=253 time=80 ms
    Reply from 119.84.112.253: bytes=56 Sequence=5 ttl=253 time=70 ms
<Client-1>ping 119.84.112.252
  PING 119.84.112.252: 56  data bytes, press CTRL_C to break
    Reply from 119.84.112.252: bytes=56 Sequence=1 ttl=253 time=190 ms
    Reply from 119.84.112.252: bytes=56 Sequence=2 ttl=253 time=80 ms
    Reply from 119.84.112.252: bytes=56 Sequence=3 ttl=253 time=90 ms
    Reply from 119.84.112.252: bytes=56 Sequence=4 ttl=253 time=80 ms
    Reply from 119.84.112.252: bytes=56 Sequence=5 ttl=253 time=70 ms
<Client-21>ping 119.84.111.253
  PING 119.84.111.253: 56  data bytes, press CTRL_C to break
    Reply from 119.84.111.253: bytes=56 Sequence=1 ttl=253 time=160 ms
    Reply from 119.84.111.253: bytes=56 Sequence=2 ttl=253 time=100 ms
    Reply from 119.84.111.253: bytes=56 Sequence=3 ttl=253 time=60 ms
    Reply from 119.84.111.253: bytes=56 Sequence=4 ttl=253 time=60 ms
    Reply from 119.84.111.253: bytes=56 Sequence=5 ttl=253 time=80 ms
<Client-21>ping 119.84.111.252
  PING 119.84.111.252: 56  data bytes, press CTRL_C to break
    Reply from 119.84.111.252: bytes=56 Sequence=1 ttl=253 time=70 ms
    Reply from 119.84.111.252: bytes=56 Sequence=2 ttl=253 time=90 ms
    Reply from 119.84.111.252: bytes=56 Sequence=3 ttl=253 time=70 ms
    Reply from 119.84.111.252: bytes=56 Sequence=4 ttl=253 time=70 ms
    Reply from 119.84.111.252: bytes=56 Sequence=5 ttl=253 time=80 ms
```

图 4－19　验证结果

本章小结

在本章中，我们首先了解了广域网的基础知识，包括其设计用途、覆盖范围以及与企业运营和远程通信有关的关键技术特征。广域网是连接不同地理位置局域网的网络系统，通常通过公共网络、卫星通信或者租用的专线实现连接。

接着，我们探讨了 Internet 接入技术，学习了如何将一个组织或家庭网络连接到 Internet。这包括了解不同类型的接入方法，如 DSL、光纤、有线宽带和无线接入等。

为了实现网络的 Internet 连接，我们掌握了使用光猫（光纤调制解调器）连接到 Internet 的技术。光猫是将光信号转换为电信号的设备，允许数据在光纤网络和标准以太网设备之间传输。

此外，我们学习了华为企业路由器的基本配置命令，这是搭建和维护企业网络结构的关键技能。基本配置包括设置系统参数、接口 IP 地址配置以及简单网络管理协议（SNMP）的配置等。

安全远程访问对于网络管理员而言至关重要，因此我们学会了如何通过 SSH 远程登录到华为企业路由器。SSH 提供了一种安全的远程登录方式，确保数据传输的加密和认证。

用户数字认证配置是我们学习的另一个重要方面，它涉及设置认证服务器和客户端之间的认证过程，确保只有授权用户才能访问网络资源。

静态路由和动态路由配置是建立有效路由策略的基础。我们练习了如何配置华为企业路由器的静态路由，这是一种手动设置路径的方法，适用于小型或不太复杂的网络。同时，我们也掌握了动态路由的配置，它利用路由协议自动确定最佳路径，更适合大型或复杂的网络环境。

最后，我们学习了 PPPoE 配置，这是一种广泛用于宽带连接的协议，特别是在需要通过以太网进行身份验证以接入 Internet 的服务场景中。通过 PPPoE 配置，我们能够使路由器通过宽带提供商连接到 Internet。

总之，本章的学习内容涵盖了广域网的基本原理、多种 Internet 接入技术，以及华为企业路由器的关键配置和管理技巧。这些知识为构建、管理和优化现代企业网络提供了坚实的基础。

思考与练习

一、选择题

1. 广域网的特点是什么？（　　）

A. 高速度　　B. 短距离覆盖

C. 连接不同地理位置的网络　　D. 仅限于局域网内通信

2. Internet 接入技术不包括以下哪项？（　　）

A. DSL　　B. 光纤接入　　C. 拨号上网　　D. VPN 隧道

3. 使用光猫连接到 Internet 时，光猫的主要作用是什么？（　　）

A. 将电信号转换为光信号　　B. 将光信号转换为电信号

C. 加密数据传输　　D. 增加网络带宽

4. SSH 远程登录是用来做什么的？（　　）

A. 浏览网页　　B. 进行设备间的文件传输

C. 安全地远程管理网络设备　　D. 发送电子邮件

二、简答题

1. 华为企业路由器的基本配置命令有哪些？

2. 数字用户认证配置在企业网络中的作用是什么？

3. 静态路由配置和动态路由配置有何区别？

4. PPPoE 配置在华为企业路由器中的作用是什么？

第5章 计算机网络系统

计算机网络系统就是利用通信设备和线路将地理位置不同、功能独立的多个计算机系统互联起来，以功能完善的网络软件实现网络中资源共享和信息传递的系统。通过计算机的互联，实现计算机之间的通信，从而实现计算机系统之间的信息、软件和设备资源的共享以及协同工作等功能，其本质特征在于实现计算机之间各类资源的高度共享，便捷地交流信息和交换思想。

【本章内容提要】

了解网络通信协议和网络软件的分类；

了解和掌握计算机网络操作系统的分类和服务器的架设；

了解和掌握 Linux 操作系统的特点和安装。

5.1 网络软件

网络软件一般是指系统的网络操作系统、网络通信协议和应用级提供网络服务功能的专用软件。

在计算机网络环境中，网络软件指的是用于支持数据通信和各种网络活动的软件。连接到计算机网络的系统，通常根据系统本身的特点、能力和服务对象，配置不同的网络应用系统。其目的是让本机用户共享网络中其他系统的资源，或是将本机系统的功能和资源提供给网络中其他用户使用。为此，每个计算机网络都制定一套全网共同遵守的网络协议，并要求网络中每个主机系统配置相应的协议软件，以确保网络中不同系统之间能够可靠、有效地相互通信和合作。

5.1.1 网络操作系统

网络操作系统是用于管理网络软、硬件资源，提供简单网络管理服务的系统软件。常见的网络操作系统有 UNIX、NetWare、Windows NT、Linux 等。UNIX 是一种强大的分时操作系统，以前在大型机和小型机上使用，已经向 PC 过渡。UNIX 支持

TCP/IP，安全性、可靠性强，缺点是操作复杂。常见的UNIX操作系统有SUN公司的Solaris、IBM的AIX、HP公司的HP-UX等。NetWare是Novell公司开发的早期局域网操作系统，使用IPX/SPX协议，截至2011年最新版本NetWare 5.0也支持TCP/IP，安全性、可靠性较强，其优点是具有NDS目录服务，缺点是操作较复杂。Windows NT是微软公司为解决PC做服务器而设计的，操作简单方便，缺点是安全性、可靠性较差，适用于中小型网络。Linux是一个免费的网络操作系统，源代码完全开放，是UNIX的一个分支，内核基本和UNIX一样，具有Windows NT的界面，操作简单，缺点是应用程序较少。

5.1.2 网络通信协议

网络通信协议是网络中计算机交换信息时的约定，它规定了计算机在网络中互通信息的规则。互联网采用的协议是TCP/IP，该协议截至2011年是应用最广泛的协议，其他常见的协议还有Novell公司的IPX/SPX等。

计算机网络大多按层次结构模型来组织计算机网络协议。IBM的系统网络体系结构SNA由物理层、数据链路控制层、通信控制层、传输控制层、数据流控制层、表示服务层和最终用户层等七层组成。影响最大、功能最全、发展前景最好的网络层次模型，是国际标准化组织所建议的“开放系统互连”基本参考模型。它由物理层、数据链路层、网络层、传输层、会话层、表示层和应用层等七层组成。就其整体功能来说，可以把OSI网络体系模型划分为通信支撑平台和网络服务支撑平台两部分。通信支撑平台由OSI底四层（即物理层、数据链路层、网络层和传输层）组成，其主要功能是向高层提供与通信子网特性无关的、可靠的、端到端的数据通信功能，用于实现开放系统之间的互连与互通。网络服务支撑平台由OSI高三层（即会话层、表示层和应用层）组成，其主要功能是向应用进程提供访问OSI环境的服务，用于实现开放系统之间的互操作。应用层又进一步分成公共应用服务元素和特定应用服务元素两个子层。前者提供与应用性质无关的通用服务，包括联系控制服务元素、托付与恢复、可靠传送服务元素、远程操作服务元素等；后者提供满足特定应用要求的各种能力，包括报文处理系统、文件传送、存取与操作、虚拟终端、作业传送与操作、远程数据库访问等。其用于向网络用户和应用系统提供良好的运行环境和开发环境，主要功能包括统一界面管理、分布式数据管理、分布式系统访问管理、应用集成以及一组特定的应用支持，如电子数据交换（EDI）、办公文件体系（ODA）等。

5.1.3 网络分类

计算机网络分为用户实体和资源实体两种基本形式。用户实体（如用户程序和终端等）以直接或间接方式与用户相联系，反映用户所要完成的任务和服务请求，资源实体（如设备、文件和软件系统等）与特定的资源相联系，为用户实体访问相应的资源提供服务。网络中各类实体通常按照共同遵守的规则和约定彼此通信、相互合作，完成共同关心的任务。这些规则和约定称为计算机网络协议（简称网络协议），网络协议通常由语义、语法和变换规则三部分组成。语义规定了通信双方准备“讲什么”，即确定协议元素的类型；语法规定通信双方“如何讲”，即确定协议元素的格式；变换规则用以规定通信双方的“应答关系”，即确定通信过程中的状态变化，通常可用状态变化图来描述。

5.1.4 软件分类

网络软件包括通信支撑平台软件、网络服务支撑平台软件、网络应用支撑平台软件、网络应用系统、网络管理系统以及用于特殊网络站点的软件等。从网络体系结构模型不难看出，通信软件和各层网络协议软件是这些网络软件的基础和主体。

1. 通信软件

通信软件是指用于监督和控制通信工作的软件。它除了作为计算机网络软件的基础组成部分外，还可用作于计算机与自带终端或附属计算机之间实现通信的软件。通信软件通常由线路缓冲区管理程序、线路控制程序以及报文管理程序组成。报文管理程序通常由接收、发送、收发记录、差错控制、开始和结束六个部分组成。

2. 协议软件

协议软件是网络软件的重要组成部分，按网络所采用的协议层次模型（开放系统互连基本参考模型）组织而成。除物理层外，其余各层协议大都由软件实现。每层协议软件通常由一个或多个进程组成，其主要任务是执行相应层协议所规定的功能，以及与上、下层的接口功能。

3. 应用系统

根据网络的组建目的和业务发展情况，研制、开发或购置应用系统。其任务是实现网络总体规划所规定的各项业务，提供网络服务和实现资源共享。网络应用系统有通用和专用之分。通用网络应用系统适用于较广泛的领域和行业，如数据采集系统、数据转发系统和数据库查询系统等。专用网络应用系统只适用于特定的行业和领域，如银行核算、铁路控制、军事指挥等。一个真正实用的、具有较大效益的计算机网络，除了配置上述各种软件外，通常还应在网络协议软件与网络应用系统之间，建立一个完善的网络应用支撑平台，为网络用户创造一个良好的运行环境和开发环境。功能较强的计算机网络通常还设立一些负责全网运行工作的特殊主机系统（如网络管理中心、控制中心、信息中心、测量中心等）。对于这些特殊的主机系统，除了配置各种基本的网络软件外，还要根据它们所承担的网络管理工作编制有关的特殊网络软件。

5.1.5　安全问题

（1）网络软件的漏洞及缺陷被利用，使网络遭到入侵和破坏。

（2）网络软件安全功能不健全或被安装了“特洛伊木马”软件。

（3）应加强安全措施的软件可能未给予标识和保护，要害的程序可能没有安全措施，使软件被非法使用、被破坏或产生错误的结果。

（4）未对用户进行分类和标识，使数据的存取未受到限制或控制，而被非法用户窃取或非法处理。

（5）错误地进行路由选择，为一个用户与另一个用户之间的通信选择了不合适的路径。

（6）拒绝服务，中断或妨碍通信，延误对时间要求较高的操作。

（7）信息重播，即把信息记录下来准备过一段时间后重播。

（8）对软件更改的要求没有充分理解，导致软件缺陷。

（9）没有正确的安全策略和安全机制，缺乏先进的安全工具和手段。

（10）不妥当的标定或资料，导致所改的程序出现版本错误。如程序员没有保存程序变更的记录；没有做备份；未建立保存记录的机制。

5.1.6　研究方向

在计算机网络软件方面受到重视的研究方向有：全网界面一致的网络操作系统，不同类型计算机网络的互连（包括远程网与远程网、远程网与局域网、局域网与局域网），网络协议标准化及其实现，协议工程（协议形式描述、一致性测试、自动生成等），网络应用体系结构和网络应用支撑技术研究等。

5.2　计算机网络操作系统

5.2.1　简介

NOS与运行在工作站上的单用户操作系统（如Windows系列）或多用户操作系统（UNIX、Linux）由于提供的服务类型不同而有差别。一般情况下，NOS是以使网络相关特性达到最佳为目的的，如共享数据文件、软件应用，以及共享硬盘、打印机、调制解调器、扫描仪和传真机等。一般计算机的操作系统，如DOS和OS/2等，其目的是让用户与系统及在此操作系统上运行的各种应用之间的交互作用最佳。

为防止同时有一个以上的用户对文件进行访问，一般网络操作系统都具有文件加锁功能。如果系统没有这种功能，用户将不能正常工作。文件加锁功能可跟踪使用中的每个文件，并确保一次只能有一个用户对其进行编辑。文件也可由用户的口令加锁，以维持专用文件的专用性。

NOS还负责管理LAN用户和LAN打印机之间的连接。NOS总是跟踪每一台可供使用的打印机，以及每个用户的打印请求，并对如何满足这些请求进行管理，使每个终端用户感到所操作的打印机犹如与其计算机直接相连。

由于网络计算的出现和发展，现代操作系统的主要特征之一就是具有上网功能。因此，除了在20世纪90年代初期，Novell公司的NetWare等系统被称为网络操作系统之外，人们一般不再特指某个操作系统为网络操作系统。

5.2.2 模式分类

1. 集中模式

集中式网络操作系统是由分时操作系统加上网络功能演变而来的。系统的基本单元由一台主机和若干台与主机相连的终端构成，信息的处理和控制是集中的。UNIX就是这类系统的典型。

2. 客户机/服务器模式

这种模式是最流行的网络工作模式。服务器是网络的控制中心，并向客户机提供服务。客户机是用于本地处理和访问服务器的站点。

3. 对等模式

采用这种模式的站点都是对等的，它们既可以作为客户端访问其他站点，又可以作为服务器向其他站点提供服务。这种模式具有分布式处理和分布式控制的功能。

5.2.3 LAN中的网络操作系统分类

1. Windows类

对于这类操作系统，相信用过电脑的人都不会陌生，这是全球最大的软件开发商——Microsoft（微软）公司开发的。微软公司的Windows系统不仅在个人操作系统中占有绝对优势，在网络操作系统中也具有非常强劲的实力。这类操作系统在整个局域网配置中是最常见的，但由于它对服务器的硬件要求较高，且稳定性不是很高，所以微软的网络操作系统一般只用于中低档服务器中，高端服务器通常采用UNIX、Linux或Solaris等非Windows操作系统。在局域网中，微软的网络操作系统主要有Windows NT 4.0 Server、Windows Server 2000/Advanced Server，以及最新的Windows Server 2003/Advanced Server等，工作站系统可以采用任一Windows或非Windows操作系统，包括个人操作系统，如Windows 9x/ME/XP等。

在整个Windows网络操作系统中，最为成功的还是Windows NT4.0这一套系统，它几乎成为中、小型企业局域网的标准操作系统。一是它继承了Windows家族统一的界面，使用户学习、使用起来更加容易；二是它的功能的确比较强大，基本上能满足中小型企业的各项网络需求。虽然相比 Windows Server 2000/2003 系统来说在功能上要逊色许多，但它对服务器的硬件配置要求低许多，可以更大程度上满足许多中小企业的 PC 服务器配置需求。

（1）Windows Server 2003。

1）发展历程。2003 年 4 月 15 日，微软公司正式发布了 Windows Server 2003，如图 5-1 所示。

图 5-1　Windows Server 2003

2003 年 4 月 24 日，Windows Server 2003 正式发售。

2015 年 7 月 14 日，微软公司结束了对 Windows Server 2003 的支持。

2017 年 5 月，针对“永恒之蓝”病毒，微软公司向 Windows Server 2003 推送了补丁。

2）系统功能。

① Windows Driver Protection。Windows Server 2003 中的 Windows Driver Protection 功能可以防止安装被指出存在故障的驱动程序，并提示用户更新到升级版本。

② Driver Rollback。在 Windows Server 2003 中，Driver Rollback 功能的作用是当存在缺陷的驱动程序产生错误时可以较迅速地修复 Windows Server 2003。

3）日志记录。在 Windows Server 2003 中，只要用户开启日志记录，就能查看谁在访问什么内容；偶尔检查日志以发现是否有入侵迹象。用户还可以启用警报，以警告其他用户有关服务器的任何安全漏洞，这样用户就能更快地解决安全漏洞。

4）备份功能。在 Windows Server 2003 中，如果出现某种软件故障或硬件故障，用户之前手动进行的备份将能够被恢复。

5）限制对 Internet 的访问与隔离。在 Windows Server 2003 中，一种有效的安全措施是在使用 Windows Server 2003 时限制对 Internet 的访问；确保所有未使用的端口保持关闭，同时，服务器需要尽可能地与网络的其余部分隔离开来。

6）系统评价。Windows Server 2003 是微软公司发布的性能较强、质量较高的 Windows Server 操作系统，它提供高度集成的服务器组件，能使客户将 IT 基础设施的运行效率提高 30%，通过新制定的、包括全面逐行审查代码在内的严格测试程序；Windows Server 2003 比上一代的 Windows 2000 更加强化了可靠性与生产力。

Windows Server 2003 非常易于使用。精简的新向导简化了特定服务器角色的安装和例行服务器管理任务，从而使即便是没有专职管理员的服务器，管理起来也很简单。

（2）Windows NT 4.0。

1）系统简介。虽然其稳定性高于 Windows 95，然而以个人电脑而言，操作界面稍微缺乏弹性。其系统稳定性归功于将硬件资源虚拟化，软件必须通过系统的 API 函数来使用硬件资源，而不像 DOS 以及 Windows 95（包括稍后的版本）时期直接由软件进行控制。但稳定的代价是利用 API 函数进行操作所需要的步骤远比直接操作硬件资源多，因此造成硬件需求广泛的程序（如游戏）执行上缓慢许多。许多以 Win32 API 函数开发的程序可以在 Windows 95 以及 Windows NT 4.0 上运行，但当时的主流 3D 游戏则因为后者对 DirectX 的支持有限，而无法运行。

Windows NT 4.0 如图 5－2 所示。在进行维护和管理工作时，用户界面比起 Windows 95 不太友好，例如，对于电脑的硬件没有“设备管理器”。

NT 与“9x”的分界线直到 Windows 2000 操作系统的问世后才消失，原因包括游戏使用的 API 函数：诸如 OpenGL 以及 DirectX 已经成熟到有足够的运行效率，并且加上硬件本身也有足够的性能，才能够以可接受的速度运行 API 函数。

2004 年 12 月 31 日，微软终止了所有关于 Windows NT 4.0 的服务支持，然而到 2014 年 4 月，尽管微软希望他们的客户可以换成新版本，但依然有许多企业和组织继续使用旧设备持续稳定地使用该系统。

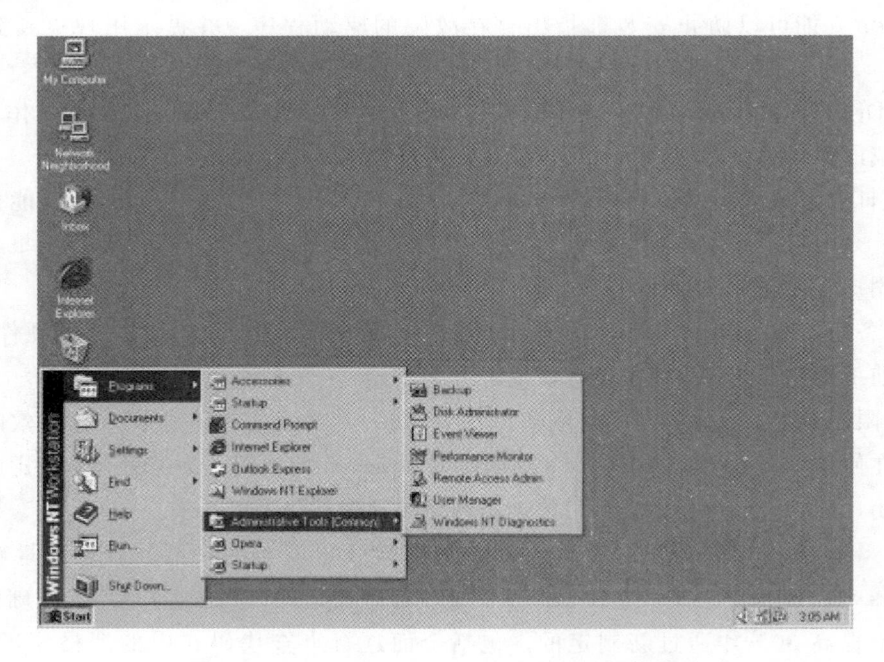

图 5－2　Windows NT 4.0 Workstation 开始菜单

值得注意的是，无论是工作站还是服务器版本的 Windows NT 4.0 均使用 Windows 95 的用户界面外壳接口，包括 Windows Shell、Windows 资源管理器（被称为 Windows NT 资源管理器），以及使用“我的”命名法（如我的文档、我的电脑）。

服务器版本的 Windows NT 4.0 内置了网页服务器 IIS 2.0，并且直接支持 Microsoft Front Page（用于撰写和管理网站的应用程序）的外挂插件（Plugin）以及延伸资源（Extension）。

此版本另一个重要的特点是针对网络应用程序提供了 Microsoft Transaction Server 和 Microsoft Message Queuing（MSMQ），提高了通信能力。

与之前版本的明显差异在于，Windows NT 将 Graphics Device Interface（GDI）并入系统核心以提升图形用户界面（GUI）的效率，使得系统效率与 Windows NT 3.51 相比有显著的进步，不过这也导致图形驱动程序必须放在核心中，造成潜在的稳定性问题。

Windows NT 4.0 的缺点是缺乏对 Direct 3D 和 USB 的支持。这个问题在之后的 NT 系统版本中（例如 Windows 2000）得到了解决。也有第三方厂商开发了通用驱动程序，为 Windows NT 4.0 提供 DirectX 与 USB 的支持。

2）安全性。Windows NT 4.0 对于安全性问题 MS03－010 并没有任何更新。原因是微软宣称："基于 Windows NT 4.0 和 Windows 2000 的一些基本差异，为了修正此错误而重新编译 Windows NT 4.0 是不可能的，因为这需要重新构建 Windows NT 4.0 操作系统，而不是仅仅修改受影响的 RPC 组件。这种规模的系统更新将不能保证原本为 Windows NT 4.0 设计的程序能够继续在更新后的系统上运行。"

作为替代方案，微软建议 Windows NT 4.0 用户安装防火墙并关闭 135 端口以保护他们的系统。

2004 年 12 月 31 日，微软终止了对 Windows NT 4.0 包括安全更新在内的所有技术支持。因此，微软建议 Windows NT 4.0 客户升级为更新、更安全的 Windows 操作系统，例如 Windows 2000 或者 Windows Server 2003。

2. NetWare 类

（1）简介。NetWare 操作系统虽然远不如早几年那么风光，在局域网中早已失去了当年雄霸一方的气势，但是 NetWare 操作系统仍以对网络硬件的要求较低（工作站只要是 286 机就可以了）而受到一些设备比较落后的中、小型企业，特别是学校的青睐。人们一时还忘不了它在无盘工作站组建方面的优势，还忘不了它那毫无过分需求的大度。因为它兼容 DOS 命令，其应用环境与 DOS 相似，经过长时间的发展，具有相当丰富的应用软件支持，技术完善、可靠。目前常用的版本有 3.11、3.12 和 4.10、V4.11，V5.0 等中英文版本，而主流的是 NetWare 5 版本，支持所有的重要台式操作系统（DOS，Windows，OS/2，UNIX 和 Macintosh）以及 IBM SAA 环境，为需要在多厂商产品环境下进行复杂的网络计算的企事业单位提供了高性能的综合平台。NetWare 是具有多任务、多用户的网络操作系统，它的较高版本提供系统容错能力（SFT）。使用开放协议技术（OPT），各种协议的结合使不同类型的工作站可与公共服务器通信。这种技术满足了广大用户在不同种类网络间实现互相通信的需要，实现了各种不同网络的无缝通信，即把各种网络协议紧密地连接起来，可以方便地与各种小型机、中大型机连接通信。NetWare可以不用专用服务器，任何一种PC机均可作为服务器。NetWare服务器对无盘站和游戏的支持较好，常用于教学网和游戏厅。

（2）组成。NetWare操作系统以文件服务器为中心，主要由三个部分组成：文件服务器内核、工作站外壳、低层通信协议。

文件服务器内核实现了NetWare的核心协议（NetWare Core Protocol，NCP），并提供了NetWare的核心服务。文件服务器内核负责处理网络工作站的服务请求，完成以下几种网络服务与管理任务：

内核进程服务；

文件系统管理；

安全保密管理；

硬盘管理；

系统容错管理；

服务器与工作站的连接管理；

网络监控。

（3）安全机制。NetWare的网络安全机制要解决以下几个问题：限制非授权用户注册网络并访问网络文件；防止用户查看他不应该查看的网络文件；保护应用程序不被复制、删除、修改、窃取；防止用户因误操作而删除或修改不应该修改的网络文件。NetWare操作系统提供了四级安全保密机制：

注册安全性；

用户信任者权限；

最大信任者权限屏蔽；

目录与文件属性。

（4）常用协议。

1）IPX。互联网分组交换协议（Internetwork Packet Exchange Protocol）。其为第三层路由选择和网络协议。当某设备与不同网络的本地机建立通信连接时，IPX通过任意中间网络向目的地发送信息。IPX类似于TCP/IP协议组中的IP协议。

2）SPX。序列分组交换协议（Sequenced Packet Exchange Protocol）。传输层（第四层）控制协议，提供可靠的、面向连接的数据报传输服务。SPX类似于TCP/IP协议组中的TCP协议。

3）NCP。网络核心协议（Network Core Protocol）是一组服务器规范，主要用于实现诸如来自NetWare工作站外壳的应用程序请求。NCP提供的服务包括文件访问、打印机访问、名字管理、计费、安全性以及文件同步性。

4）NetBIOS。网络基本输入输出系统（NetBIOS：Network Basic Input/Output System），由IBM和微软公司提供会话层接口规范。NetWare公司推出的NetBIOS仿

真软件支持在 NetWare 系统上运行基于工业标准 NetBIOS 接口的程序。

（5）应用层服务。NetWare 信息处理服务（NetWareMHS：NetWare Message Handling Service）、Btrieve、NetWare 可加载模块（NLMs：NetWare Loadable Modules）以及各种 IBM 连接特性。NetWare MHS 是一种支持电子邮件传输的信息传送系统。Btrieve 是 Novell 用以实现二进制树型（B－tree）数据库的访问机制。NLMs 用于向 NetWare 系统添加模块。当前，Novell 和第三方支持 NLMs 改变协议栈、通信、数据库等众多服务。在 NetWare 5.0 中，所有 Novell 网络服务都能运行在 TCP/IP 上。其中的 IPX 和 SPX 属于 Novell 遗留的网络和传输层协议。

3. UNIX 系统

（1）特点。UNIX 系统在计算机操作系统的发展史上占有重要的地位。它确实对已有技术不断进行了精细、谨慎而有选择的继承和改造，并且，在操作系统的总体设计构想等方面有所发展，才使它获得如此大的成功。UNIX 系统的主要特点表现在以下几个方面：

UNIX 系统在结构上分为核心程序（Kernel）和外围程序（Shell）两部分，而且两者有机结合成为一个整体。核心部分承担系统内部的各个模块的功能，即处理机和进程管理、存储管理、设备管理和文件系统。核心程序的特点是精心设计、简洁精干，只需占用很小的空间而常驻内存，以保证系统高效率运行。外围部分包括系统的用户界面、系统实用程序以及应用程序，用户通过外围程序使用计算机。

UNIX 的内核 Kernel 是操作系统的枢纽，它为程序分配时间和内存，处理文件存储和响应系统调用的通信。Shell 作为用户和内核之间的接口。当用户登录时，登录程序检查用户名和密码，然后启动另一个称为 Shell 的程序。Shell 是一个命令行解释器(Command Line Interpreter，CLI)。它解释用户输入的命令，并安排它们被执行。这些命令本身就是程序：当它们终止时，Shell 会给用户另一个提示。

UNIX 系统提供了良好的用户界面，具有使用方便、功能齐全、清晰而灵活、易于扩充和修改等特点。UNIX 系统的使用有两种形式：一种是操作命令，即 Shell 语言，是用户可以通过终端与系统进行交互的界面；另一种是面向用户程序的界面，它不仅在汇编语言中，而且在 C 语言中向用户提供服务。

UNIX 系统的文件系统是树型结构。它由基本文件系统和若干个可装卸的子文件系统组成，既能扩大文件存储空间，又有利于安全和保密。

UNIX 系统将文件、文件目录和设备统一处理。它将文件视为不分任何记录的字符流，进行顺序或随机存取，并使得文件、文件目录和设备具有相同的语法、语义和相同的保护机制，这样既简化了系统设计，又便于用户使用。

UNIX 系统包含非常丰富的语言处理程序、实用程序和开发软件用的工具性软件，为用户提供了相当完备的软件开发环境。

UNIX 系统的绝大部分程序是用 C 语言编写的，只有约占 5%的程序用汇编语言编写。C语言是一种高级程序设计语言，它使得UNIX系统易于理解、修改和扩充，并且具有非常好的移植性。

UNIX系统还提供了进程间的简单通信功能。

UNIX中的所有东西要么是文件，要么是进程。进程是一个执行中的程序，由一个唯一的PID（进程标识符）来识别；文件是数据的集合。它们是由用户使用文本编辑器、运行编译器等创建的。

（2）功能模块。操作系统要管理计算机系统的硬件资源和软件资源，以便为用户所使用。硬件资源一般指CPU（中央处理器）、存储器（内存和外存）、外部设备等。软件资源是指系统程序和数据，即操作系统、系统实用程序及应用软件，以及用户的程序和数据，它们都以文件的方式被存放在存储器中。操作系统由若干个功能模块有机地联系在一起，协调地进行工作。这些模块包括：处理器和进程管理模块、存储管理模块、设备管理模块、文件系统和用户界面。

1）处理器和进程管理模块。由于处理器是计算机中关键的资源，进程的执行与CPU密切相关，因此处理器和进程管理模块可简称为进程管理模块。确定哪些作业将调入内存运行和完成运行后撤出内存的工作称为作业调度。如何控制一个作业在运行阶段的三个状态间的转换称为进程调度。因此，如何充分发挥资源的利用率，使响应时间短，使各用户作业等待执行的时间最短，是制定相应的作业调度算法和进程调度算法的原则。只是在不同的操作系统中，对以上目标有不同的着重点，因此调度算法也就有所不同。

2）存储管理模块。存储管理是对作业从进入就绪状态到运行结束所使用的存储器（包括内存和外存）进行管理。可以将存储管理模块的任务分为存储分配、地址映射和内存保护三部分。

① 存储分配。一个程序在编译和链接后，得到一个称为内存映像的文件。该文件描述了这个程序在运行时所需要的内存大小，其中包括代码和数据区的地址。这些地址称为逻辑地址，并以首地址为参考地址。每当一个作业被调入内存，进入就绪状态，存储管理模块就要根据可利用的内存空间与作业所需的内存进行计算，给该作业分配相应的内存空间。

② 地址映射。将一个作业装入内存，意味着一个进程将被创建。存储管理模块会把该作业的映像文件首地址（为零）对准内存中进程的首地址。这个进程的首地址或起始地址是内存中的物理地址，称为基址（Base Address）。映像文件的逻辑地址加上基址，得到内存中的地址值均为物理地址。计算逻辑地址到物理地址的转换工作称为地址映射。映像中所有的逻辑地址都可转换为物理地址。

③ 内存保护。内存空间总是被若干个进程共享，其中包括操作系统本身常驻在内存中的那一部分。内存保护的任务是对内存空间中已划分出的区域，了解它们各属于哪些进程，并且知道每个进程有权访问的区域。每当一个进程在执行过程中需要访问

某个地址时，存储管理模块就要检查一下这个进程是否有权访问这个物理地址。通常，每个进程在内存中的区域是该进程可以访问的合法地址。如果访问的地址落在该进程的区域之外，即产生非法访问。一旦遇到非法访问，内存保护就要拒绝访问，并进行出错处理。

3）设备管理模块。外部设备包括文件存储介质，例如磁盘、磁带、光盘、硬盘等输入输出设备，字符终端、图形终端、各种打印机、绘图仪、显示器等；专用的输入输出设备，例如数据采集仪、图像摄入装置、音频输入输出设备等。

设备管理模块的任务是为用户提供方便和统一的界面，并根据作业对设备的申请，合理地分配这些资源，根据设备的性能和作用对设备进行分类，再用不同的驱动程序去驱动这些设备工作，以提高设备的效率。

4）文件系统。文件系统又可称为信息管理模块，或者文件管理模块，主要负责对软件资源的管理。所有的软件资源都以文件的形式存放在存储介质中，并以文件为单位，在计算机中传递信息。因此，文件被定义为一组相关信息元素的集合。所有的文件在计算机中形成一个文件系统，虽然与操作系统的一个管理模块同名，但由于它们出现的场合及上下文不同，通常是可以区分的。

5）用户界面。用户界面（User Interface）又称为用户接口。用户通过用户接口使用操作系统。良好的用户接口将使用户感受到操作系统的友好和方便。用户接口通常包括作业控制语言、操作语言和系统调用。

（3）UNIX 标准化。

1）ISO C。1989 年下半年，C 程序设计语言的 ANSI 标准 X3.159－1989 得到批准。此标准被采纳为国际标准 ISO/IEC 9899：1990。ANSI 是美国国家标准学会（American National Standards Institute）的缩写，它是国际标准化组织（International Organization for Standardization，ISO）中代表美国的成员。IEC 是国际电工委员会（International Electrotechnical Commission）的缩写。

ISO C 标准由 ISO/IEC 的 C 程序设计语言国际标准工作组维护和开发。ISO C 标准的意图是提供 C 程序的可移植性，使其能适用于大量不同的操作系统，而不仅仅适合 UNIX 系统。此标准不仅定义了 C 程序设计语言的语法和语义，还定义了其标准库。

1999 年，ISO C 标准被更新，并被批准为 ISO/IEC 9899：1999，它显著改善了对进行数值处理的应用软件的支持。除了对某些函数原型增加了关键字 restrict 外，这种改变并不影响本书中描述的 POSIX 接口。restrict 关键字告诉编译器，哪些指针引用是可以优化的，其方法是指出指针引用的对象在函数中只通过该指针进行访问。

自 1999 年以来，人们已经公布了三个技术勘误来修正 ISO C 标准中的错误，分别在 2001 年、2004 年和 2007 年公布。如同大多数标准一样，在批准标准和修改软件使其符合标准之间有一段时间延迟。随着供应商编译系统的不断演化，对最新 ISO C 标准的支持也就越来越多。

2）IEEE POSIX。POSIX 是一个最初由 IEEE（Institute of Electrical and Electronics Engineers，电气与电子工程师学会）制定的标准族。POSIX 指的是可移植操作系统接口（Portable Operating System Interface）。它原来指的只是 IEEE 标准 1003.1—1988（操作系统接口），后来则扩展成包括很多标记为 1003 的标准及标准草案。

3）SUS。Single UNIX Specification（SUS，单一 UNIX 规范）是 POSIX.1 标准的一个超集，它定义了一些附加接口，扩展了 POSIX.1 规范提供的功能。POSIX.1 相当于 Single UNIX Specification 中的基本规范部分。

POSIX.1 中的 X/Open 系统接口（X/Open System Interface，XSI）选项描述了可选的接口，也定义了遵循 XSI（XSI Conforming）的实现必须支持 POSIX.1 的哪些可选部分。这些必须支持的部分包括：文件同步、线程栈地址和长度属性、线程进程共享同步以及 XOPEN _ _ UNIX 符号常量。只有遵循 XSI 的实现才能称为 UNIX 系统。

4）FIPS。FIPS 代表的是联邦信息处理标准（Federal Information Processing Standard），这一标准是由美国政府发布的，并由美国政府用于计算机系统的采购。FIPS151-1（1989 年 4 月）基于 IEEE 标准 1003.1—1988 及 ANSIC 标准草案。此后是 FIPS151-2（1993 年 5 月），它基于 IEEE 标准 1003.1—1990。在 POSIX.1 中列为可选的某些功能，在 FIPS151-2 中是必需的。所有这些可选功能在 POSIX.1—2001 中已成为强制性要求。

（4）UNIX 版本。

1）Open Solaris。在 UNIX 的各发行版中，Open Solaris 是唯一一个由商业版转为开源代码的个例。

2）Oracle Solaris。在 UNIX 商业版中，Solaris 是一个非常优秀的操作系统。

3）IBM AIX。AIX（Advanced Interactivee Xecutive）是 IBM 所有的 UNIX 操作系统。AIX 源自 System V Release 3，运行在 IBM 的 Power PC 硬件架构之上。

4）HP-UX。HP-UX（Hewlett Packard UNIX）是美国惠普公司在 System V 的基础上开发的 UNIX 操作系统。

5）UNIX V6。1975 年发布的 UNIX V6 是一个比较成熟的版本，贝尔实验室免费向美国各大学提供该版本，并开始广泛地配备于各大学的 PDP-11 系列计算机上。1977 年，UNIX 首次被移植到非 PDP 类型的计算机上。

6）BSD UNIX。除了贝尔实验室外，另一个使用比较广泛的 UNIX 版本是美国加州大学伯克利分校开发的 BSD UNIX，该版本被大量安装在 SUN 工作站上。1993 年推出了 4.4BSD 版本。BSD 是网络的主要平台，为 DARPA 的 TCP/IP 提供了支持，其中的网络文件系统（NFS）提供了与许多计算机种类的连接，NFS 及 AT&T 开发的远程文件共享（RFS）使 UNIX 系统在网络支持方面保持领先地位。

7）Solaris。Solaris 曾是使用最广泛、最成功的商业 UNIX 实现版本。Sun 公司的操作系统最初叫作 Sun OS，主要基于 BSD UNIX 版本。

8）SCO UNIX（x86）。它是 SVR3.2，影响较大的 PC UNIX。

9）Ultrix（DEC）。它是基于 4.2BSD 并加入了许多 4.3BSD 特性的操作系统。

10）Xenix（x86）。它是运行在 Intel 硬件平台上的 UNIX 系统，以 SVR2 为基础。

目前常用的 UNIX 系统版本主要有 UNIX SUR4.0、HP - UX 11.0，Sun 的 Solaris8.0 等。它们支持网络文件系统服务，提供数据等应用，功能强大，由 AT&T 和 SCO 公司推出。这种网络操作系统的稳定性和安全性能非常好，但由于它多数是以命令方式进行操作的，不容易掌握，特别是对初级用户而言。正因如此，小型局域网基本不使用 UNIX 作为网络操作系统，UNIX 一般用于大型的网站或大型的企事业局域网中。UNIX 网络操作系统历史悠久，其良好的网络管理功能已为广大网络用户所接受，并拥有丰富的应用软件支持。目前 UNIX 网络操作系统的版本有 AT&T 和 SCO 的 UNIXSVR3.2、SVR4.0 和 SVR4.2 等。UNIX 本是针对小型机主机环境开发的操作系统，是一种集中式分时多用户体系结构。因其体系结构不够合理，UNIX 的市场占有率呈下降趋势。

4. Linux

Linux 的起源可以追溯到古老的 UNIX 系统。正因为受到了 UNIX 的影响，才诞生了 Linux。Linux 继承了 UNIX 的许多优良传统，例如强大的网络功能、完善的命令以及良好的健壮性与稳定性。无论是从外观上，还是从功能上，UNIX 与 Linux 都是非常相似的。例如，UNIX 的大部分常用命令都可以在 Linux 中找到相应的命令。另外，Linux 同样是一个遵循 POSIX 标准的操作系统。因此，许多 UNIX 上的应用可以非常方便地移植到 Linux 上。同样，Linux 上的应用也可以非常方便地转移到 UNIX 上。

这是一种新型的网络操作系统，它最大的特点就是源代码开放，可以免费获得许多应用程序。目前也有中文版本的 Linux，如 Red Hat（图 5 - 3）、红旗 Linux（图 5 - 4）等。它在国内得到了用户充分的肯定，主要体现在它的安全性和稳定性方面，它与 UNIX 有许多类似之处。但目前这类操作系统仍主要应用于中、高档服务器中。

图 5 - 3　redhat 操作系统界面

图 5 - 4　红旗操作系统启动界面

总的来说，对特定计算环境的支持使得每一个操作系统都有适合自己的工作场合，这就是系统对特定计算环境的支持。例如，Windows 2000 Professional 适用于桌面计算机，Linux 目前较适用于小型网络，而 Windows 2000 Server 和 UNIX 则适用于大型服务器应用程序。因此，对于不同的网络应用，需要我们有目的地选择合适的网络操作系统。

5.2.4 网络服务器的架设

1. 客户端与服务器

客户端与服务器又称为主从式架构（Client/Server），基本的架构为：客户端，用户将所需的数据通过网络联系服务器，服务器收到消息后，搜索数据库内与其相符的数据，再通过网络回应给客户端。所有的需求都须经过网络，所以网络在主从式架构中扮演着重要的角色。

2. 点对点技术

点对点（Peer to Peer）又称非中心化网络，每台电脑既是客户端也是服务器，拥有平等的地位。此技术最大的特性就是资源共享。一般来说，在网络上同一个文件下载的人越多就越难下载，因为服务端的流量是固定的，导致供不应求，但是 P2P 通过访问电脑上的带宽，在下载文件的同时利用未使用的上传带宽分享文件，下载的人越多则速度越快。

3. 动手实践：服务器搭建（图 5－5）

第一部分：准备工作。

（1）确定服务器类型：根据需求选择合适的服务器类型，如网站服务器、数据库服务器、文件服务器等。

图 5－5　网络结构示意图

（2）选择操作系统：根据服务器类型选择合适的操作系统，如 Linux（如 Ubuntu、CentOS）、Windows Server 等。

（3）硬件要求：了解服务器的硬件要求，包括处理器、内存、存储容量、网络接口等。

（4）网络环境：确保服务器所在的网络环境稳定，并具备足够的带宽和网络接入方式。

第二部分：服务器搭建步骤。

（1）安装操作系统：根据选择的操作系统，按照官方文档或指南进行安装。可以通过光盘、USB 驱动器或远程安装等方式进行操作系统的安装。

（2）配置网络设置：根据网络环境配置服务器的网络设置，包括 IP 地址、子网掩码、网关等。

（3）安装必要的软件：根据服务器用途安装必要的软件，如 Web 服务器（如 Apache、Nginx）、数据库服务器（如 MySQL、PostgreSQL）等。

（4）配置安全设置：加强服务器的安全性，包括设置防火墙、更新操作系统和软件补丁、设置用户访问权限等。

（5）数据备份与恢复：建立有效的数据备份和恢复机制，确保数据的安全性和可靠性。

（6）服务优化与监控：优化服务器性能，包括调整系统参数、优化数据库配置、设置监控工具等，以确保服务器稳定运行。

（7）安全性和访问控制：设置访问控制和安全策略，包括使用防火墙、配置 SSL 证书、限制远程访问等。

（8）网络域名与解析：注册并配置域名，并设置域名解析，将域名与服务器 IP 地址关联起来。

（9）测试与验证：进行系统测试和验证，确保服务器正常运行，并进行必要的调整和修复。

第三部分：关键点与注意事项。

（1）定期更新和维护服务器的操作系统和软件，以修复漏洞和提高安全性。

（2）使用强密码和多因素身份验证，保护服务器的登录和访问权限。

（3）定期备份服务器数据，并将备份文件存储在安全的位置，以防止数据丢失或损坏。

（4）使用防火墙和入侵检测系统（IDS）等安全工具，保护服务器免受网络攻击和恶意行为的侵害。

（5）设置合适的访问控制策略，仅允许授权用户或 IP 地址访问服务器，限制不必要的访问。

（6）监控服务器性能和资源利用率，及时发现和解决潜在问题，确保服务器高效运行。

(7) 定期审查服务器日志，以检测异常行为和安全威胁，及早采取应对措施。

(8) 针对服务器的特定需求和应用，寻求专业人士的帮助和建议，以确保服务器的稳定性和可靠性。

服务器搭建是一个复杂而关键的过程，需要仔细规划和执行。通过准备工作、遵循详细的搭建步骤，并注意关键点和安全事项，可以建立安全、稳定和高效的服务器环境，满足各种业务需求。在搭建过程中，重点关注操作系统的安装与配置、网络设置、软件安装、安全设置、数据备份与恢复、性能优化与监控等方面。同时，定期更新和维护服务器、使用安全工具和策略、限制访问权限，以及监测日志和异常行为等都是确保服务器安全的重要措施。在遇到特定需求或问题时，及时寻求专业人士的建议和帮助，可以提高服务器的稳定性和可靠性。总之，服务器搭建需要细致入微的步骤和关注要点，并且不断更新和维护，以确保服务器正常运行和安全性。

5.2.5 与其他操作系统的区别

网络操作系统是网络上各计算机能方便而有效地共享网络资源，为网络用户提供所需的各种服务的软件和相关规程的集合。网络操作系统与通常的操作系统有所不同，它除了具有通常操作系统应具有的处理器管理、存储器管理、设备管理和文件管理等功能外，还具有以下两大功能：

(1) 提供高效、可靠的网络通信服务。

(2) 提供多种网络服务，如：远程作业输入并进行处理的服务；文件传输服务；电子邮件服务；远程打印服务。

5.3 Linux 操作系统

5.3.1 系统简介

Linux 是“Linux Is Not UNIX”的递归缩写，一般指 GNU/Linux，是一套免费使用和自由传播的类 UNIX 操作系统，是一个遵循 POSIX 的多用户、多任务、支持多线程和多 CPU 的操作系统。

随着互联网的发展，Linux 得到了全世界软件爱好者、组织和公司的支持。它除了在服务器方面保持着强劲的发展势头以外，在个人电脑和嵌入式系统上也有着长足的进步。使用者不仅可以直观地获取该操作系统的实现机制，而且可以根据自身的需要来修改和完善 Linux，使其最大化地适应用户的需求。

Linux 不仅系统性能稳定，而且是开源软件。其核心防火墙组件性能高效、配置简单，保证了系统的安全。在很多企业网络中，为了追求速度和安全，Linux 不仅被网络运维人员当作服务器使用，而且被当作网络防火墙，这是Linux的一大亮点。

Linux具有开放源码、没有版权、技术社区用户多等特点，开放源码使得用户可以自由裁剪，灵活性高，功能强大，成本低。尤其是系统中内嵌网络协议栈，经过适当的配置就可实现路由器的功能。这些特点使得Linux成为开发路由交换设备的理想平台。

5.3.2 发展历程

Linux操作系统的诞生、发展和成长过程始终依赖着五个重要支柱：UNIX操作系统、MINIX操作系统、GNU计划、POSIX标准和Internet网络。

20世纪80年代，计算机硬件性能不断提高，PC市场不断扩大，当时可供计算机选用的操作系统主要有UNIX、DOS和MacOS这几种。UNIX价格昂贵，不能运行于PC；DOS显得简陋，且源代码被软件厂商严格保密；MacOS是一种专门用于苹果计算机的操作系统。

此时，计算机科学领域迫切需要一个更加完善、强大、廉价且完全开放的操作系统。由于供教学使用的典型操作系统很少，因此当时在荷兰任教的美国人Andrew S. Tanenbaum编写了一个操作系统，名为MINIX，用于向学生讲述操作系统内部工作原理。

MINIX虽然很好，但只是一个用于教学目的的简单操作系统，而不是一个强有力的实用操作系统，其最大的好处就是公开源代码。全世界学习计算机的学生都通过钻研MINIX源代码来了解电脑里运行的MINIX操作系统，芬兰赫尔辛基大学二年级的学生Linus Torvalds就是其中一个。在吸收了MINIX精华的基础上，Linus于1991年写出了属于自己的Linux操作系统，版本为Linux0.01，是Linux时代开始的标志。他利用UNIX的核心，去除繁杂的核心程序，改写成适用于一般计算机的x86系统，并放在网络上供大家下载，1994年推出完整的核心Version1.0。至此，Linux逐渐成为功能完善、稳定的操作系统，并被广泛使用。

2021年6月，根据Linux 5.14刚刚进入合并队列的char-misc-next提交，Linux 5.14正式移除了RAW驱动。

2022年6月，基于Ubuntu 22.04的Linux Lite 6.0正式版发布，提供最新的浏览器、最新的办公套件、最新的定制软件，代号为“Fluorite”。

2022年11月6日消息，微软将给Linux带来嵌套虚拟化支持，可运行多个Windows。

2022年11月，微软在GitHub上上线了WSL 1.0.0版本，宣布Windows 11/10的Linux子系统删除Preview标签，迎来正式版。

2022年11月，在platform-drivers-x86提交合并中，Linux 6.1新增支持了微软Surface Pro 9和Surface Laptop 5两款设备。

2022年12月12日，Linus Torvalds抢在圣诞假期之前发布了最新的Linux 6.1内核稳定版，从此开启了Linux 6.2合并窗口。截至2023年初，大家可以在内核官网找到相应的文件。

2022年12月14日，Linux 6.2合并窗口扩展了对Arm SoC的支持并更新了DeviceTree。本次更新在内核中新增了对七款高通骁龙处理器的支持，还在主线中初步支持苹果的M1 Pro/M1 Ultra/M1 Max型号处理器。

2022年12月15日，Linux 6.2合并窗口期内已经确认将会合并大量网络子系统更新。与以往版本相同，Linux 6.2内核更新周期在网络功能上有大量的改进，更多的细节可以访问这个pull请求。

2022年12月28日消息，在Linux 6.2合并窗口期，英特尔工程师提交的线性地址掩码（Linear Address Masking，LAM）提案遭到了Linus Torvalds的拒绝。英特尔工程师计划在2023年初再次提交第13个版本，希望在Linux 6.3或者更高版本中合并该功能。

2023年1月9日消息，Linus Torvalds推出了Linux Kernel 6.2的第三个候选版本更新。

2023年3月27日消息，Linus Torvalds发布了Linux Kernel 6.3的第四个维护版本更新，这意味着6.3的开发周期已经走过了一半的路程。

2023年5月3日，IT之家消息：Uri Herrera于4月底发布了Nitrux 2.8系统，这是一个基于Debian和systemd - free的GNU/Linux发行版，重点是KDE软件和Plasma桌面。

2023年5月29日，MX Linux开发人员宣布，MX Linux 23“Libretto”版本的Beta版公开测试已全面推出。

2023年6月26日，Linux 6.4内核已正式发布，这次更新带来了许多改进，比如对苹果M2芯片的初步支持、存储性能的提升、传感器监控的改善，以及更多的Rust代码。

5.3.3 主要特性

1. 基本思想

Linux的基本思想有两点：第一，一切都是文件；第二，每个文件都有确定的用途。其中第一点详细来说，就是系统中的所有内容都归结为一个文件，包括命令、硬件和软件设备、操作系统、进程等，对于操作系统内核而言，都被视为拥有各自特性或类型的文件。至于说Linux是基于UNIX的，很大程度上也是因为这两者的基本思想十分相近。

2. 完全免费

Linux是一款免费的操作系统，用户可以通过网络或其他途径免费获得，并可以任意修改其源代码。这是其他操作系统所做不到的。正是由于这一点，全世界无数程序员参与了Linux的修改和编写工作，程序员可以根据自己的兴趣和灵感对其进行改变，这让Linux吸收了无数程序员的思想，不断壮大。

3. 完全兼容POSIX1.0标准

这使得可以在Linux下通过相应的模拟器运行常见的DOS、Windows程序。这为用户从Windows转到Linux奠定了基础。许多用户在考虑使用Linux时，会想到以前在Windows下常用的程序是否能正常运行，这一点就消除了他们的疑虑。

4. 多用户、多任务

Linux支持多用户，各个用户对自己的文件和设备有自己特定的权限，保证了各用户之间互不影响。多任务则是现代电脑最主要的一个特点，Linux可以使多个程序同时并独立地运行。

5. 良好的界面

Linux同时具有字符界面和图形界面。在字符界面中，用户可以通过键盘输入相应的指令来进行操作。它同时也提供了类似Windows图形界面的X-Window系统，用户可以使用鼠标对其进行操作。在X-Window环境中，就像在Windows中一样，可以说是一个Linux版的Windows。

6. 支持多种平台

Linux可以运行在多种硬件平台上，如具有x86、680x0、SPARC、Alpha等处理器的平台。此外，Linux还是一种嵌入式操作系统，可以运行在掌上电脑、机顶盒或游戏机上。2001年1月发布的Linux 2.4版内核已经能够完全支持Intel64位芯片架构。同时，Linux也支持多处理器技术，多个处理器同时工作，使系统性能大大提高。

5.3.4 系统优势

1. 代码开源

Linux由众多微内核组成，其源代码完全开源。

2. 网络功能强大

Linux继承了UNIX的特性，具有非常强大的网络功能，支持所有的因特网协议，包括TCP/IPv4、TCP/IPv6和链路层拓扑协议等，并且可以利用UNIX的网络特性开发出新的协议栈。

3. 系统工具链完整

Linux系统工具链完整，简单操作就可以提供合适的开发环境，可以简化开发过程，减少开发中仿真工具带来的障碍，使系统具有较强的移植性。

5.3.5 系统功能

系统内核的路由转发。Linux操作系统嵌入了TCP/IP协议栈，协议软件具有路由转发功能。路由转发依赖于作为路由器的主机中安装多块网卡，当某一块网卡接收数据包后，系统内核会根据数据包的目的IP地址查询路由表，然后根据查询结果将数据包发送到另一块网卡中，最后通过此网卡把数据包发送出去。此主机的处理过程就是路由器完成的核心功能。

通过修改Linux系统内核参数ip_forward的方式实现路由功能，系统使用sysctl命令配置与显示在/proc/sys目录中的内核参数。首先在命令行输入cat/proc/sys/net/ipv4/ip_forward，检查Linux内核有没有开启IP转发功能。如果结果为1，表明路由转发功能已经开启；如果结果为0，表明路由转发功能没有开启。出于安全考虑，Linux内核默认是禁止数据包路由转发的。在Linux系统中，有临时和永久两种方法启用转发功能。

临时启用：此种方法只对当前会话起作用，系统重启后不再启用。临时开启的命令格式：sysctl－wnet. ipv4. ip_forward＝1。

永久启用：永久性地启用IP转发功能，将配置文件/etc/sysctl. conf中的语句行“net. ipv4. ip_forward＝0”修改为“net. ipv4. ip_forward＝1”，保存配置文件后执行命令sysctl－p/etc/sysctl. conf，配置便立即启用。

5.3.6 开发工具

Linux已经成为工作、娱乐和个人生活等多个领域的支柱，人们已经越来越离不开它。在Linux的帮助下，技术的变革速度超出了人们的想象，Linux开发的速度也以指数规模增长。因此，越来越多的开发者不断地加入开源和学习Linux开发的潮流当中。在这个过程之中，合适的工具是必不可少的，可喜的是，随着Linux的发展，大量适用于Linux的开发工具也不断成熟。

1. 容器

放眼现实，如今已经是容器的时代了。容器既极其容易部署，又可以方便地构建开发环境。如果针对的是特定平台的开发，将开发流程所需要的各种工具都创建到容器镜像中是一种很好的方法，只要使用这个容器镜像，就能够快速启动大量运行所需服务的实例。

2. 版本控制工具

如果正在开发一个大型项目，或者参与团队开发，版本控制工具是必不可少的。它可以用于记录代码变更、提交代码以及合并代码。如果没有这样的工具，项目几乎无法得到妥善管理。

3. 文本编辑器

如果没有文本编辑器，在Linux上开发将会变得异常艰难。当然，文本编辑器之间孰优孰劣，具体取决于开发者的需求。

4. 集成开发环境

集成开发环境（Integrated Development Environment，IDE）是包含一整套全面的

工具、可以实现一站式功能的开发环境。

5. 文本比较工具

有时候会需要比较两个文件的内容来找到它们的不同之处，它们可能是同一文件的两个不同副本（例如一个经过编译，而另一个没有）。这种情况下，用户肯定不想凭借肉眼来找出差异，而是想使用像 Meld 这样的工具。

5.3.7　嵌入式 Linux

对 Linux 进行适当的修改和删减，并且能够在嵌入式系统上使用的系统，就是嵌入式 Linux 操作系统。其具有如下特点：

Linux 系统是完全开放、免费的。正是由于其开放性，它才能和其他系统互相兼容，进而实现信息的互联。而且它可以任意修改源代码，这是其他系统所不具备的。

Linux 操作系统的显著优势在于多用户和多任务，保证了多个用户使用时互不影响；多任务独立开展后，互不干扰，使得效率大大提高，可以充分发挥性能。

设备是独立的，只要安装驱动程序，在驱动程序的支持和帮助下，任何用户都可以像使用文件一样，对任意设备进行使用和操作，这使得人们完全不用考虑设备存在的具体形式。

5.3.8　Linux 服务器

Linux 服务器是设计出来进行业务处理应用的，在网络和计算机系统中有广泛的应用，可以提供数据库管理和网络服务等功能，是一种性能非常高的开源服务器。在中国的计算机系统客户端中，有很多采用的就是 Linux 系统，其使用范围非常广泛，用户体验反馈较好。但是对于一些希望计算机应用性能比较高的单位而言，Windows 系统需要经常进行资源整合和碎片化管理，系统在配置的时候经常需要重新启动，这就无法避免停机的问题。同时，由于 Linux 系统的处理能力非常强大，具备不可比拟的稳定性特征，因此 Linux 系统不需要经常进行重启，Linux 系统的变化可以在配置的过程中实现，所以 Linux 服务器出现故障的概率比较小。很多企业在计算机配置的过程中经常使用 Linux 系统，从而降低服务器发生崩溃的可能性，实现企业业务的高效运转。

其安全隐患及加固措施如下：

1. 用户账户及登录安全

删除多余用户和用户组。Linux 是多用户操作系统，存在很多种不同角色的系统账号。当安装完成操作系统之后，系统会默认添加用户组及用户。如果部分用户或用户组不需要，应当立即删除它们，否则黑客很有可能利用这些账号对服务器实施攻击。具体保留哪些账号，可以依据服务器的用途来决定。

关闭不需要的系统服务。操作系统在安装过程中，会自动启动各种类型的服务程序。对于长时间运行的服务器而言，其运行的服务程序越多，系统的安全性就越低。因此，用户或是户组需要将一些不需要的服务程序关闭，这对提升系统的安全性能有极大的帮助。

密码安全策略。在 Linux 下，远程登录系统具备两种认证形式：密钥与密码认证。其中，密钥认证的形式主要是将公钥存储在远程服务器上，将私钥存储在本地。当进行系统登录时，通过本地的私钥以及远程服务器的公钥进行配对认证的操作。若认证匹配一致，则用户便能够畅通无阻地登录系统。此类认证方式不会受到暴力破解的威胁。与此同时，只需要确保本地私钥的安全，使其不会被黑客盗取即可，黑客便不能通过此类认证方式登录到系统中。因此，推荐使用密钥方式进行系统登录。

有效应用 Su、Sudo 命令。Su 命令的作用是对用户进行切换。当管理员登录到系统后，使用 Su 命令切换到超级用户角色来执行一些需要超级权限的命令。但由于超级用户的权限过大，同时需要管理人员知道超级用户密码，因此 Su 命令具有很严重的管理风险。

Sudo 命令允许系统赋予普通用户一些超级权限，且不需普通用户切换到超级用户。因此，在管理上应当细化权限分配机制，使用 Sudo 命令为每一位管理员提供特定的管理权限。

2. 远程访问及登录认证安全

远程登录应用 Ssh 登录方式。Telnet 是一种存在安全隐患的登录认证服务，其在网络中利用明文传输内容，黑客很容易通过截获 Telnet 数据包，获得用户的登录口令。并且 Telnet 服务程序的验证方式存在较大的安全隐患，使其成为黑客攻击的目标。SSH 服务则会对数据进行加密传输，能够防止 DNS 欺骗以及 IP 欺骗，并且传输的数据经过压缩，在一定程度上保证了服务器远程连接的安全。

3. 文件系统安全

加固系统重要文件。在 Linux 系统中，如果黑客获得超级权限，那么在操作系统中将不再有任何限制，可以做任何事情。在这种情况下，一个加固的文件系统将是保护系统安全的最后一道防线。管理员可以通过 chattr 命令锁定系统中一些重要文件或目录。

文件权限检查与修改。如果操作系统中的重要文件权限设置不合理，将对操作系统的安全性产生最直接的影响。因此，系统的运行维护人员需要及时发现权限配置不合理的文件和目录，并及时修正，以防安全事件发生。

安全设置/tmp、/var/tmp、/dev/shm。在该操作系统中，用于存放临时文件的目录主要有两个，分别为/tmp 和/var/tmp。它们有个共同特点，就是所有用户可读、可写和可执行，这样就使系统产生了安全隐患。针对这两个目录进行设置，不允许这两个目录执行应用程序。

4. 系统软件安全

绝大多数服务器遭受攻击是因为系统软件或者应用程序存在重大漏洞。黑客通过这些漏洞，可以轻松地侵入服务器。管理员应定期检查并修复漏洞。最常见的做法是升级软件，保持软件在最新版本状态。这样可以在一定程度上降低系统被入侵的可能性。

实验活动　Linux 操作系统安装

【实验目的】

掌握 Linux 操作系统安装的方法。

【实验内容】

1. Linux 操作系统安装

2. 系统环境设置

版本：CentOS7. 3. 1611 (64 bit)

CentOS - 7 - x86 _ 64 - DVD - 1611. iso

CentOS - 7 - x86 _ 64 - Everything - 1611. iso

官网下载地址：

http：//isoredirect. centos. org/centos/7/isos/x86 _ 64/CentOS — 7 — x86 _ 64 — DVD—1611. iso.

按如下步骤安装系统。

请完全按照下面的截图操作安装，特别注意语言、时区、软件包、分区选项。

以下截图以非 UEFI 方式安装启动为例：

(1) 安装项菜单选择，如图 5 - 6、图 5 - 7 所示。

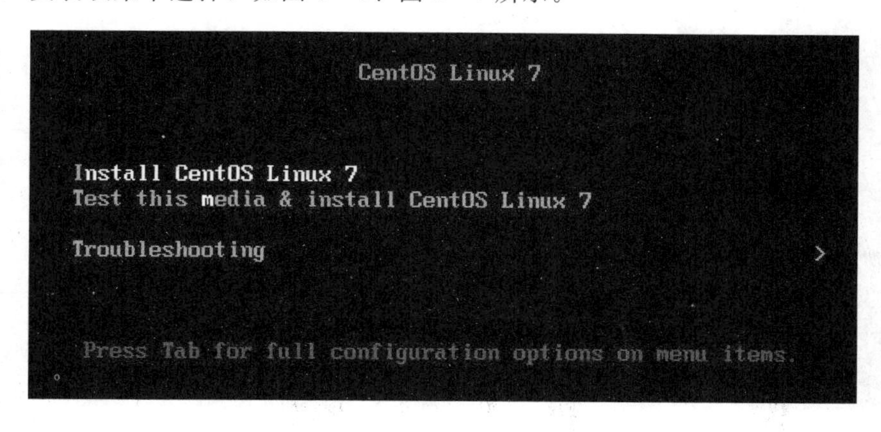

图 5 - 6　选择安装选项

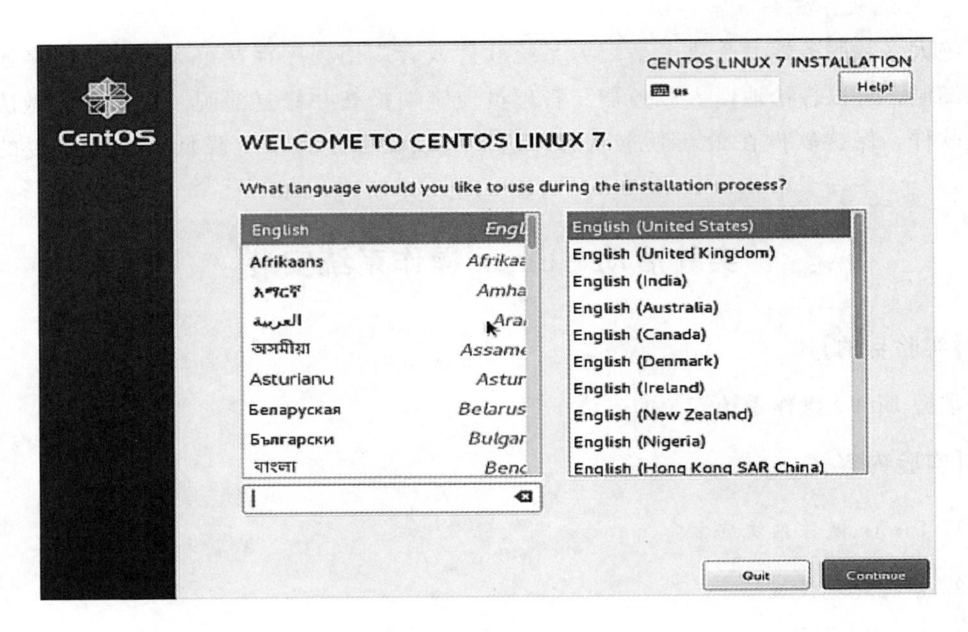

图 5-7 选择语言

（2）时区设置如图 5-8 所示。

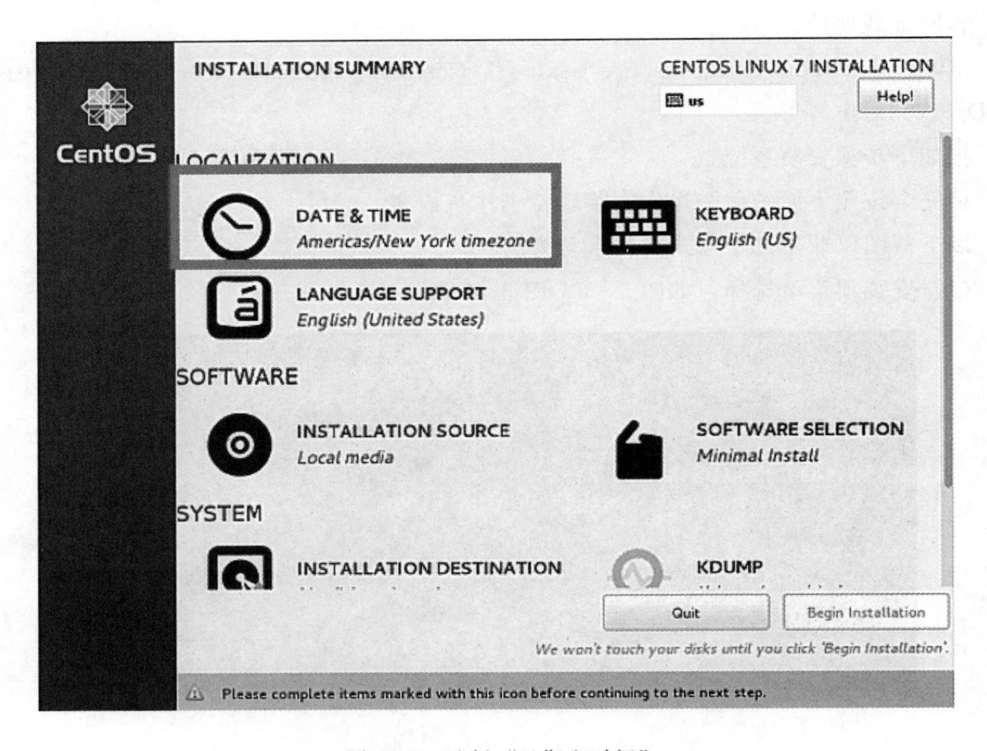

图 5-8 选择“日期和时间”

（3）资源包选择如图5-9至图5-11所示。

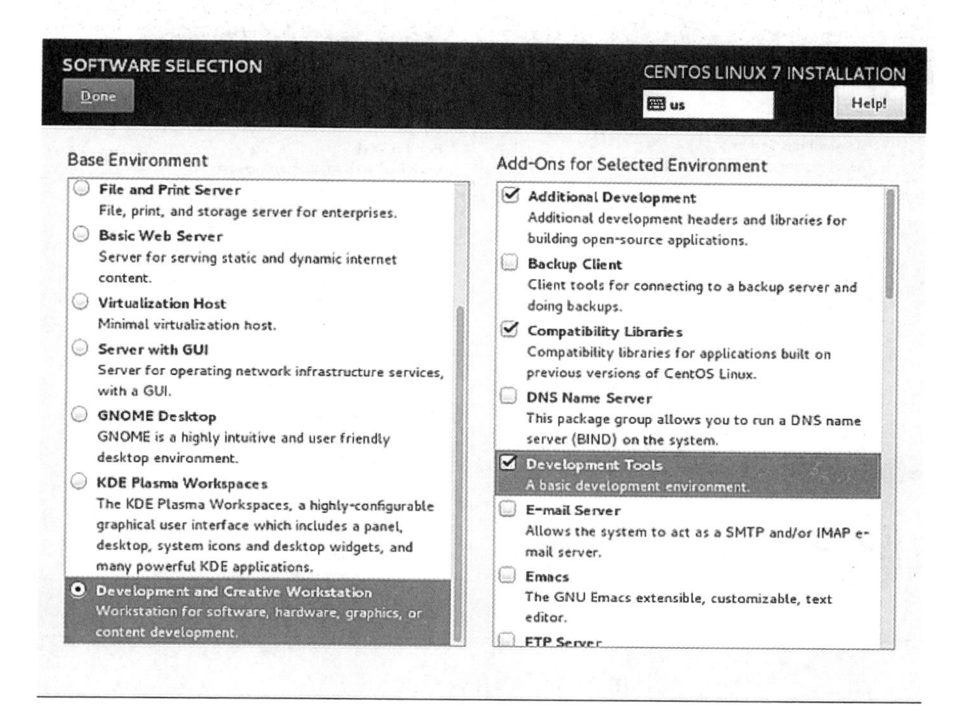

图5-9　选择资源包（一）

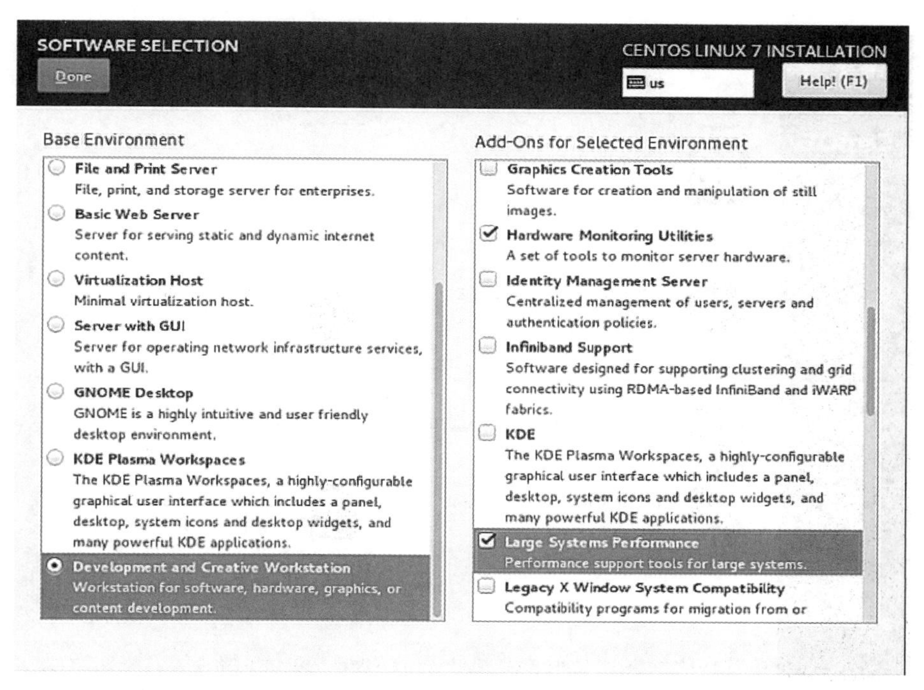

图5-10　选择资源包（二）

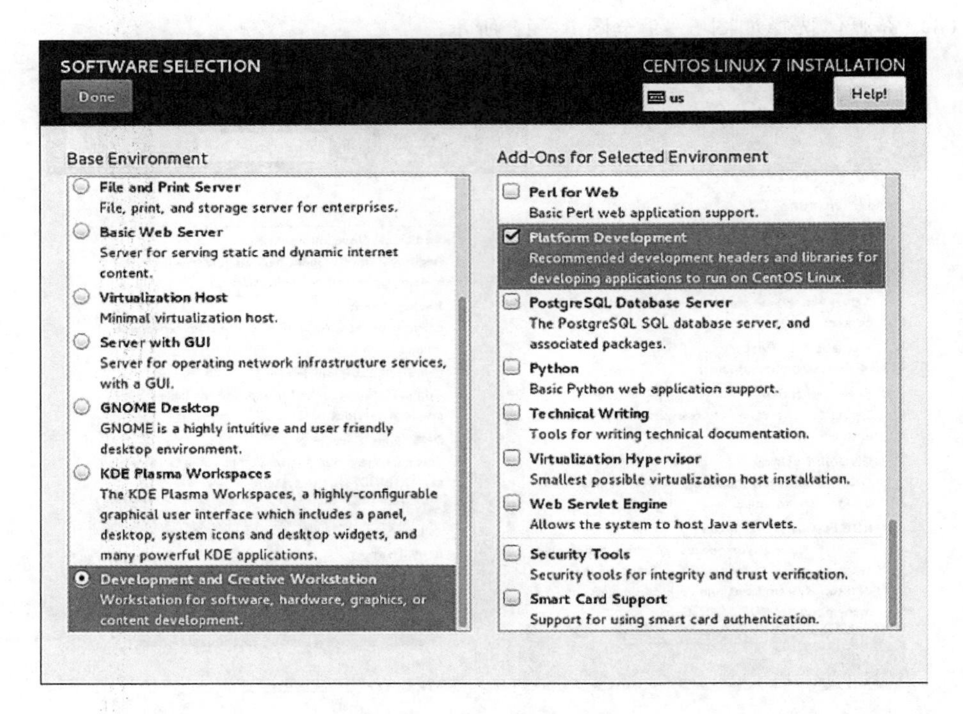

图 5－11　选择资源包（三）

（4）分区和目录挂载如图 5－12、图 5－13 所示。

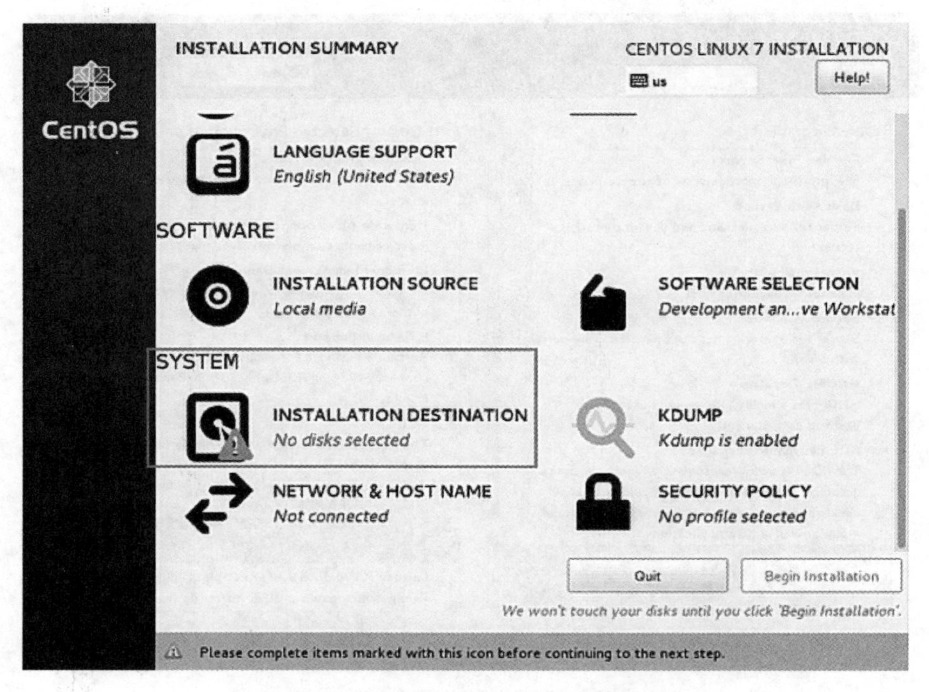

图 5－12　选择安装目标盘（提示警告信息）

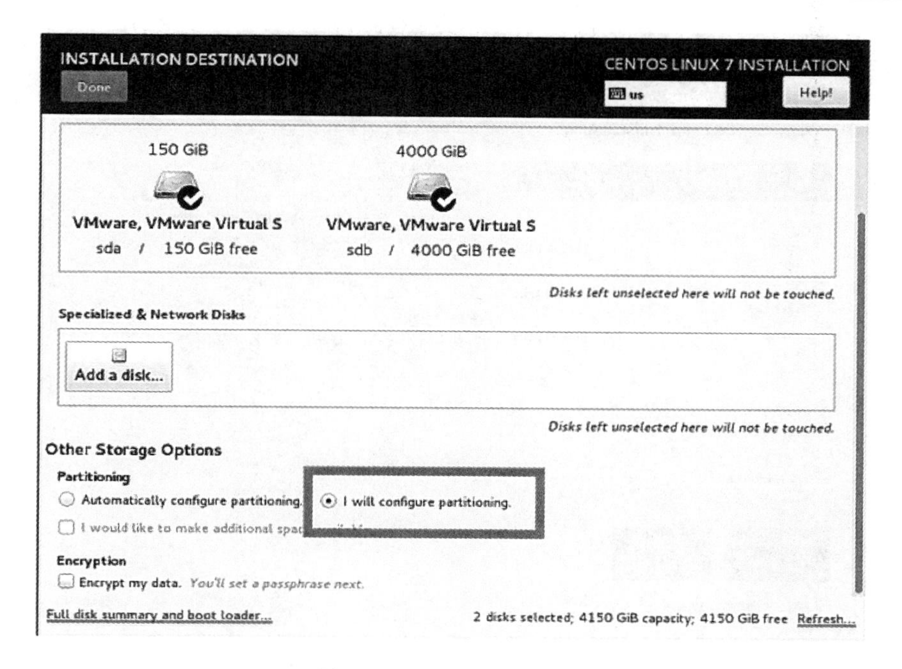

图 5－13　磁盘设置（一）

注意不要使用默认的 LVM，而是改为 Standard Partition，如图 5－14 所示。

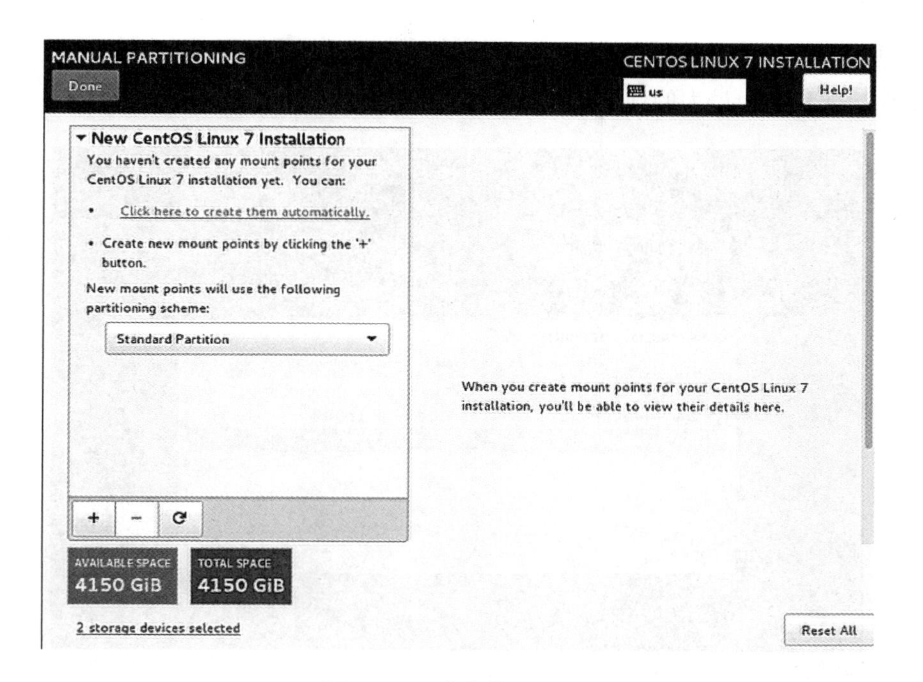

图 5－14　磁盘设置（二）

如果是以 UEFI 方式启动，会有多个 boot 分区，这几个 boot 分区保持默认不变即可，如图 5－15 所示。

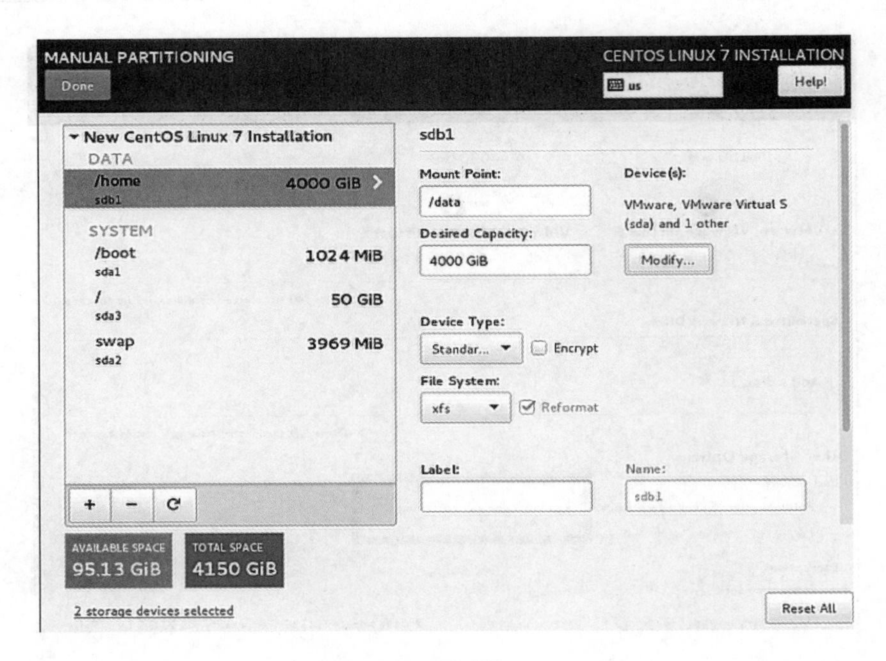

图 5-15　磁盘设置（三）

下面这一步分区很重要：

对于有两块或更多硬盘的机器，选择/home，将/home 改为/data，后单击 modify 按钮，弹出的选择磁盘窗口一定要只选择一块最大的硬盘（或者 RAID 盘），然后把/data 目录挂载到这个最大的硬盘（或者 RAID 盘）中，如图 5-16 所示。

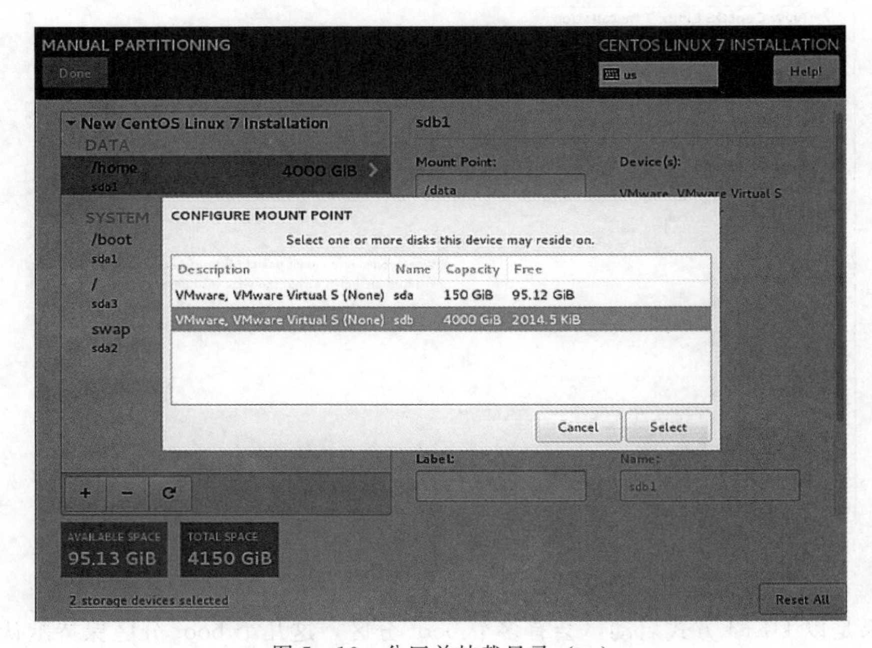

图 5-16　分区并挂载目录（一）

如果服务器只有一块硬盘，就删除/home 或者/data 挂载点。

对于 150 G 或更小的系统盘，swap 设置为 16 G；对于更大的系统盘，swap 设置为 32 G。

最后，把根目录“/”调整到最大，除 swap 外其他分区格式均为 xfs，根目录要挂载到系统盘上（一般为 ssd），如图 5－17 至图 5－21 所示。

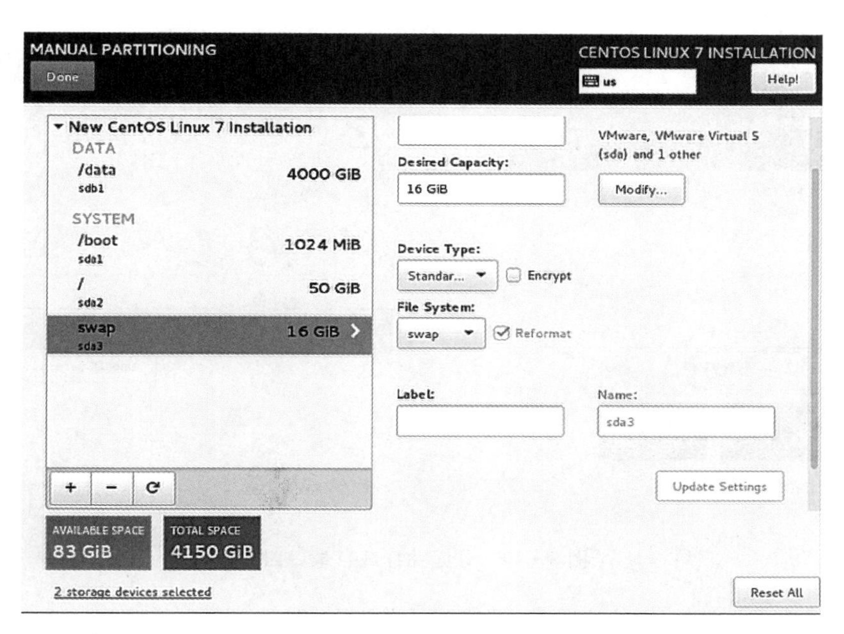

图 5－17　分区并挂载目录（二）

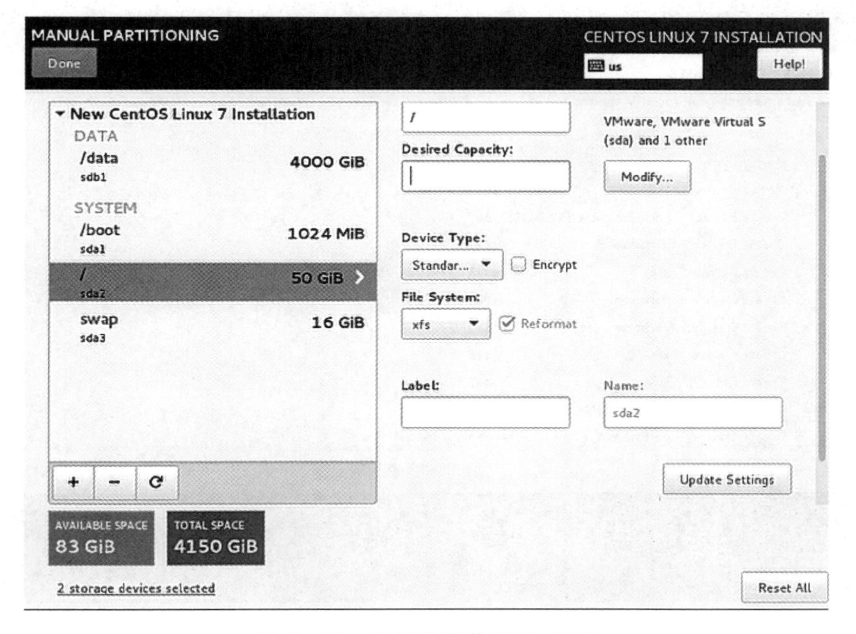

图 5－18　分区并挂载目录（三）

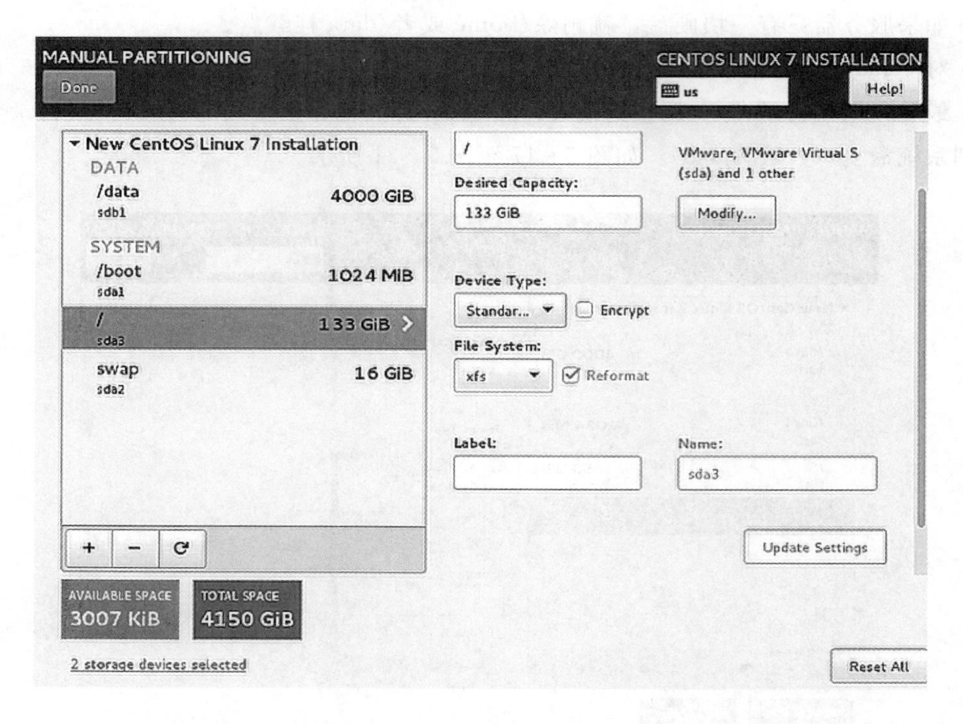

图 5－19　分区并挂载目录（四）

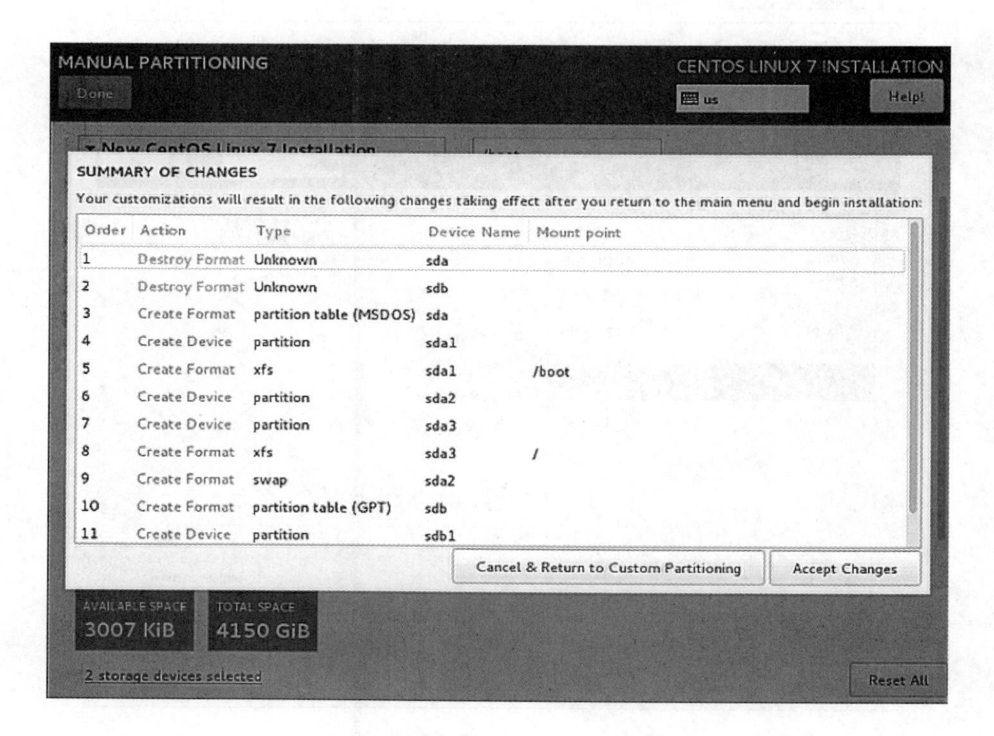

图 5－20　分区并挂载目录后

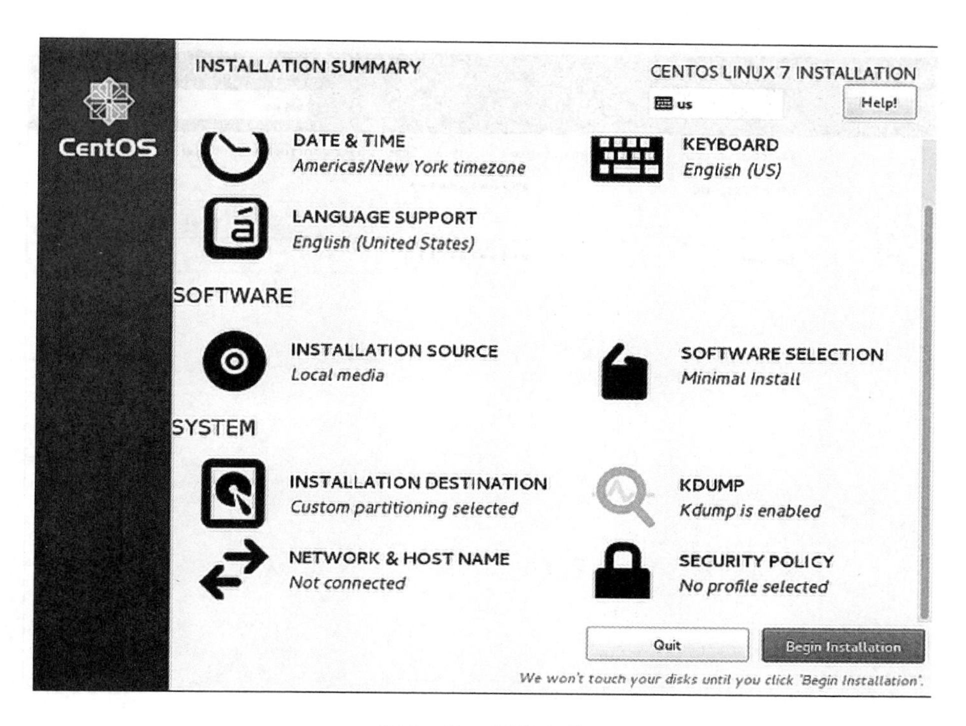

图 5－21　开始安装

（5）设置 ROOT 密码，如图 5－22 至图 5－24 所示。

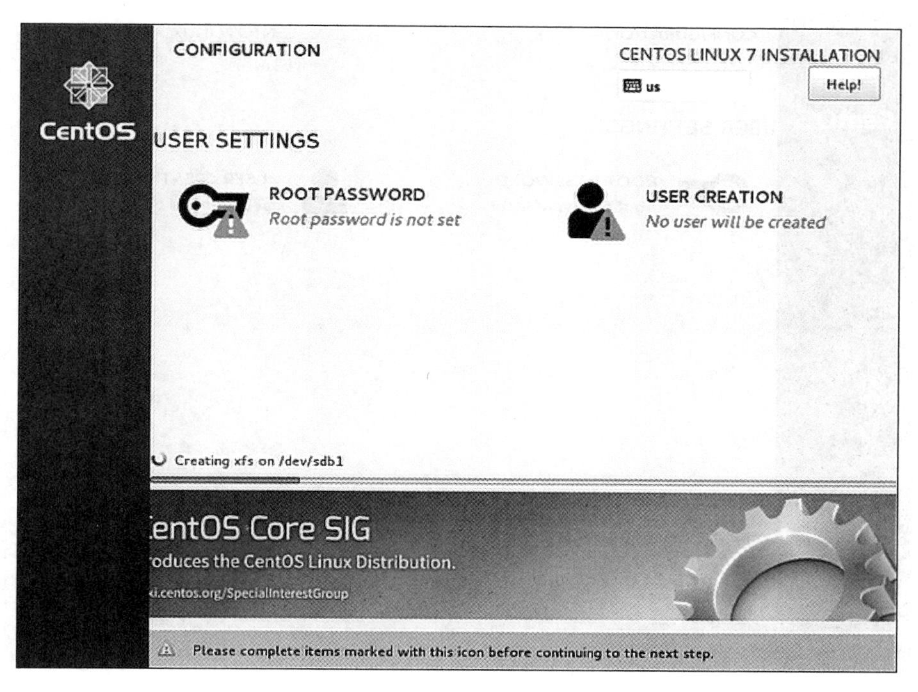

图 5－22　安装完成（提示设置 ROOT 密码和创建用户）

ROOT PASSWORD　　CENTOS LINUX 7 INSTALLATION

Done　　us　　Help!

The root account is used for administering the system. Enter a password for the root user.

Root Password:

Weak

Confirm:

The password you have provided is weak. You will have to press Done twice to confirm it.

图 5 - 23　设置 ROOT 密码

图 5 - 24　安装完成（无提示告警信息）

（6）安装完成后重启，如图 5-25、图 5-26 所示。

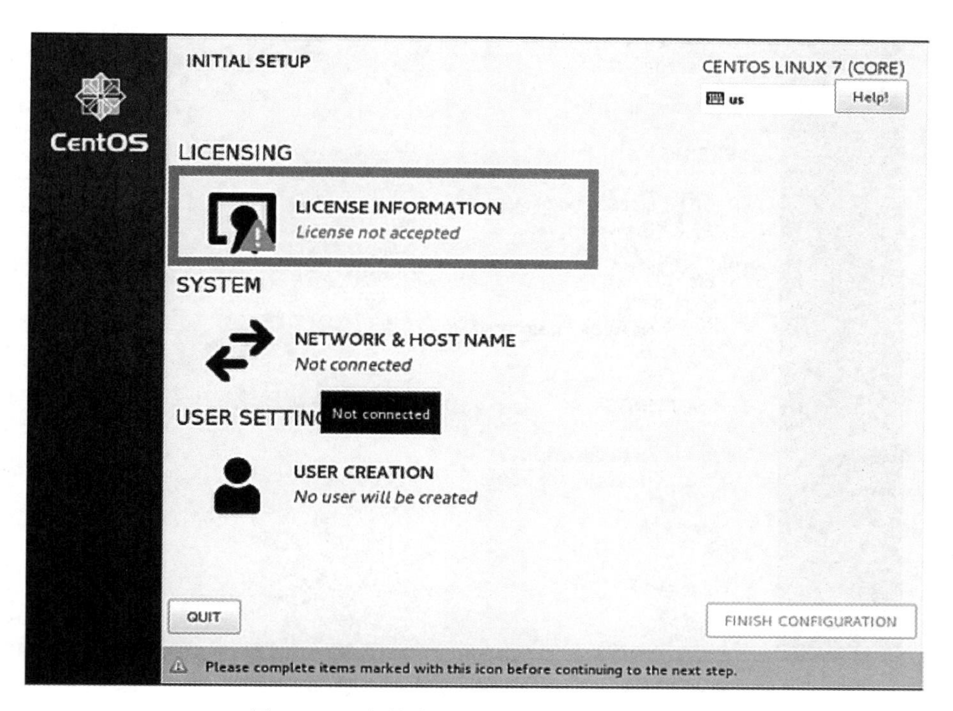

图 5-25　安装完成（提示 LICENSE 信息）

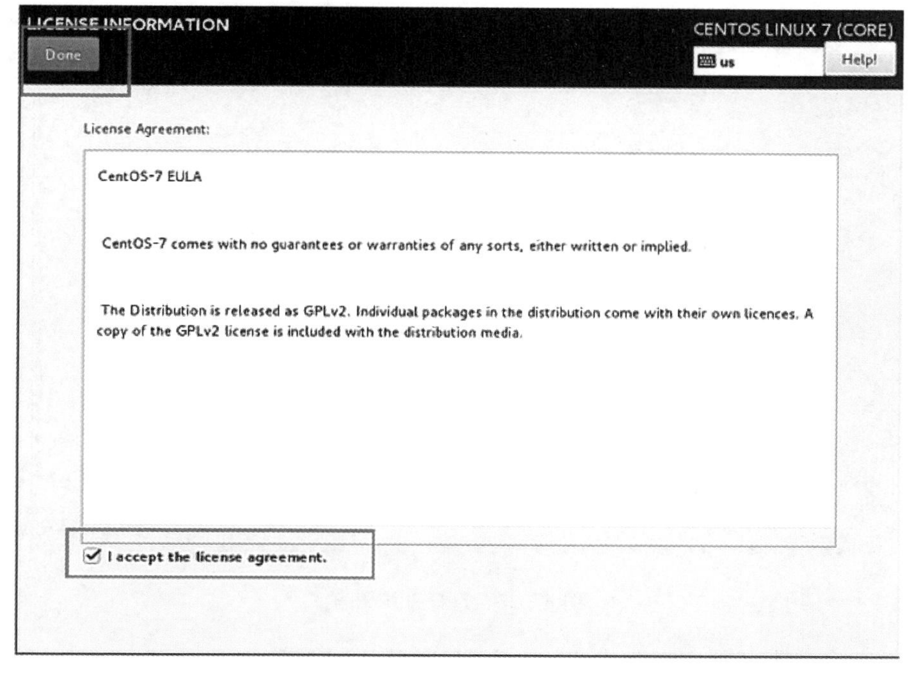

图 5-26　选择 LICENSE

（7）完成基本设置，如图 5-27、图 5-28 所示。

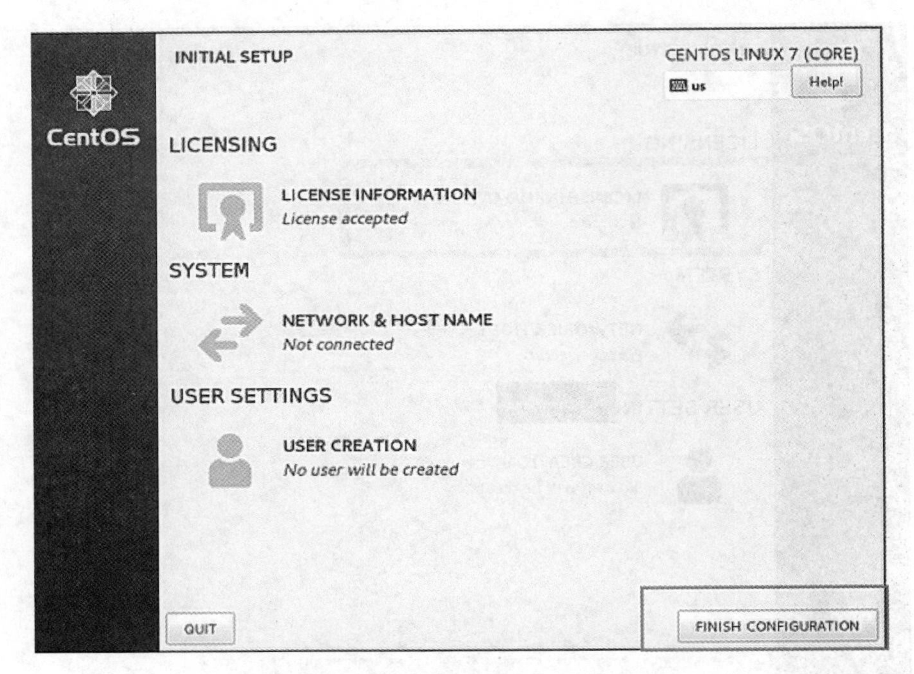

图 5-27　安装完成并进入配置

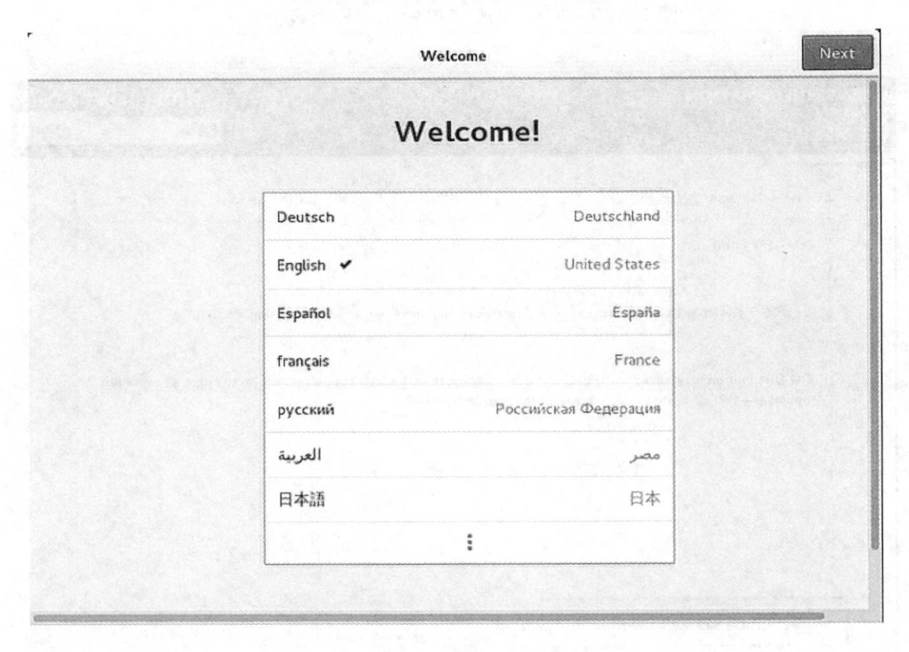

图 5-28　选择系统语言

后续一直单击“下一步”或“Next”，进行默认配置即可。

（8）进行基本环境配置。系统安装完成并重启后，需要对初始系统的环境进行一些配置，如关闭默认防火墙，关闭 SELinux 等。

① 关闭、禁用 CentOS7.0 默认防火墙。CentOS 7.0 默认防火墙为 firewalld，现在把 firewalld 关闭并禁用（禁止开机启动），如图 5-29 所示。

```
[root@localhost ~]# systemctl status firewalld.service
● firewalld.service - firewalld - dynamic firewall daemon 查看防火墙状态
   Loaded: loaded (/usr/lib/systemd/system/firewalld.service; enabled; vendor pr
eset: enabled)
   Active: active (running) since 五 2018-04-06 03:42:36 CST; 4h 15min left
     Docs: man:firewalld(1)
 Main PID: 650 (firewalld)
   CGroup: /system.slice/firewalld.service
           └─650 /usr/bin/python -Es /usr/sbin/firewalld --nofork --nopid

4月 06 03:42:29 localhost.localdomain systemd[1]: Starting firewalld - dynam...
4月 06 03:42:36 localhost.localdomain systemd[1]: Started firewalld - dynami...
Hint: Some lines were ellipsized, use -l to show in full.
[root@localhost ~]# systemctl list-unit-files |grep firewalld 查看是否开机自启动
firewalld.service                             enabled
[root@localhost ~]# systemctl disable firewalld.service 关闭开机自启动
Removed symlink /etc/systemd/system/dbus-org.fedoraproject.FirewallD1.service.
Removed symlink /etc/systemd/system/basic.target.wants/firewalld.service.
[root@localhost ~]# systemctl list-unit-files |grep firewalld
firewalld.service                             disabled
[root@localhost ~]# systemctl stop firewalld.service 关闭防火墙
```

图 5-29　防火墙配置相关命令

② 关闭 SELinux。需要修改/etc/selinux/config 文件，把 enforcing 改成 disabled 即可（重启后生效）。或者使用命令，如图 5-30 所示。

```
# This file controls the state of SELinux on the system.
# SELINUX= can take one of these three values:
#     enforcing - SELinux security policy is enforced.
#     permissive - SELinux prints warnings instead of enforcing.
#     disabled - No SELinux policy is loaded.
SELINUX=enforcing
# SELINUXTYPE= can take one of three two values:
#     targeted - Targeted processes are protected,
#     minimum - Modification of targeted policy. Only selected processes are protected.
#     mls - Multi Level Security protection.
SELINUXTYPE=targeted
~
~
~
```

图 5-30　SELinux 配置文件

本章小结

本章主要围绕计算机网络软件进行了深入探讨，重点介绍了网络操作系统的作用、分类以及在网络环境中的应用。我们首先从网络软件的基本概念出发，逐步深入其各个子领域，包括网络操作系统、网络通信协议、网络分类、软件分类等问题。此外，我们还关注了网络软件的安全问题和发展趋势。随着网络技术的不断发展，网络安全问题日益突出，因此我们需要采取有效的措施来保护网络软件的安全。同时，随着云计算、大数据等新技术的发展，网络软件也在朝着更加智能化、自动化的方向发展。通过学习本章内容，我们可以对网络软件有更深入的理解和认识，为今后的学习和实践打下坚实的基础。

思考与练习

一、填空题

1. 计算机操作系统是________和操作系统的接口，网络操作系统可以理解为________与计算机网络之间的接口。

2. Web 服务、大型数据库服务都是典型的________模式。

3. Windows Server 2003 有四个版本，分别是____________、____________、__________、__________。

4. Windows Server 2003 所支持的文件系统包括________、________、________。

5. 账户的类型可以分为________、________、________。

二、选择题

1. 把操作系统分成若干进程，其中每个进程实现单独的一套服务，这种服务模式是(　　)。

A. 对象模式　　B. 对称多处理机模式
C. 客户机/服务器模式　　D. 对等模式

2. 根据通信协议来控制和管理进程间通信的软件是(　　)。

A. 网络操作系统　　B. 网络传输软件
C. 网络通信软件　　D. 网络应用软件

3. 计算机网络作为一个信息处理系统，其构成的基本模式是(　　)。

A. 对象模式　　B. 对等模式和客户/服务器模式
C. 对称多处理模式　　D. 进程模式

4. 整个 UNIX 系统可以分成四个层次，最低层是(　　)。

A. UNIX 内核　　B. shell　　C. 应用程序　　D. 硬件

5. 下列哪种不是网络操作系统？(　　)

A. Windows Server 2003　　B. XP
C. Linux　　D. UNIX

三、判断题

1. 操作系统是一种应用软件。(　　)

2. 虚拟内存是必需的。(　　)

3. 管理员只能在服务器上对整个网络实施管理。(　　)

4. 在 NTFS 文件系统下，可以对文件设置权限，而 FAT 和 FAT32 文件系统只能对文件夹设置共享权限，不能对文件设置权限。(　　)

5. DOS 系统不是网络操作系统。(　　)

四、简答题

1. 请简要叙述计算机网络系统的分类模式。

2. 请简要叙述 Linux 操作系统的特点。

第6章 计算机网络应用

计算机网络应用是指利用计算机网络技术实现的各种应用程序和系统服务。这些应用可以通过操作系统、网络协议、浏览器等软件工具进行开发和运行。计算机网络应用的发展使得人们可以随时随地访问全球范围内的信息资源，并实现远程办公、在线学习、电子商务等多样化的应用。计算机网络应用在现代社会中具有越来越重要的地位。首先，计算机网络应用可以促进信息的交流和共享。通过将多台计算机连接在一起，人们可以在不同的地理位置上传递和获取信息。其次，计算机网络应用可以提高工作效率和降低成本。例如，通过远程办公的方式可以实现人员和资源的优化配置，从而降低了成本。最后，计算机网络应用还可以促进电子商务的发展。通过互联网平台，企业可以拓展市场、提高销售效率以及降低运营成本。

【本章内容提要】

了解万维网的形成与发展；
了解和掌握搜索引擎的原理与应用；
了解和掌握互联网通信的原理和相关软件的使用；
了解和掌握网络购物技巧。

6.1 WWW万维网

万维网是存储在Internet计算机中、数量巨大的文档的集合。这些文档称为页面，它们是一种超文本（Hypertext）信息，可以用于描述超媒体。文本、图形、视频、音频等多媒体称为超媒体（Hypermedia）。Web上的信息是由彼此关联的文档组成的，而使其连接在一起的是超链接（Hyperlink）。

6.1.1 相关概念

1. 超文本

超文本由一个叫作网页浏览器（Web Browser）的程序显示。网页浏览器从网页服务器取回称为“文档”或“网页”的信息并显示，通常显示在计算机显示器上。人可以跟随网页上的超链接，再取回文件，甚至也可以送出数据给服务器。顺着超链接走的行为又叫浏览网页。相关的数据通常排成一组网页，又叫网站。

2. 网上冲浪

网上冲浪（Surfing the Internet，浏览网络）是一个名为简·阿莫尔·泡利（Jean Armour Pauly）的作家通过他的作品《网上冲浪》使这个概念被大众接受。这本书由威尔逊出版社在1992年6月正式出版。泡利在互联网领域被称作“网络妈妈”（Netmom）。

3. 网页、网页文件和网站

网页是网站的基本信息单位，是WWW的基本文档。它由文字、图片、动画、声音等多种媒体信息以及链接组成，是用HTML（标准通用标记语言下的一个应用）编写的，通过链接实现与其他网页或网站的关联和跳转。

网页文件是用HTML编写的，可在WWW上传输，能被浏览器识别显示的文本文件。其扩展名是.htm和.html。

网站由众多不同内容的网页构成，网页的内容可体现网站的全部功能。通常把进入网站首先看到的网页称为首页或主页（Homepage），例如，新浪、网易、搜狐就是国内比较知名的大型门户网站。

4. HTTP和FTP协议

HTTP是Hypertext Transfer Protocol的缩写，即超文本传输协议。顾名思义，HTTP提供了访问超文本信息的功能，是WWW浏览器和WWW服务器之间的应用层通信协议。HTTP协议是用于分布式协作超文本信息系统的、通用的、面向对象的协议。通过扩展命令，它可用于类似的任务，如域名服务或分布式面向对象系统。WWW使用HTTP协议传输各种超文本页面和数据。

HTTP协议会话过程包括四个步骤。

(1) 建立连接：客户端的浏览器向服务端发出建立连接的请求，服务端给出响应后即可建立连接。

(2) 发送请求：客户端按照协议的要求通过连接向服务端发送请求。

(3) 给出应答：服务端按照客户端的要求给出应答，并将结果（HTML文件）返回给客户端。

(4) 关闭连接：客户端接到应答后关闭连接。

HTTP协议是基于TCP/IP的协议，它不仅保证正确传输超文本文档，还确定传输文档中的哪一部分，以及哪部分内容首先显示（如文本先于图像）等。

FTP是Internet中用于访问远程机器的一个协议，它使用户可以在本地机和远程机之间进行文件操作。FTP允许传输任意文件，并且允许文件具有所有权与访问权限。也就是说，通过FTP，可以与Internet上的FTP服务器进行文件的上传或下载等操作。

和其他 Internet 应用一样，FTP 也采用了客户端/服务器模式，它包含客户端 FTP 和服务器 FTP，客户端 FTP 启动传输过程，而服务器 FTP 对其做出应答。在 Internet 上有一些网站，它们依照 FTP 协议提供服务，让网友们进行文件的存取，这些网站就是 FTP 服务器。网上的用户要连接 FTP 服务器，就需要使用 FTP 的客户端软件。通常 Windows 都有 ftp 命令，这实际上就是一个命令行的 FTP 客户端程序，另外，常用的 FTP 客户端程序还有 CuteFTP、LeapFTP、FlashFXP 等。FTP 将用户的数据，包括用户名和密码都明文传输，具有安全隐患，容易被窃听，对于具有敏感数据的传送，可以使用具有保密功能的 FTPS（FTP Secure）协议。

5. 超文本和超链接

超文本是把一些信息根据需要连接起来的信息管理技术，人们可以通过一个文本的链接指针打开另一个相关的文本，只要用鼠标点一下文本中通常带下划线的条目，便可获得相关的信息。网页的出色之处在于能够把超链接嵌入网页中，使用户能够从一个网页站点方便地转移到另一个相关的网页站点。HTTP 协议使用 GET 命令向 Web 服务器传输参数，获取服务器上的数据。类似的命令还有 POST 命令。

超链接是万维网上的一种链接技术，它内嵌在文本或图像中。通过已定义好的关键字和图形，只要单击某个图标或某段文字，就可以自动连接到相对应的其他文件。文本超链接在浏览器中通常带下划线，而图像超链接是看不到的；但如果用户的鼠标悬停在它上面，鼠标的指针通常会变成手形（文本超链接也是如此）。

HTTP 负责规定浏览器和服务器如何交流。

HTML 的作用是定义超文本文档的结构和格式。

6. URL

在 WWW 上，任何一个信息资源都有统一的并且在网上唯一的地址，这个地址就称作 URL。URL 也被称为网页地址，是因特网上标准的资源地址。它最初是由蒂姆·伯纳斯-李发明用来作为万维网的地址的。现在它已经被万维网联盟编制为因特网标准 RFC1738 了。

7. Internet 地址

Internet 地址又称 IP 地址，它能够唯一确定 Internet 上每台计算机、每个用户的位置。Internet 上主机与主机之间要实现通信，每一台主机都必须有一个地址，而且这个地址应该是唯一的，不允许重复。依靠这个唯一的主机地址，就可以在 Internet 浩瀚的海洋里找到任意一台主机。

8. 互联网与因特网的区别

要回答这个问题，必须先回顾一下因特网的历史。因特网于 1969 年诞生于美国。它的前身“阿帕网”（ARPAnet）是一个军用研究系统，后来才逐渐发展成为连接大学及高等院校计算机的学术系统，现在则已发展成为一个覆盖五大洲 150 多个国家和地区的开放型全球计算机网络系统，拥有许多服务商。

普通电脑用户只需要一台个人计算机，用电话线通过调制解调器和因特网服务商连接，便可进入因特网。因特网并不是全球唯一的互联网络。例如在欧洲，跨国的互联网络就有“欧盟网”（Euronet）、“欧洲学术与研究网”（EARN）、“欧洲信息网”（EIN），在美国还有“国际学术网”（BITNET）等。

这样一来，它们之间的区别就比较明朗了。大写的“Internet”和小写的“internet”所指的对象是不同的。当我们所说的是上文谈到的那个全球最大的，也就是我们通常所使用的互联网络时，我们就称它为“因特网”或称为“国际互联网”。这时，“因特网”是作为专有名词出现的，因而开头字母必须大写。但如果作为普通名词使用，即开头字母小写的“internet”，则泛指由多个计算机网络相互连接而成的一个大型网络。

按全国科学技术名词审定委员会的审定，这样的网络系统可以通称为“互联网”。这就是说，因特网和其他类似的由计算机相互连接而成的大型网络系统，都可算是“互联网”，因特网只是互联网中最大的一个。

国际标准的互联网写法是 internet，字母 i 一定要小写。因特网是互联网的一种，它使用 TCP/IP 让不同的设备可以彼此通信。但使用 TCP/IP 的网络并不一定是因特网，一个局域网也可以使用 TCP/IP。判断自己是否接入因特网，首先看自己电脑是否安装了 TCP/IP，其次看是否拥有一个公网地址（所谓公网地址，就是所有私网地址以外的地址）。国际标准的因特网写法是 Internet，字母 I 一定要大写。WWW 是基于客户机/服务器方式的信息检索技术和超文本技术的综合。

9. 万维网与 TTT

凡是上网的人，谁不知道“WWW”的重要作用？要输入网址，首先得打出这三个字母来。这三个字母，就是英语的“World Wide Web”首字母的缩写形式。“WWW”在中国曾被译为“环球网”“环球信息网”“超媒体环球信息网”等，最后全国科学技术名词审定委员会定译为“万维网”。胡文伟先生在《胡说集》《妙译WWW》一文中，对它的汉语对译词“万维网”（Wan Wei Wang）大加赞赏，这是毫不过分的。“万维网”这个近乎完美的对译词妙就妙在传意、传形，更传神，真是神来之译！

无独有偶，“WWW”的世界语对译词“TTT”，也是由三个相同字母组成的，译得也令人叫绝。“TTT”是世界语的“Tut - Tera Teksao”首字母缩写。据俄罗斯世界语者 Sergio Pokrovskij 编写的 *Komputada leksikono*（计算机专业词汇）上的资料，“WWW”最初的对译形式是“Tutmonda Tekso”，就在这一译名出现的当天，即 1994 年 8 月 5 日，便立即有人在网上建议改为“Tut - Tera Tekso”。八天后，也就是 8 月 13 日，才经另一人根据一位匿名者的提议，定译为“Tut - Tera Teksa o”（字面为“全球网”）。这个译名的缩写 TTT，形式整齐，语义完全吻合，好读、好记、好写。这是集体智慧的创造。它也雄辩地证明了世界语是很强大、很灵活、很有适应力的，比起汉语和英语来并不逊色（请比较一下WWW的法语对译词“Forum Electronique Mondial”和西班牙语对译词“Telarana Mundial”，它们的缩写形式分别是“FEM”和“TM”）。写到这里我不由得又想起中国近代翻译大师严复先生的一句名言：“一名之立，旬月踟蹰。”一个好的译名只有在译者，有时甚至数位译者，长时间搜肠刮肚、苦苦思索后才能产生。

万维网是无数个网络站点和网页的集合，它们共同构成了因特网最主要的部分（因特网也包括电子邮件、Usenet以及新闻组）。它实际上是多媒体的集合，由超级链接连接而成。我们通常通过网络浏览器上网浏览的，就是万维网的内容。关于万维网以及浏览万维网的一些术语，我将在以后发布的帖子中陆续做些介绍。

Internet是一个把分布于世界各地、不同结构的计算机网络用各种传输介质互相连接起来的网络。因此，有人称之为网络的网络，中文译名为因特网、英特网、国际互联网等。Internet提供的主要服务有万维网（WWW）、文件传输（FTP）、电子邮件（E-mail）、远程登录（Telnet）等。

WWW简称3W，有时也叫Web，中文译名为万维网、环球信息网等。WWW由欧洲核物理研究中心研制，其目的是使全球范围的科学家利用Internet进行方便的通信、信息交流和信息查询。

WWW是建立在客户机/服务器模型之上的。WWW以超文本标记语言（标准通用标记语言下的一个应用）和超文本传输协议为基础，能够提供面向Internet服务的、一致的用户界面的信息浏览系统。其中，WWW服务器采用超文本链接来链接信息页，这些信息页既可放置在同一主机上，也可放置在不同地理位置的主机上；这些链接由统一资源定位器（URL）维持，WWW客户端软件（即WWW浏览器）负责信息显示与向服务器发送请求。

Internet采用超文本和超媒体的信息组织方式，将信息的链接扩展到整个Internet上。用户利用WWW不仅能访问到Web服务器的信息，而且可以访问到FTP、telnet等网络服务。因此，它已经成为Internet上应用最广和最有前途的访问工具，并在商业范围内日益发挥着越来越重要的作用。

6.1.2 硬件组成

1. 客户机

客户机是一个需要某些服务的程序，而服务器则是提供这些服务的程序。一个客户机可以向许多不同的服务器发送请求，一个服务器也可以向多个不同的客户机提供服务。通常情况下，一个客户机启动与某个服务器的对话。服务器通常是等待客户机请求的一个自动程序。客户机通常是作为某个用户请求或类似于用户的每个程序提出的请求而运行的。协议是定义客户机请求服务器和服务器如何应答请求的各种方法。WWW客户机又可称为浏览器。

通常在环球信息网上的客户机主要包括 Lynx、Mosaic、Netscape 等。通常的服务器来自 CERN、NCSA、Netscape。让我们来看一下 Web 中客户机与服务器的具体任务。客户机的主要任务是：

（1）帮助你制作一个请求（通常在单击某个链接时启动）。

（2）将你的请求发送给某个服务器。

（3）通过对图像进行适当解码，呈现 HTML 文档，并将各种文件传递给相应的"观察器"，把请求所得的结果报告给你。

一个观察器是一个可被 WWW 客户机调用以呈现特定类型文件的程序。当一个声音文件被你的 WWW 客户机查阅并下载时，它只能用某些程序（例如，在 Windows 下的"媒体播放器"）来"观察"。通常，WWW 客户机不仅限于向 Web 服务器发出请求，还可以向其他服务器（例如，Gopher、FTP、news、mail）发出请求。

2. 服务器

服务器的主要任务有：

（1）接受请求。

（2）请求的合法性检查，包括安全性屏蔽。

（3）针对请求获取并制作数据，包括 Java 脚本和程序、CGI 脚本和程序、为文件设置适当的 MIME 类型来对数据进行前期处理和后期处理。

（4）把信息发送给提出请求的客户机。

6.1.3 原理和流程

1. 原理

当你想进入万维网上一个网页获取网络资源的时候，通常你要首先在你的浏览器上输入你想访问网页的统一资源定位符（Uniform Resource Loca - tor，URL），或者通过超链接方式链接到那个网页或网络资源。这之后的工作首先是 URL 的服务器名部分，被命名为域名系统的分布于全球的互联网数据库解析，并根据解析结果决定进入哪一个 IP 地址。

接下来的步骤是为所要访问的网页向在那个 IP 地址工作的服务器发送一个 HTTP 请求。在通常情况下，HTML 文本、图片和构成该网页的一切其他文件很快会被逐一请求并发送回用户。

网络浏览器接下来的工作是把 HTML、CSS 和其他接收到的文件所描述的内容，加上图像、链接和其他必需的资源显示给用户。这些就构成了你所看到的"网页"。

2. 流程

总体来说，WWW 采用客户机/服务器的工作模式，工作流程具体如下：

（1）用户使用浏览器或其他程序建立客户机与服务器的连接，并发送浏览请求；

（2）Web 服务器接收请求后，返回信息到客户机；

(3) 通信完成，关闭连接。

6.1.4 不同之处

1. 连接不同

万维网上需要单向连接而不是双向连接，这使得任何人可以在资源拥有者不做任何行动的情况下链接该资源。和早期的网络系统相比，这一点对于减轻网络服务器和网络浏览器的工作负担至关重要，但它的副作用是产生了坏链的慢性问题。

2. 限制不同

万维网不像某些应用软件如 HyperCard，它不是私有的，这使得服务器和客户端能够独立地发展和扩展，而不受许可限制。

6.1.5 发展简史

与其说 WWW 是一种技术，倒不如说它是对信息的存储和获取进行组织的一种思维方式。从这个意义上说，它的历史要追溯到很多年以前。在因特网从研究专家使用走向平常百姓使用的过程中，两项重要的技术发挥了关键的作用。这两项技术是超文本（Hyper Text）和图形用户界面（GUI）。

1945 年，当时任美国科学研究与发展办公室（ORD）主任的范内瓦·布什（Vannevar Bush）在《大西洋月刊》（*The Atlantic*）上发表了一篇文章，探讨科学家应如何将第二次世界大战中获得的技术运用于战后的和平建设活动。文章提出了许多生动有趣的想法，涉及如何利用先进的技术来组织和利用信息资源。他推测，工程师最终将建成一种他称为 Memex 的机器，这是一种记忆扩展设备，可以将一个人所有的书籍、磁带、信件和研究结果储存在微型胶卷上。Memex 带有机械的辅助设施，如微型胶卷阅读器和内容索引，可以帮助用户迅速灵活地找到资料。20 世纪 60 年代，特德·尼尔森（Ted Nelson）描述了一种类似的系统，在这个系统中，一个页面的文本可以与其他页面的文本链接在一起。

Nelson 把这种页面连接的系统称为超文本。与此同时，计算机鼠标的发明者道格拉斯·恩格尔巴特（Douglas Engelbart）在大型计算机上创造了第一个实验性的超文本系统。1987 年，尼尔森出版了《文学机器》（*Literary Machines*），在这本书中，他介绍了 Xana du 计划，这个计划是一个进行在线超文本出版和商务的全球系统。

1989 年，欧洲粒子物理实验室（CERN）的蒂姆·伯纳斯-李（Tim Berners - Lee）和罗伯特·卡里奥（Robert Cailliau）着手改进实验室的研究档案处理程序。CERN 当时已连接因特网两年时间了，但科学家们想找到更好的方法在全球的高能物理研究领域交流他们的科学论文和数据。他们俩各自提出了一个超文本开发计划。

在接下来的两年里，伯纳斯-李开发出了超文本服务器程序代码，并使之适用于因特网。超文本服务器是一种存储超文本标记语言文件的计算机，其他计算机可以连接这种服务器并读取这些 HTML 文件。今天在 WWW 上使用的超文本服务器通常被称为 WWW 服务器。

超文本标记语言是附加在文本上的一套代码（标记）语言。这些代码描述了文本元素之间的关系。例如，HTML 中的标记说明了哪个文本是标题元素的一部分，哪个文本是段落元素的一部分，哪个文本是项目列表元素的一部分。其中一种重要的标记类型是文本链接标记。超文本链接可以指向同一 HTML 文件的其他位置或其他 HTML 文件。

读取 HTML 文件的方式有很多，但大部分人使用的 WWW 浏览器是网景公司的 Navigator 或微软公司的 Internet Explorer。WWW 浏览器是一种软件界面，它可以使用户读取或浏览 HTML 文件，也可以使用户利用每个文件上附加的超文本链接标记从一个 HTML 文件转移到另一个 HTML 文件。如果这些 HTML 文件被放在连接到因特网的计算机上，用户就可以利用 WWW 浏览器从一台计算机上的一个 HTML 文件移到因特网上另一台计算机上的一个 HTML 文件。HTML 的基础是标准通用标记语言(SGML)，多年来各种机构一直用这种语言来管理大型的文档管理系统。

HTML 文件和文字处理文件是不同的，它们的区别在于前者对一个特定文本元素的呈现方式不作规定。例如，使用文字处理软件产生文件标题时，可以把标题文本的字体定义成 Arial 字体，字号定义成 14 磅，位置居中。无论何时用该文字处理软件打开这个文件，文件都将严格按照上述设置显示或打印出来。与之相反，HTML 文件只是在这个标题文本上简单地加上一个标题标记。很多程序都可以读取 HTML 文件。这些程序识别出标题标记，然后以自己的标题显示方式把这个标题文本显示出来。这时，不同的程序对这个文本的显示就会是不同的。

WWW 浏览器在其图形用户界面上以一种易读的方式将 HTML 文件显示出来。图形用户界面是一种向用户展示程序控制功能和输出结果的显示方式。它显示图片、图标和其他图形元素，而不仅仅显示文本。现在几乎所有的个人计算机都使用了微软的 Windows 或 Macintosh 等图形用户界面。

伯纳斯-李把他设计的由超文本链接的 HTML 文件构成的系统称为 WWW。WWW 迅速在科学研究领域普及开来，但在此领域之外，几乎没有人拥有可以读取 HTML 文件的软件。1993 年，伊利诺伊大学的马克·安德森（Marc Andreessen）带领一群学生开发了 Mosaic，这是第一个可以读取 HTML 文件的程序，它通过 HTML 超文本链接在因特网上的任意计算机页面之间实现自由遨游。Mosaic 是第一个广泛用于个人电脑的 WWW 浏览器。

程序设计人员很快意识到，用超文本链接构成的页面功能系统可以帮助因特网的众多新用户方便地获取因特网上的信息。企业界也发现了全球性计算机网络所蕴藏的盈利机会。

1994 年，安德森和伊利诺伊大学 Mosaic 小组的其他成员与 SGI 公司的詹姆斯·克拉克（James Clark）合作成立了网景公司。公司的第一个产品，即基于 Mosaic 的网景 Navigator 浏览器，立即获得了极大的成功。网景公司成为有史以来发展最快的软件公司之一。看到网景公司的成功，微软也不甘示弱，随即开发出了 Internet Explorer 浏览器。虽然还有其他一些 WWW 浏览器供应商，但目前的浏览器市场几乎被这两款产品所垄断。

WWW 网站数量的增长速度甚至超过了互联网自身的发展速度。据估计，全球的 WWW 网站已有亿万家，WWW 文件可能已经不计其数。每个网站都可能包含数百甚至数千个独立的 WWW 页面。

6.2 搜索引擎的使用

所谓搜索引擎，就是根据用户需求和一定算法，运用特定策略从互联网检索出指定信息反馈给用户的一种检索技术。搜索引擎依托于多种技术，如网络爬虫技术、检索排序技术、网页处理技术、大数据处理技术、自然语言处理技术等，为信息检索用户提供快速、高相关性的信息服务。搜索引擎技术的核心模块一般包括爬虫、索引、检索和排序等，同时可添加其他一系列辅助模块，以为用户创造更好的网络使用环境，如图 6-1 所示。

图 6-1 百度搜索页面

6.2.1 定义

搜索引擎是指根据一定的策略，运用特定的计算机程序从互联网上采集信息，在对信息进行组织和处理后，为用户提供检索服务，并将检索的相关信息展示给用户的系统。搜索引擎一种在互联网上工作的检索技术，它旨在提高人们获取信息的速度，为人们提供更好的网络使用环境。从功能和原理上，搜索引擎大致分为全文搜索引擎、元搜索引擎、垂直搜索引擎和目录搜索引擎等四大类。

搜索引擎发展到今天，基础架构和算法在技术上都已经基本成型和成熟。搜索引擎已经发展成为根据一定的策略、运用特定的计算机程序从互联网上搜集信息，在对信息进行组织和处理后，为用户提供检索服务，将用户检索的相关信息展示给用户的系统。

6.2.2　发展历程

搜索引擎是伴随互联网的发展而产生和发展的，互联网已成为人们学习、工作和生活中不可缺少的平台，几乎每个人上网都会使用搜索引擎。搜索引擎大致经历了四代的发展：

1. 第一代搜索引擎

1994年，第一代真正基于互联网的搜索引擎Lycos诞生，它以人工分类目录为主，代表厂商是Yahoo，特点是人工分类存放网站的各种目录，用户通过多种方式寻找网站，现在还有这种方式。

2. 第二代搜索引擎

随着网络应用技术的发展，用户开始希望对内容进行查找，出现了第二代搜索引擎，也就是利用关键字来查询，最具代表性、最成功的是Google，它建立在网页链接分析技术的基础上，使用关键字对网页进行搜索，能够覆盖互联网的大量网页内容，该技术可以分析网页的重要性，然后将重要的结果呈现给用户。

3. 第三代搜索引擎

随着网络信息的迅速膨胀，用户希望能快速并且准确地查找到自己所需的信息，因此出现了第三代搜索引擎。相比前两代，第三代搜索引擎更加注重个性化、专业化、智能化，使用自动聚类、分类等人工智能技术，采用区域智能识别及内容分析技术，利用人工介入，实现技术和人工的完美结合，增强了搜索引擎的查询能力。第三代搜索引擎的代表是Google，它以高信息覆盖率和优秀的搜索性能为发展搜索引擎技术开创了崭新的局面。

4. 第四代搜索引擎

随着信息多元化的快速发展，通用搜索引擎在目前的硬件条件下要获取互联网上比较全面的信息是不太可能的。这时，用户就需要数据全面、更新及时、分类细致的面向主题的搜索引擎。这种搜索引擎采用特征提取和文本智能化等策略，相比前三代搜索引擎更准确有效，被称为第四代搜索引擎。

6.2.3　工作原理

搜索引擎的整个工作过程分为三个部分：一是蜘蛛在互联网上爬行和抓取网页信息，并存入原始网页数据库；二是对原始网页数据库中的信息进行提取和组织，并建立索引库；三是根据用户输入的关键词，快速找到相关文档，并对找到的结果进行排序，将查询结果返回给用户。以下对其工作原理做进一步分析：

1. 网页抓取

Spider每遇到一个新文档，都要搜索其页面的链接网页。搜索引擎蜘蛛访问Web页面的过程类似普通用户使用浏览器访问其页面，即B/S模式。引擎蜘蛛先向页面提出访问请求，服务器接收其访问请求并返回 HTML 代码后，把获取的 HTML 代码存入原始页面数据库。搜索引擎使用多个蜘蛛分布爬行以提高爬行速度。搜索引擎的服务器遍布世界各地，每一台服务器都会派出多只蜘蛛同时去抓取网页。如何做到一个页面只访问一次，从而提高搜索引擎的工作效率？在抓取网页时，搜索引擎会建立两张不同的表，一张表记录已经访问过的网站，一张表记录没有访问过的网站。当蜘蛛抓取某个外部链接页面 URL 的时候，需把该网站的 URL 下载回来分析，当蜘蛛分析完这个 URL 后，将这个 URL 存入相应的表中，这时当另外的蜘蛛从其他的网站或页面又发现了这个 URL 时，它会对比看看已访问列表有没有，如果有，蜘蛛会自动丢弃该 URL，不再访问。

2. 预处理，建立索引

为了便于用户在数万亿级别以上的原始网页数据库中快速便捷地找到搜索结果，搜索引擎必须对 spider 抓取的原始 Web 页面进行预处理。网页预处理的最主要过程是为网页建立全文索引，之后开始分析网页，最后建立倒排文件（也称反向索引）。Web 页面分析有以下步骤：判断网页类型，衡量其重要程度、丰富程度，对超链接进行分析、分词，并去除重复网页。经过搜索引擎分析处理后，Web 网页已经不再是原始的网页页面，而是浓缩成能反映页面主题内容的、以词为单位的文档。数据索引中结构最复杂的是建立索引库，索引又分为文档索引和关键词索引。每个网页唯一的 docID 号是由文档索引分配的，每个 wordID 出现的次数、位置、大小格式都可以根据 docID 号在网页中检索出来，最终形成 wordID 的数据列表。倒排索引形成过程是这样的：搜索引擎用分词系统将文档自动切分成单词序列，对每个单词赋予唯一的单词编号，并记录包含这个单词的文档。倒排索引是最简单的，实用的倒排索引还需记录更多的信息。与单词对应的倒排列表除了记录文档编号之外，单词频率信息也被记录进去，便于以后计算查询和文档的相似度。

3. 查询服务

在搜索引擎界面输入关键词，单击“搜索”按钮之后，搜索引擎程序开始对搜索词进行以下处理：分词、根据情况判断是否需要启动整合搜索、找出错别字和拼写错误、去掉停止词。接着把搜索引擎程序便从索引数据库中找出包含搜索词的相关网页，并对网页进行排序，最后按照一定格式返回到“搜索”页面。查询服务最核心的部分是搜索结果排序，它决定了搜索引擎的质量好坏及用户满意度。影响实际搜索结果排序的因素很多，但最主要的因素之一是网页内容的相关性。影响相关性的主要因素包括以下五个方面。

（1）关键词常用程度。经过分词后的多个关键词，对整个搜索字符串的意义贡献并不相同。越常用的词对搜索词的意义贡献越小，越不常用的词对搜索词的意义贡献越大。常用词发展到一定极限就是停用词，对页面不产生任何影响。所以搜索引擎对不常用词的加权系数高，常用词的加权系数低，排名算法更多关注的是不常用的词。

（2）词频及密度。通常情况下，搜索词的密度与其在页面中出现的次数成正比，次数越多，说明密度越大，页面与搜索词的关系越密切。

（3）关键词位置及形式。关键词出现在比较重要的位置，如标题标签、黑体、H1等，说明页面与关键词相关。在索引库的建立中提到，页面关键词出现的格式和位置都被记录在索引库中。

（4）关键词距离。关键词被切分之后，如果匹配的关键词出现，说明其与搜索词有一定的相关度，当“搜索引擎”在页面上连续完整地出现，或者“搜索”和“引擎”出现时距离比较近，都被认为其与搜索词相关。

（5）链接分析及页面权重。页面之间的链接和权重关系也影响关键词的相关性，其中最重要的是锚文本。页面有越多以搜索词为锚文本的导入链接，说明页面的相关性越强。链接分析还包括链接源页面本身的主题、锚文本周围的文字等。

6.2.4 分类

搜索方式是搜索引擎的一个关键环节，大致可分为四种：全文搜索引擎、元搜索引擎、垂直搜索引擎和目录搜索引擎。它们各有特点并适用于不同的搜索环境。因此，灵活选用搜索方式是提高搜索引擎性能的重要途径。全文搜索引擎是利用爬虫程序抓取互联网上所有相关文章予以索引的搜索方式；元搜索引擎是基于多个搜索引擎结果并对其整合处理的二次搜索方式；垂直搜索引擎是对某一特定行业内数据进行快速检索的一种专业搜索方式；目录搜索引擎是依赖人工收集处理数据并置于分类目录链接下的搜索方式。

1. 全文搜索引擎

一般网络用户适用于全文搜索引擎。这种搜索方式方便、简洁，并容易获得所有相关信息。但搜索到的信息过于庞杂，因此用户需要逐一浏览并甄别出所需信息。尤其在用户没有明确检索意图的情况下，这种搜索方式非常有效。

2. 元搜索引擎

元搜索引擎适用于广泛、准确地收集信息。不同的全文搜索引擎由于其性能和信息反馈能力的差异，各有利弊。元搜索引擎的出现恰好解决了这个问题，有利于各基本搜索引擎间的优势互补。而且，这种搜索方式有利于对基本搜索方式进行全局控制，引导全文搜索引擎的持续改进。

3. 垂直搜索引擎

垂直搜索引擎适用于有明确搜索意图的情况下进行检索。例如，用户购买机票、火车票、汽车票时，或想要浏览网络视频资源时，都可以直接选用行业内专用搜索引擎，以准确、迅速地获得相关信息。

4. 目录搜索引擎

目录搜索引擎是网站内部常用的检索方式。这种搜索方式旨在对网站内信息进行整合处理，并分目录呈现给用户，但其缺点在于用户需预先了解本网站的内容，并熟悉其主要模块构成。总而言之，目录搜索引擎的适用范围非常有限，且需要较高的人工成本来支持维护。

5. 新网页搜索引擎

2022年6月3日消息，苹果将推出以用户为中心的新网页搜索引擎。

6. 智能搜索

搜索3.0时代，百度将AI技术应用于搜索中，开启“能听会说懂事”的智能搜索时代，同时实现了多场景、多设备、多入口的“无处不在”和“万物可搜”，如智能音箱、无人车等。

6.2.5 主要特点

1. 信息抓取迅速

在大数据时代，网络产生的信息浩如烟海，令人无所适从，难以得到自己需要的信息资源。在搜索引擎技术的帮助下，利用关键词、高级语法等检索方式就可以快速捕捉到相关度极高的匹配信息。

2. 深入开展信息挖掘

搜索引擎在捕获用户需要的信息的同时，还能对检索的信息加以一定维度的分析，以引导用户对信息的使用与认识。例如，用户可以根据检索到的信息条目判断检索对象的热度，还可以根据检索到的信息分布给出高相关性的同类对象，还可以利用检索到的信息智能化给出用户解决方案等。

3. 检索内容的多样化和广泛性

随着搜索引擎技术的日益成熟，当代搜索引擎几乎可以支持各种数据类型的检索，例如自然语言、编程语言、机器语言等各种语言。目前，不仅视频、音频、图像可以被检索，而且人类面部特征、指纹、特定动作等也可以被检索。可以想象，在未来几乎一切数据类型都可能成为搜索引擎的检索对象。

6.2.6 体系结构

搜索引擎的基本结构一般包括搜索器、索引器、检索器、用户接口等四个功能模块。

1. 搜索器

搜索器也叫网络蜘蛛，是搜索引擎用来爬行和抓取网页的一个自动程序，在系统后台不停地在互联网各个节点上爬行，在爬行过程中尽可能快地发现和抓取网页。

2. 索引器

它的主要功能是理解搜索器所采集的网页信息，并从中抽取索引项。

3. 检索器

其功能是快速查找文档，进行文档与查询的相关度评价，并对要输出的结果进行排序。

4. 用户接口

它为用户提供可视化的查询输入和结果输出的界面。

6.2.7　功能模块

搜索引擎中各关键功能模块功能简介如下：

（1）爬虫：从互联网爬取原始网页数据，存储于文档知识库服务器。

（2）文档知识库服务器：存储原始网页数据，通常是分布式 Key－Value 数据库，能根据 URL/UID 快速获取网页内容。

（3）索引：读取原始网页数据，解析网页，抽取有效字段，生成索引数据。索引数据的生成方式通常是增量的、分块/分片的，并会进行索引合并、优化和删除。生成的索引数据通常包括字典数据、倒排表、正排表、文档属性等。生成的索引被存储于索引服务器。

（4）索引服务器：存储索引数据，主要是倒排表，通常是分块、分片存储，并支持增量更新和删除。当数据内容量非常大时，还根据类别、主题、时间、网页质量划分数据分区和分布，更好地服务在线查询。

（5）检索：读取倒排表索引，响应前端查询请求，返回相关文档列表数据。

（6）排序：对检索返回的文档列表进行排序，基于文档和查询的相关性、文档的链接权重等属性。

（7）链接分析：收集各网页的链接数据和锚文本（Anchor Text），以此计算各网页的链接评分，最终会作为网页属性参与返回结果排序。

（8）网页去重：提取各网页的相关特征属性，计算相似网页组，提供离线索引和在线查询的去重服务。

（9）网页反垃圾：收集各网页和网站历史信息，提取垃圾网页特征，从而对在线索引中的网页进行判定，去除垃圾网页。

（10）查询分析：分析用户查询，生成结构化查询请求，指派到相应的类别、主题数据服务器进行查询。

（11）页面描述/摘要：为检索和排序完成的网页列表提供相应的描述和摘要。

（12）前端：接受用户请求，分发至相应服务器，返回查询结果。

6.2.8　关键技术

搜索引擎工作流程主要包括数据采集、数据预处理、数据处理、结果展示等阶段。在各个工作阶段分别使用了网络爬虫、中文分词、大数据处理、数据挖掘等技术。

网络爬虫也被称为蜘蛛或者网络机器人，它是搜索引擎抓取系统的重要组成部分。网络爬虫根据相应的规则，以某些站点作为起始站点，通过各页面上的超链接遍历整个互联网，利用URL广度优先遍历策略从一个HTML文档爬行到另一个HTML文档来抓取信息。

中文分词是中文搜索引擎中一个相当关键的技术，在创建索引之前需要对中文内容进行合理分词。中文分词是文本挖掘的基础，对于输入的一段中文，成功地进行中文分词，可以达到计算机自动识别语句含义的效果。

大数据处理技术是通过运用大数据处理计算框架，对数据进行分布式计算。由于互联网数据量相当庞大，需要利用大数据处理技术来提高数据处理的效率。在搜索引擎中，大数据处理技术主要用来执行对网页重要度进行打分等数据计算。

数据挖掘就是采用自动或半自动的建模算法，寻找隐藏在数据中的信息，从数据库中发现知识的过程。数据挖掘一般与计算机科学相关，并通过机器学习、模式识别、统计学等方法来实现知识挖掘。在搜索引擎中主要是进行文本挖掘，搜索文本信息需要理解人类的自然语言，文本挖掘指从大量文本数据中抽取隐含的、未知的、可能有用的信息。

6.2.9 面临问题

网页时效性：互联网上的用户众多，数据信息来源极广，互联网上的网页是呈实时动态变化的，网页的更新、删除等变动极为频繁，有时候会出现新更新的网页在爬虫程序还来不及抓取的时候却已经被删除的情况，这将大大影响搜索结果的准确性。

大数据存储问题：爬虫抓取的数据在经过预处理后数量依然相当庞大，这给大数据存储技术带来相当大的挑战。当前大部分搜索引擎都是利用结构化数据库来存储数据，结构化数据库存储的数据具有高共享、低冗余等特点，然而由于结构化数据库难以并发查询，所以存在查询效率受限的问题。

检索结果可靠性：目前由于数据挖掘技术以及计算机硬件的限制，数据处理准确性未能达到理想程度，而且由于一些个人或公司利用搜索引擎现有的漏洞，通过作弊手段来干扰检索结果，导致检索结果的可靠性可能会有损失。

6.2.10 发展趋势

1. 社会化搜索

社交网络平台和应用占据了互联网的主流，社交网络平台强调用户之间的联系和交互，这对传统的搜索技术提出了新的挑战。

传统搜索技术强调搜索结果与用户需求的相关性，社会化搜索除了相关性外，还额外增加了一个维度，即搜索结果的可信赖性。对于某个搜索结果而言，传统的结果可能成千上万，但如果是处于用户社交网络内其他用户发布的信息、点评或验证过的信息，则更容易获得信赖，这与用户的心理密切相关。社会化搜索为用户提供更准确、更值得信任的搜索结果。

2. 实时搜索

人们对搜索引擎的实时性要求日益增高，这也是搜索引擎未来的一个发展方向。

实时搜索最突出的特点是时效性强，越来越多的突发事件被第一时间发布在微博上，实时搜索核心强调的就是“快”，用户发布的信息第一时间能被搜索引擎搜索到。不过在国内，实时搜索由于各方面的原因无法被普及，比如Google的实时搜索是被重置的，百度也没有明显的实时搜索入口。

3. 移动搜索

随着智能手机的快速发展，基于手机的移动设备搜索日益流行，但移动设备有很大的局限性，比如屏幕太小、可显示的区域不多、计算资源能力有限、打开网页速度很慢、手机输入烦琐等问题都需要解决。

目前，随着智能手机的快速普及，移动搜索一定会更加快速地发展，因此移动搜索的市场占有率会逐步上升。而对于没有移动版的网站来说，百度也提供了“百度移动开放平台”来弥补这一缺失。

4. 个性化搜索

个性化搜索主要面临两个问题：如何建立用户的个人兴趣模型？在搜索引擎中如何使用这种个人兴趣模型？

个性化搜索的核心是根据用户的网络行为，建立一套准确的个人兴趣模型。而建立这样一套模型，需要全面收集与用户相关的信息，包括用户搜索历史、点击记录、浏览过的网页、用户电子邮件信息、收藏夹信息、用户发布过的信息、博客、微博等内容。比较常见的是从这些信息中提取出关键词及其权重。为不同用户提供个性化的搜索结果是搜索引擎总体的发展趋势，但现有技术存在很多问题，比如个人隐私的泄露，而且用户的兴趣会不断变化，过于依赖历史信息可能无法了解用户的兴趣变化。

5. 地理位置感知搜索

目前，很多手机已经具备GPS（全球定位系统）的应用了，这是基于地理位置感知的搜索，并且可以通过陀螺仪等设备感知用户的朝向。基于这种信息，可以为用户提供准确的地理位置服务以及相关搜索服务。目前，此类应用已经大行其道，比如手机地图APP。

6. 跨语言搜索

如何将中文的用户查询翻译为英文查询，目前主流的方法有三种：机器翻译、双语词典查询和双语语料挖掘。对于一个全球性的搜索引擎来说，具备跨语言搜索功能是必然的发展趋势，而其基本的技术路线一般会采用查询翻译加上网页的机器翻译这两种技术手段。

7. 多媒体搜索

目前，搜索引擎的查询还是基于文字的，即使是图片和视频搜索也是基于文本方式。那么未来的多媒体搜索技术则会弥补这一缺失。多媒体形式除了文字，主要包括图片、音频、视频。多媒体搜索比纯文本搜索要复杂许多，一般多媒体搜索包含四个主要步骤：多媒体特征提取、多媒体数据流分割、多媒体数据分类和多媒体数据搜索引擎。

8. 情境搜索

情境搜索是融合了多项技术的产品，上面介绍的社会化搜索、个性化搜索、地理位置感知搜索等都是支持情境搜索的，目前 Google 在大力提倡这一概念。所谓情境搜索，就是能够感知人与人所处的环境，针对“此时此地此人”来建立模型，试图理解用户查询的目的，根本目标是理解人的信息需求。比如某个用户在苹果专卖店附近发出“苹果”这个搜索请求，基于地理位置感知及用户的个性化模型，搜索引擎就有可能认为这个查询是针对苹果公司的产品，而非对水果的需求。

6.3 使用互联网通信

6.3.1 概念

1. 什么是互联网通信

两台计算机通过网络实现文件共享的行为，就是“互联网通信”。

2. 互联网通信过程中的角色划分

客户端计算机：发送请求并索要资源文件。

服务端计算机：接收请求并提供资源文件。

3. 互联网通信模型

C/S 通信模型如图 6－2 所示。

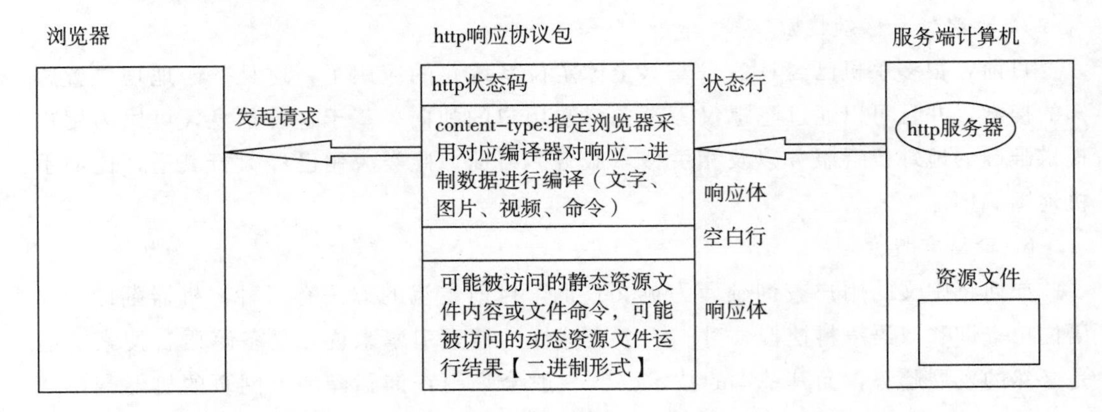

图 6－2　C/S 通信模型示意图

C，client software 客户端软件；

客户端软件专门安装在客户端计算机上；

帮助客户端计算机向指定的服务端计算机发送请求，索要资源文件；

帮助客户端计算机将服务端计算机发送的“二进制命令”解析为“图片、文字、声音、视频、命令”。

S，server software 服务器软件；

服务器软件专门安装在服务端计算机中；

用于接收来自特定客户端软件发送的请求；

接收请求后，自动在服务端计算机上定位被访问的资源文件；

将定位的文件内容解析为“二进制数据”并通过网络发回发起请求的客户端软件上；

适用场景：个人娱乐市场，比如微信、淘宝，还有大型游戏如《英雄联盟》等。

优点：安全性高，减轻服务端计算机的工作压力。

缺点：增加客户获得服务的成本，更新较为烦琐。

B/S 通信模型如图 6－3 所示。

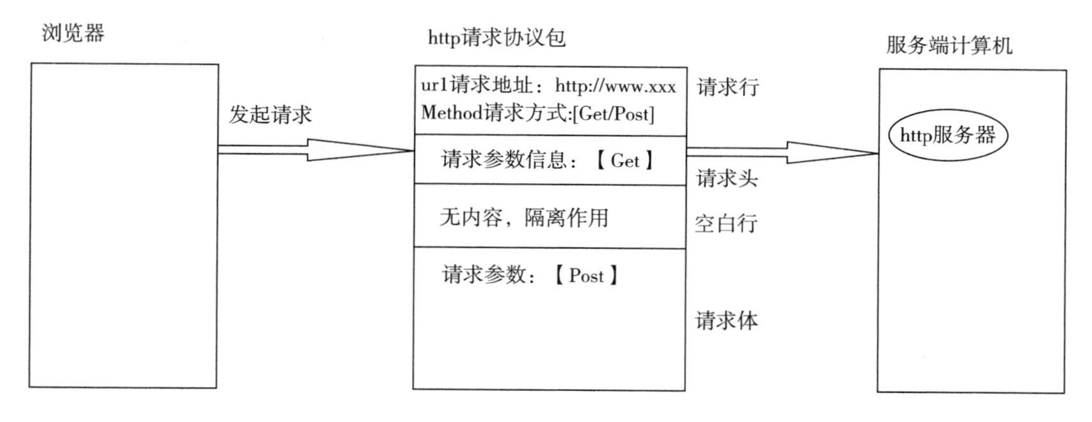

图 6－3 B/S 通信模型示意图

B，browser 浏览器；

浏览器安装在客户端计算机上；

可以向任意服务器发送请求索要资源文件；

将服务器返回的“二进制数据”解析为“图片、文字、声音、视频、命令”。

S，server software 服务器软件；

安装在服务端计算机上；

接收浏览器发送的请求并定位要访问的资源文件；

将定位的资源文件以二进制的内容返回到发起请求的浏览器上。

适用场景：个人娱乐市场，企业日常活动。

优点：降低用户获得服务的成本，浏览器几乎不用更新。

缺点：无法有效对服务端计算机资源文件进行保护，服务端计算机工作压力大。

4. 共享资源文件

可以通过网络进行传输的文件称为共享资源文件。

静态资源文件：文件内容固定（图片、文档、视频）。

浏览器命令（HTML，CSS，JS）。

动态资源文件：服务端计算机中的命令（class）。

调用的区别：

静态资源文件被请求时，HTTP 服务器通过“输出流”将静态文件以“二进制”的形式推送给发起请求的浏览器；

动态资源文件被请求时，HTTP 服务器需要创建当前 class 文件的实例对象，通过对象调用对应的方法处理用户请求，通过“输出流”将运行结果以“二进制”的形式发送给发起请求的浏览器。

6.3.2 通信流程

1. 控制浏览器的请求行为

控制浏览器的请求行为在 Web 开发中是一个关键任务，它涉及前端与后端之间的交互。

(1) 控制浏览器发送请求的地址（URL）。基础 URL 设置：通过 HTML 中的<a>标签、<form>标签的 action 属性或 Java Script 中的 window. location 对象，可以控制浏览器导航到指定的 URL。

动态构建 URL：在 Java Script 中，可以根据用户交互或程序逻辑动态构建 URL。例如，通过拼接字符串或使用模板字符串来构建包含查询参数的 URL。

URL 编码：当 URL 中包含特殊字符或空格时，需要进行 URL 编码以确保正确传输。Java Script 提供了 encode URI Component () 函数来进行编码。

(2) 控制浏览器发送请求的方式（HTTP 方法）。常见的 HTTP 方法包括 GET、POST、PUT、DELETE 等。每种方法有其特定的用途和语义。

GET 方法：用于请求数据，通常用于获取页面或 API 资源。GET 请求的参数通常附加在 URL 的查询字符串中。

POST 方法：用于提交数据，常用于表单提交或上传文件。POST 请求的数据通常包含在请求体中。

PUT 和 DELETE 方法：分别用于更新和删除资源。这些方法在 RESTful API 设计中很常见。

使用 Java Script 发送请求：可以使用原生的 XML Http Request 对象或更现代的 Fetch API 来发送不同类型的 HTTP 请求。

（3）控制浏览器发送请求时携带的参数。GET请求的查询参数：通过URL的查询字符串传递参数。这些参数以键值对的形式出现，多个参数之间用“&”分隔。

POST请求的请求体参数：POST请求的数据通常被放在请求体中，可以是表单数据、JSON对象或其他格式。在发送POST请求时，需要设置正确的“Content-Type”头来指示数据的格式。

请求头参数：除了请求体和查询字符串外，还可以在HTTP请求的头部携带额外的参数。这些参数用于传递元数据或控制请求的行为（如设置认证令牌、缓存控制等）。

参数编码与安全性：在发送请求参数时，需要注意参数编码和安全性。避免直接拼接用户输入到URL或请求体中，以防止跨站脚本攻击（XSS）或其他安全漏洞。使用适当的编码和转义函数来处理用户输入。

此外，还需要注意以下几点：

跨域请求（CORS）：当从一个域名的网页中发起请求到另一个域名时，这可能会受到浏览器的同源策略限制。为了处理跨域请求，后端服务器需要设置适当的CORS头来允许跨域访问。

错误处理与重试机制：在发送请求时，应考虑到网络错误、超时等异常情况，并设计合理的错误处理机制和重试策略。

请求拦截与响应处理：在发送请求之前，可以添加请求拦截器来修改请求参数或添加额外的请求头。在接收响应后，可以添加响应拦截器来处理数据或检查错误。

2. 控制浏览器接收结果行为

控制浏览器接收结果行为是Web开发中的另一个关键部分，它涉及浏览器如何解析服务器返回的数据并展示给用户，以及用户如何与浏览器进行交互。

（1）控制浏览器通过对应的解析器将接收的二进制数据解析为图片、声音、视频、命令。媒体类型识别：浏览器根据服务器返回的Content-Type头部信息来确定数据的媒体类型（如image/jpeg、audio/mpeg、video/mp4等）。这告诉浏览器应该使用哪种解析器或编解码器来处理这些数据。

解析器与编解码器：浏览器内置了多种媒体解析器和编解码器，用于处理不同类型的媒体数据。当接收二进制数据时，浏览器会调用相应的解析器将其解码为可识别的图片、声音或视频。

命令解析：如果服务器返回的是命令或脚本（如Java Script代码），浏览器会使用其Java Script引擎来解析和执行这些命令。这允许动态地改变页面内容、执行计算或与用户进行交互。

（2）控制浏览器将解析的内容或命令进行执行与展示（全局展示/局部展示）。

DOM操作：浏览器通过操作文档对象模型（DOM）来展示解析后的内容。Java Script可以修改DOM结构，从而实现页面的动态更新。全局展示意味着整个页面的内容都可能发生变化，而局部展示则只更新页面的某个部分。

CSS渲染：除了DOM操作外，CSS样式也控制着内容的展示方式。通过修改元素的CSS属性，可以改变其布局、颜色、字体等外观。

异步加载与展示：为了提高用户体验，浏览器支持异步加载和展示内容。这意味着页面的一部分可以先加载并展示给用户，而其他部分则在后台异步加载。这可以通过使用AJAX、Web Workers等技术实现。

（3）控制用户与浏览器之间的交流。事件监听与处理：浏览器通过监听用户事件（如单击、滚动、键盘输入等）来与用户进行交互。当事件发生时，浏览器会触发相应的事件处理程序（通常是Java Script函数），从而执行特定的操作或响应用户的动作。

表单处理：HTML表单是用户与浏览器交互的常见方式。用户可以在表单中输入数据并提交给服务器。浏览器会收集这些数据并将其发送到指定的URL进行处理。

动态反馈：通过Java Script和CSS，浏览器可以为用户提供实时的动态反馈。例如，当用户输入文本时，浏览器可以即时显示验证结果或提供建议；当用户滚动页面时，浏览器可以展示动态加载的内容或提供无限滚动的体验。

此外，还需要注意以下几点：

安全性：在处理用户输入和执行命令时，要特别注意安全性。防止跨站脚本攻击（XSS）、跨站请求伪造（CSRF）等安全漏洞是非常重要的。

性能优化：优化浏览器的接收和展示行为对于提高用户体验至关重要。这包括减少加载时间、优化资源加载顺序、使用缓存等技术来提升性能。

可访问性与兼容性：确保内容在不同浏览器和设备上的兼容性和可访问性也是很重要的。考虑使用标准化的技术和遵循最佳实践来确保广泛的支持和良好的用户体验。

3. 开发动态资源文件解决用户请求

开发动态资源文件以解决用户请求是Web开发中的一项核心任务。这涉及服务器端编程、数据库交互、缓存策略等多个方面。

（1）服务器端编程。选择后端技术栈：根据项目的需求和团队的技能，选择合适的后端技术栈，如Node. js、Python（Django/Flask）、Java（Spring Boot）等。这些技术栈提供了处理HTTP请求、与数据库交互以及生成动态内容的能力。

路由处理：在后端代码中，定义路由规则来匹配用户的请求URL。每个路由通常对应一个处理函数，该函数负责执行特定的业务逻辑并生成响应。

业务逻辑实现：在处理函数中，根据请求的类型和参数，执行相应的业务逻辑。这可能包括验证用户输入、查询数据库、执行计算等。

（2）数据库交互。选择数据库系统：根据项目需求，选择合适的数据库系统，如关系型数据库（MySQL、PostgreSQL）或非关系型数据库（MongoDB、Redis）。

数据模型设计：设计数据库表结构或文档结构，以存储项目所需的数据。确保数据模型能够支持业务需求，并考虑数据的扩展性和可维护性。

数据访问与操作：在后端代码中，使用相应的数据库驱动程序或 ORM（对象关系映射）工具来连接数据库，并执行查询、插入、更新和删除等操作。

（3）动态内容生成。模板引擎：使用模板引擎（如 Handlebars、EJS、Jinja2 等）来动态生成 HTML 内容。模板引擎允许将后端数据与 HTML 模板结合，生成个性化的页面。

JSON API：对于需要返回 JSON 格式数据的请求，后端代码可以直接构建 JSON 对象，并将其作为响应返回给前端。前端可以通过 Java Script 解析和处理这些数据。

文件处理与上传：如果需要处理文件上传或生成动态文件（如 PDF、图片等），后端代码需要提供相应的文件处理逻辑。这包括接收上传的文件、保存到服务器、进行必要的处理以及返回文件链接或直接发送文件内容。

（4）缓存策略。浏览器缓存：利用 HTTP 缓存头（如 Cache - Control、ETag、Last - Modified）来控制浏览器对资源的缓存行为。这可以减少对服务器的请求次数，提高页面加载速度。

服务器端缓存：在服务器端实施缓存机制，如使用 Redis 等内存数据库来缓存热点数据或计算结果，这可以减少对数据库的访问次数，提升系统性能。

（5）安全性考虑。输入验证与过滤：对用户输入进行严格的验证和过滤，防止 SQL 注入、跨站脚本攻击（XSS）等安全漏洞。

权限控制：实施用户认证和权限控制机制，确保只有被授权的用户才能访问特定的资源或执行特定的操作。

数据加密与传输安全：使用 HTTPS 协议来加密数据传输，保护用户数据的安全。

（6）性能优化。异步处理：对于耗时的操作（如复杂的计算、大文件的处理），使用异步处理机制（如后台任务队列）来避免阻塞用户请求。

负载均衡与伸缩性：根据系统负载情况，使用负载均衡技术来分发请求到多个服务器实例上，提高系统的伸缩性和稳定性。

资源优化：优化静态资源的加载和压缩，减少网络传输的开销。使用 CDN（内容分发网络）来加速对静态资源的访问。

6.3.3 涉及技术

1. 控制浏览器行为：HTML，CSS，Java Script

HTML（Hyper Text Markup Language）是用于构建网页结构和内容的标准标记语言。通过 HTML 标签，开发者可以定义标题、段落、列表、链接等网页元素。

CSS（Cascading Style Sheets）用于描述网页的外观和样式。它控制网页元素的布局、颜色、字体等视觉特性，使得页面更加美观和易于阅读。

Java Script 是一种用于控制浏览器行为的脚本语言。它可以用于实现动态效果、表单验证、用户交互等。通过 Java Script，开发者可以监听用户事件（如单击、滚动等），并根据这些事件执行相应的代码逻辑。此外，Java Script 还可以与 HTML 和 CSS 紧密集成，实现更复杂的网页交互效果。

2. 控制数据库行为：MySQL（SQL 命令）

MySQL 是一个流行的关系型数据库管理系统，它使用 SQL（Structured Query Language）作为查询语言。SQL 是一种用于管理关系数据库的标准化语言，包括数据查询、插入、更新和删除等操作。

在 MySQL 中，开发者可以通过 SQL 命令来执行各种数据库操作。例如，使用 SELECT 语句查询数据，使用 INSERT 语句插入数据，使用 UPDATE 语句更新数据，以及使用 DELETE 语句删除数据。此外，MySQL 还提供了丰富的函数和特性，如索引、事务处理、存储过程等，以支持更高级的数据库操作和管理。

3. 控制服务端 Java 行为的技术：HTTP 服务器——Servlet，JSP

在 Java Web 开发中，Servlet 和 JSP（Java Server Pages）是两种常用的技术，用于控制服务端的行为和处理 HTTP 请求。

Servlet 是一个基于 Java 的 Web 组件，用于处理客户端的请求并生成动态 Web 内容。当客户端发送 HTTP 请求到服务器时，服务器会调用相应的 Servlet 来处理请求。Servlet 可以接收请求参数、访问数据库、执行业务逻辑，并生成响应结果返回给客户端。

JSP 是一种基于 Java 的服务器端页面技术，它允许开发者在 HTML 页面中嵌入 Java 代码。JSP 页面在服务器端执行，并根据其中的 Java 代码动态生成 HTML 内容。JSP 提供了丰富的标签库和表达式语言，简化了 Web 页面的开发过程。

通过 Servlet 和 JSP 的结合使用，开发者可以构建功能强大、灵活可扩展的 Java Web 应用程序。

4. 互联网通信开发原则：MVC

MVC（Model View Controller）是一种广泛使用的软件设计原则，尤其在互联网通信开发中。它通过将应用程序的逻辑、数据和表示层分离，使得代码更加模块化、可维护和可扩展。

Model（模型）：负责应用程序的数据和业务逻辑。它通常包含与数据库交互的代码，处理数据的存储和检索。

View（视图）：负责应用程序的用户界面表示。它可以是 HTML 页面、JSP 文件或其他形式的展示层。视图仅显示数据，不包含任何业务逻辑。

Controller（控制器）：负责接收用户的输入（如 HTTP 请求），并调用相应的模型和视图来处理请求和生成响应。控制器充当模型和视图之间的协调者，确保它们之间正确交互。

MVC 的使用有助于降低代码之间的耦合度，提高代码的可重用性和可测试性。通过将不同的职责分配给不同的组件，开发者可以更加高效地开发、调试和维护复杂的互联网应用程序。

6.3.4　相关通信软件

1. 腾讯QQ即时通信软件

QQ成立初期主要业务是为寻呼台建立网上寻呼系统，这种针对企业或单位的软件开发工程几乎可以说是所有中小型网络服务公司的最佳选择之一，这是腾讯QQ的前身，QQ标志如图6-4所示。

图6-4　QQ标志

腾讯QQ支持在线聊天、视频聊天以及语音聊天、点对点断点续传文件、共享文件、网络硬盘、自定义面板、远程控制、QQ邮箱、传送离线文件等多种功能，并可与多种通信方式相连。

此外，QQ还具有与手机聊天、视频通话、语音通话、网络收藏夹、发送贺卡、存储文件等功能。QQ不仅仅是简单的即时通信软件，它与全国多家寻呼台、移动通信公司合作，实现传统的无线寻呼网、GSM移动电话的短消息互联，是国内最为流行、功能最强的即时通信（IM）软件。腾讯QQ支持在线聊天，即时传送视频、语音和文件等多种功能。同时，QQ还可以与移动通信终端、IP电话网、无线寻呼等多种通信方式相连，使QQ不仅是单纯意义的网络虚拟呼机，而且是一种方便、实用、高效的即时通信工具。QQ可能是在中国被使用次数最多的通信工具。QQ状态分为不在线、离线、忙碌、请勿打扰、离开、隐身、在线、Q我吧，还可以自定义QQ状态。其登录界面如图6-5所示。

（1）账号获取。用户可以通过QQ号码、电子邮箱地址登录腾讯QQ。电子邮箱账号是自QQ2007正式版加入的一种可选的登录方式，需与一个QQ号码绑定后才可使用。QQ号码由数字组成，1999年，即QQ刚推出不久时，其长度为5位数，截至2013年，通过免费注册的QQ号码长度已经达到10位数。QQ号码分为免费的“普通号码”、付费的“QQ靓号”和“QQ行号码”，包含某种特定寓意（如生日、手机号

图 6-5　QQ 的登录界面

码）或重复数字的号码通常作为靓号在 QQ 号码商城出售。

（2）账号使用须知。腾讯在其《腾讯 QQ 软件许可及服务协议》中规定，QQ 账号使用权仅属于初始申请注册人，禁止赠与、借用、租用，或与他人进行“转让或售卖”。2005 年 3 月至 7 月，一名腾讯职员与另一人合谋通过内部窃取他人 QQ 号码出售获利，最终两人以侵犯他人通信自由罪被判各拘役六个月。同时，根据协议，腾讯有权回收 QQ 号码，除由于非法转售 QQ 号码而被回收外，回收的对象还包括三个月内没有登录记录的普通 QQ 号码，自关停后一个月内没有及时续费的付费号码，以及非法抢注的、用于灌水或群发广告的号码。

2. 微信（WeChat）

微信是腾讯公司于 2011 年 1 月 21 日推出的一个为智能终端提供即时通信服务的免费应用程序，由张小龙所带领的腾讯广州研发中心产品团队打造。微信支持跨通信运营商、跨操作系统平台通过网络快速发送免费（需消耗少量网络流量）的语音短信、视频、图片和文字，同时，也可以使用基于位置的社交插件，如“摇一摇”“朋友圈”“公众平台”“语音记事本”等服务插件。微信标志如图 6-6 所示。

截至 2016 年第二季度，微信已经覆盖中国 94％以上的智能手机，月活跃用户达到 8.06 亿，用户覆盖 200 多个国家和地区，支持超过 20 种语言。此外，各品牌的微信公众号总数已经超过 800 万个，移动应用对接数量超过 85000 个，广告收入增至 36.79 亿元人民币，微信支付用户则有约 4 亿。[①]

① 数据来源：百度百科。

图6-6　微信标志

微信提供公众平台、朋友圈、消息推送等功能，用户可以通过“摇一摇”“搜索号码”“附近的人”“扫二维码”等方式添加好友和关注公众平台，同时可以将内容分享给好友以及将用户看到的精彩内容分享到微信朋友圈。

操作指南：

（1）账号注册。微信推荐使用手机号注册，并支持100多个国家的手机号。微信不可以通过QQ号直接注册或通过邮箱账号注册。第一次使用QQ号登录时，是无法登录的，只能用手机注册并绑定QQ号才能登录，微信会要求设置微信号和昵称。微信号是用户在微信中的唯一识别号，必须大于或等于六位，注册成功后允许修改一次。昵称是微信号的别名，允许多次更改。

（2）密码找回。通过手机号找回：使用手机注册或已绑定手机号的微信账号，可以通过手机找回密码。在微信软件登录页面点击“忘记密码”→选择“通过手机号找回密码”→输入注册的手机号，系统会发送一条短信验证码至手机。打开手机短信中的地址链接（也可在电脑端打开），输入验证码重设密码即可。

通过邮箱找回：通过邮箱注册或绑定邮箱，并已验证邮箱的微信账号，可以通过邮箱找回密码。在微信软件登录页面点击“忘记密码”→选择“通过E-mail找回密码”→填写绑定的邮箱地址，系统会发送重置密码的邮件至注册邮箱。点击邮件中的链接地址，根据提示重设密码即可。

通过注册QQ号找回：用QQ号注册的微信，微信密码与QQ密码相同，在微信软件登录页面点击“忘记密码”→选择“通过QQ号找回密码”→根据提示找回密码即可。也可以点击这里进入QQ安全中心找回QQ密码。

（3）二维码。微信二维码操作：拥有微信二维码就可以扫描微信账户，添加好友，将二维码图案置于取景框内，微信会识别好友的二维码。

微信二维码登录：微信推出网页版后，在网页版中，不再使用传统的用户名密码登录，而是使用手机扫描二维码的方式登录。

微信二维码扫描：针对所有微信用户，可用手机扫描即可添加好友，进行互助交友。

（4）企业邮箱绑定。绑定方法：企业成员登录邮箱后，选择“设置”→“提醒服务”→“微信提醒”，点击“绑定微信”。页面会显示一个二维码，此时打开微信，使用“扫一扫”功能扫描此二维码。扫描成功后，微信会提示“确认绑定企业邮箱”，点击“确认”完成绑定。

保护微信安全：在安卓微信 5.1 版中，用户如果安装了腾讯手机管家 4.6 版本，就可在微信端启用手机安全防护功能，这可以让微信以及其他手机应用避免恶意软件和病毒的侵扰，降低盗号风险，提高隐私安全。微信之所以推荐腾讯手机管家，主要是因为安卓平台的开放性使其存在安全隐患。腾讯手机管家 4.6 升级“微信安全”与微信 5.1 推荐腾讯手机管家实现了手机安全防护的体验闭环，也体现了腾讯公司对手机安全的重视。腾讯手机管家用户数已经超过 3.5 亿，小火箭加速、秘拍等多项创新功能引领行业潮流。2017 年 11 月，微信关停网页版登录，可能是为了防止机器人滥用。

3. 钉钉（Ding Talk）

钉钉是阿里巴巴集团打造的企业级智能移动办公平台，是数字经济时代的企业组织协同办公和应用开发平台，标志如图 6－7 所示。

图 6－7　钉钉的标志

钉钉将 IM 即时沟通、钉钉文档、钉闪会、钉盘、Teambition、OA 审批、智能人事、钉工牌、工作台深度整合，打造简单、高效、安全、智能的数字化未来工作方式，助力企业的组织数字化和业务数字化，实现企业管理“人、财、物、事、产、供、销、存”的全链路数字化。

可以通过钉钉开放平台上的 SaaS 软件，低成本、便利地搭建适合企业的数字化应用平台，通过钉钉整合企业所有数字化系统。不懂代码的人也可以借助低代码工具，搭建个性化的 CRM、ERP、OA、项目管理、进销存等系统。钉钉已经开放超过 2000 个 API 接口，为企业数字化转型提供开放兼容的环境。

钉钉专为中国企业打造免费沟通和协同的多端平台，提供 PC 版、Web 版、Mac 版和手机版，支持手机和电脑间文件互传。钉钉因中国企业而生，帮助中国企业通过系统化的解决方案（微应用），全方位提升中国企业沟通和协同效率。

截至 2023 年底，钉钉用户数达到 7 亿，软件付费企业数达到 12 万家，付费日活跃用户（DAU）突破 2800 万。

操作指南：

(1) 个人账号注册。登录官方网站和各大应用市场皆可下载；使用手机安装后，进入即可看到个人注册按钮，点击即可使用手机号码注册钉钉账号。

(2) 密码找回。钉钉手机客户端提供了验证码登录方式，验证成功即可修改（设置）密码，方便快捷。

(3) 企业账号注册。登录官方网站点击“企业注册”按钮，即可立即进行企业注册；企业注册需要提供相应的营业执照、管理员身份证信息等。

(4) 上传企业通讯录。登录官方网站点击“企业登录”按钮后即可上传、管理企业人员及其联系信息。

(5) PC 端组建团队。登录官方网站点击“企业注册”按钮，即可立即进行团队注册。手机端组建团队：

登录钉钉手机客户端→点击“联系人”栏目→点击“添加”按钮→点击“创建团队”。

(6) DING 消息的使用。登录钉钉手机客户端→点击“DING 栏目”→设置“发送方式、人群、时间、内容”。

(7) 建立企业群。登录钉钉手机客户端→点击右上角“+”按钮→选择“企业群聊天”→选择“自己所在的企业”→选择“相应的部门”。

6.4　网络购物

网络购物，就是通过互联网检索商品信息，并通过电子订购单发出购物请求，然后填写私人支票账号或信用卡号码，厂商通过邮购的方式发货，或是通过快递公司送货上门。中国国内的网上购物，一般付款方式是款到发货（直接银行转账、在线汇款）和担保交易则是货到付款等。

国家工商行政管理总局颁布的《网络交易管理办法》，自 2014 年 3 月 15 日起施行，网购商品七天内可无理由退货。

2015 年 1 月 23 日，国家工商行政管理总局发布的数据显示，2014 年全国网购投诉量创五年最高，主要集中在合同、售后服务、质量等方面，分别占投诉总量的 28.4%、22.7%、21.7%。

2015 年 3 月 15 日，《侵害消费者权益行为处罚办法》（以下简称《处罚办法》）正式实施。《处罚办法》施行后，“由……享有最终解释权”“概不退换”等诸如此类的霸王条款将一概视为违法行为。

2017 年 12 月 1 日，《公共服务领域英文译写规范》正式实施，规定网上购物的标准英文名为 Online Shopping。

6.4.1 发展背景

1999 年底，随着互联网高潮来临，中国网络购物的用户规模不断上升。2010 年，中国网络购物市场延续用户规模、交易规模的双增长态势。2010 年，中国网络购物市场交易规模接近 5000 亿元，达 4980.0 亿元，占到社会消费品零售总额的 3.2%；同时，网络购物用户规模达到 1.48 亿，在网民中的渗透率达 30.8%（《2013—2017 年中国网络购物行业市场前瞻与投资预测分析报告》统计数据显示）。对于一些传统企业而言，通过一些传统的营销手段已经很难对现今的市场产生重大的影响。如果想将企业的销售渠道完全打开，企业就必须引进新的思维和新的方法。而网络购物正好为现今的传统企业提供了一个很好的机会与平台，传统企业通过借助第三方平台和建立自有平台纷纷试水网络购物，构建合理的网络购物平台、整合渠道、完善产业布局成为传统企业未来发展的重心和出路。

6.4.2 发展历程

中国第一宗网络购物发生在 1996 年 11 月，购物者是加拿大驻中国大使贝详，他通过实华开公司的网点，购得了一只景泰蓝“龙凤牡丹”。早在 1999 年以前，中国互联网的先行者们就开始建立 B2C 网站，致力于在中国推动网络购物。但这种做法在当时遭到了经济学界的普遍质疑：

是否会有足够多的消费者会在线购物?

网络购物能否解决物流配送的问题?

网络购物能否解决网络支付的问题?

然而，从之后的实践来看，这些质疑都不是问题，它们已经被大型购物网站和除了邮政以外的快递公司及众多与各大银行对接的第三方网上支付所解决。

自 1991 年起，中国先后在海关、外贸、交通航运等部门开展了 EDI（电子数据交换）的应用，启动了金卡、金关、金税工程。1996 年，外贸部成立了中国国际电子商务中心。1997 年，网上书店开始出现，网上购物及中国商品订货系统初现端倪。1998 年 7 月，中国商品交易市场网站正式运行，北京、上海启动了电子商务工程。

1998 年 3 月 6 日下午 3：30，国内第一笔 Internet 网上电子商务交易成功。中央电视台的王轲平先生通过中国银行的网上银行服务，从世纪互联公司购买了 10 小时的上网机时。3 月 18 日，世纪互联和中国银行在京正式宣布了这条消息。不久之后，满载价值 166 万元的 COMPAQ 电脑的货柜车，从西安的陕西华星公司运抵北京海星凯卓计算机公司，这是在中国商品交易中心的网络上生成的中国第一份电子商务合同。由此开始，因特网电子商务在中国从概念走入应用。

1999 年底，正值互联网高潮来临的时候，国内诞生了 300 多家从事 B2C 的网络公司。2000 年，这些网络公司增加到了 700 家。但随着纳指的下挫，到 2001 年人们还有印象的只剩下三四家。随后网络购物经历了一个比较漫长的“寒冬时期”。

SARS 开启了中国网上购物的新纪元。面对“非典”的袭击，多数人被困在屋内，而要想不出门就买到自己所需的东西只能依赖网络，许多防范意识很强的人也尝试网络购物。至此，越来越多的人认识到“网上订货、送货上门”的方便，也有越来越多的人开始接受网络购物。2003 年“非典”过后，越来越多的人开始参与网络购物。以当当和卓越为代表的中国 B2C 的早期拓荒者，将图书这个低价格、标准化的商品作为网络购物的切入点，借助快递配送和货到付款的交易流程，开始逐步建立自己的市场基础，在度过互联网的寒冬之后获得了快速的成长。

随着经济的发展，网络购物逐渐重放异彩。2005 年，当当网实现全年销售 4.4 亿元，这一数字大大超过两三年前绝大部分投资机构的预期。这一数字证明了亚马逊（著名电子商务网站）模式在中国的成功，也证明了经济学家的过分悲观主义和市场力量的伟大。

在当当、卓越这样以图书切入市场的综合性网络商城模式之外，淘宝网和易趣网两家 C2C 网站也随后兴起，并在交易额上后来居上，在短期内取得很大的成功。

从 2006 年开始，中国的网购市场进入了第二阶段。经过前几年当当、卓越、淘宝、中国购、51 特价街等一批网站的培育，网民数量比 2001 年增长了十几倍，很多人都有了网上购物的体验，整个电子商务环境中的交易可信度、物流配送和支付等方面的瓶颈被逐步打破。

自 1999 年以来，网络购物的物流配送问题持续得到解决。到 2005 年，对于当当、淘宝网等来说，物流配送已经不是问题。一个包括多仓储中心、异地批量运输、本地快速单件递送在内的非常草根的物流体系开始趋于成熟，并在中国网络购物的发展过程中起着实质性的支撑作用。

2007 年是中国网络购物市场快速发展的一年，C2C 电子商务与 B2C 电子商务市场交易规模分别实现了 125.2%和 92.3%的快速增长。2007 年中国 B2C 电子商务市场交易规模达到 43 亿元；2007 年中国 C2C 电子商务市场交易规模达到 518 亿元。（《2007—2008 年中国网络购物发展报告》数据显示）。

2023 年 8 月，第 52 次《中国互联网络发展状况统计报告》显示，2023 年上半年，全国网上零售额为 7.16 万亿元，同比增长 13.1%，其中，农村网络零售额达1.12万亿元，同比增长 12.5%。作为数字经济的重要业态，网购消费在助力消费增长中持续发挥积极作用。

6.4.3　发展现状

随着互联网的普及，网络购物的优点更加突出，日益成为一种重要的购物形式。中国互联网络信息中心（CNNIC）2012 年 1 月发布的《第 29 次中国互联网络发展状况统计报告》显示：截至2011年12月底，中国网民规模达到5.13亿，全年新增网民5580万；互联网普及率较上年底提升4个百分点，达到38.3%。中国手机网民规模达到3.56亿，同比增长17.5%，与前几年相比，中国的整体网民规模增长进入平台期。

自2009年以来，以网络购物、网上支付、旅行预订为代表的商务类应用持续快速增长，并引领其他互联网应用发展，成为中国互联网发展的突出特点。

2011年这一态势依然延续，中国网络购物应用依然处于较快发展通道。

但是，由于新网民总量减少和老网民转化乏力，网购用户增长放缓。伴随着中国网民增速的放缓，中国网络购物用户增长速度和绝对增长量双双出现回落。从2008年开始，中国网络购物用户数一直高位增长，2008—2010年增长率均处于50%左右的水平，用户年增长的绝对数量也在持续增大。

2011年，虽然网购渗透率仍在提升，但是网购用户年增长率却下滑至20.8%，年新增用户绝对数明显下降，为3344万人，与2010年相比减少1907万。在网民网络购物使用深度增加的同时，网络购物的用户增速已有所放缓，并表现出以下特点：

百万企业加强了信息化建设：企业是电子商务的重要消费群体和服务群体，企业间的交易额仍然占有电子商务的大部分市场份额。

网络安全得到政府重视：网络安全影响着网民个人信息安全、在线交易安全和网站运营安全，直接影响了电子商务的稳定和网民对电子商务的信任。工信部发表有关言论指出：信息安全是国家重要战略。将互联网信息安全上升到国家战略高度，政府对于网络安全的重视由此可见。

在线支付形式便捷多样：在线支付是实现电子商务在线交易的重要工具，也是保证电子商务交易环节通畅、保障供求双方利益的有力手段。第三方支付平台因其服务功能的完善越来越受到人们的信赖，大量的网上交易通过第三方支付平台完成。

互动功能满足网民多种需求：影响网民购买商城商品的主要因素之一就是其他网民对产品的评价。特别是在购买价格相对较高的产品时，网民需要真实了解产品的实际情况及信息渠道和平台。只有消费者面对消费者进行沟通时，消费警惕性才会降到最低，甚至直接将无意识消费转化为主动消费。此时，SNS的“互动性”“即时性”“便捷性”特点，恰好满足了网民的信息共享需求。

2014年3月15日，《网络交易管理办法》施行，此前出台的《网络商品交易及有关服务行为管理暂行办法》同时废止。

新版办法的主要内容如下：

（1）不得设定最低消费标准。

（2）网络商品经营者销售商品时，消费者有权自收到商品之日起七日内退货，且无须说明理由。

（3）不得利用格式条款强制交易。

（4）未经同意不得发送商业信息。

（5）不得以虚构交易提升信誉。

6.4.4　网购技巧

1. 购买前

（1）利用网购导航进行网购。

（2）选择网店时，一定要与卖家交流，多问，还要看卖家店铺首页是否带有 ITM（互动交易模式）标识，能否实行 OVS（线上订购、线下验货、满意付款）服务。

（3）购买商品时，付款人与收款人的信息都需填写准确，以免收发货出现错误。

（4）用银行卡付款时，最好卡里不要存放过多的金额，以防止被不诚信的卖家划走过多的款项。

（5）遇到欺诈或其他权益受侵犯的情况，可以在网上联系网络警察处理。

在购买前，应了解网络欺骗的方法和手段，为后期购买做好准备，如图 6－8 所示。

图 6－8　了解网络欺骗方法和手段

2. 购买中

（1）看。仔细查看商品图片，分辨是商业照片还是店主自己拍的实物照片，并且要注意图片上的水印和店铺名，因为很多店家都在盗用其他人制作的图片；店铺首页是否带有 ITM 标识，能否提供 OVS 服务。

（2）问。询问产品相关问题，一是了解店主对产品的了解程度，二是观察他的态度，如果人品不好，买了他的东西也会带来麻烦。

（3）查。查店主的信用记录。查看其他买家对此款产品或相关产品的评价。如果有中差评，要仔细看店主对该评价的解释。

6.4.5 网购陷阱

低价诱惑如图 6－9 所示。

图 6－9 低价诱惑

在网站上，如果许多产品以市场价的半价甚至更低的价格出现，这时就要提高警惕，想想为什么它会这么便宜，特别是名牌产品，因为名牌产品除了二手货或次品货，从正规渠道进货的名牌产品是不可能和市场价相差那么远的。

（1）高额奖品。有些不法网站、网页，往往利用巨额奖金或奖品诱惑、吸引消费者浏览网页，并购买其产品。

（2）虚假广告。有些网站提供的产品说明存在虚假宣传，消费者点击进入之后，购买到的实物与网上看到的样品不一致。

（3）设置格式条款。买货容易退货难，一些网站的购买合同采取格式化条款，对网上售出的商品不承担“三包”责任、没有退换货说明等。消费者购买了质量不好的产品，想换货或者维修时，就无计可施了。对此，建议当地设有 ITM 实体服务店的消费者网购时一定要选择 OVS 服务，才能确保有完善的售后服务。而对于当地未设立 ITM 店的消费者，则只能据理力争。

（4）山寨网站骗钱财。网购时消费者应只接受货到付款、第三方支付或 OVS 服务这三种方式。

（5）骗个人信息。网上购物时不要轻易向卖家泄露个人详细资料，在设置账户密码时尽量不要简单地使用自己的个人身份信息。遇到类似电话核实的情况，一定要问明对方身份再视情形配合。

（6）网络钓鱼盗信息。不要随意打开聊天工具中发送过来的陌生网址，不要打开陌生邮件和邮件中的附件，及时更新杀毒软件。一旦遇到需要输入账号、密码的环节，交易前一定要仔细核实网址是否准确无误，再进行填写。

6.4.6　质量问题

2015年1月，国家工商行政管理总局公布了2014年下半年网络交易商品定向监测结果，并就网络交易平台内易发的违法违规问题向社会发布风险警示。

此次监测抽查了淘宝网、京东商城、天猫、1号店、中关村电子商城、聚美优品等平台，以电子产品、儿童用品、汽车配件、服装、化妆品和农资等为重点监测种类，以高知名度商标、涉外商标等为重点取样商品品牌。

监测共完成92个批次的样品采样，其中有54个批次的样品为正品，正品率为58.7%，非正品率为41.3%。其中非正品包括假冒伪劣产品、翻新产品、非授权正规渠道产品、含量与宣传不符产品、无3C认证产品、非中国大陆地区官方正品、不符合《消费品使用说明化妆品通用标签》要求的产品等各类情况。值得注意的是，监测结果显示，手机行业正品率仅为28.57%；淘宝网正品率最低，仅为37.25%。

6.4.7　法律规定

2015年3月15日是3·15国际消费者权益保护日，《侵害消费者权益行为处罚办法》正式实施。

《侵害消费者权益行为处罚办法》第十二条中，明确将七种行为定义为霸王条款。如商家免除或部分免除售后维修责任；强制消费者使用其指定的商品或服务；单方享有最终解释权等。

6.4.8　京东商城

京东是中国的综合网络零售商，是中国电子商务领域受消费者欢迎和具有影响力的电子商务网站之一，拥有家电、数码通信、电脑、家居百货、服装服饰、母婴、图书、食品、在线旅游等12大类数万个品牌百万种优质商品。京东在2012年的中国自营B2C市场上占据49%的份额，凭借全供应链继续扩大在中国电子商务市场上的优势。京东已经建立华北、华东、华南、西南、华中、东北六大物流中心，同时在全国超过360座城市建立核心城市配送站。2012年8月14日，京东与苏宁展开“史上最惨烈价格战”。2013年3月30日19点整京东正式切换了域名，并且更换新的logo。

2018年1月11日，刘强东发出内部邮件，宣布京东商城将组建大快消事业群、电子文娱事业群和时尚生活事业群。3月，北京市消协官网显示，北京市消协2017年在京东商城购买了74种比较试验样品，其中有33种不达标，不达标率为44.6%。

2019年6月19日凌晨消息，京东618公布最终数据，从2019年6月1日0点到6月18日24点，累计下单金额达2015亿元，覆盖全球消费者达7.5亿。

2021年7月，京东Logo更新，变为3D立体。

京东商城是中国大型的网上购物商城。

京东商城Windows phone版是一款基于Windows phone平台的网络购物软件，不仅有商品浏览、购物、订单跟踪、晒单、商品评价等功能，还有专为Windows phone用户精心设计的操作界面，其标志如图6-10所示。

图6-10　京东的标志

6.4.9　淘宝网

淘宝网是亚太地区较大的网络零售、商圈，由阿里巴巴集团在2003年5月创立。

随着淘宝网规模的扩大和用户数量的增加，淘宝也从单一的C2C网络集市变成包括C2C、团购、分销、拍卖等多种电子商务模式在内的综合性零售商圈。淘宝网已经成为世界范围内的电子商务交易平台之一，标志如图6-11所示。

网站特色：

1. *初期营销*

(1)“农村包围城市”。由于国家加大了对短信的规范力度，一大批中小型网站和个人网站失去了利润来源而难以为继。淘宝网将广告投放到这些小网站上，通过广告宣传，让广大消费者知道了有这么一个C2C电子商务网站。

(2) 淘宝网与MSN等门户网站联盟。由于人们对淘宝网的看法已经发生了很大的转变，因此，淘宝网开始组建战略联盟。

图 6 - 11　淘宝网的标志

（3）利用传媒做市场宣传。淘宝网从 2004 年的北京国际广播电视周开始，就利用热卖的贺岁片提高了其知名度，而且把道具拿到网上拍卖。

2. 网站质量

（1）网站界面设计。淘宝网不断地改进和创新，使得网站的界面更加简洁。

（2）客服中心。一旦用户有什么不明白的问题，就可以到客服中心的页面下寻求解决，客服中心包括帮助中心、淘友互助吧、淘宝大学和买/卖安全四大板块。

（3）虚拟社区。淘宝的虚拟社区建立成功，促进了消费者的信任。虚拟社区下设建议厅、询问处、支付宝学堂、淘宝里的故事、经验畅谈居等板块。

3. 免费优势

淘宝网自 2003 年 7 月成功推出以来，就以 3 年“免费”策略迅速打开中国 C2C 市场，并在短短 3 年时间内，取代 eBay（易趣）成为中国 C2C 市场的领头羊。2005 年 10 月 19 日，阿里巴巴宣布“淘宝网将再继续免费 3 年”。2008 年 10 月 8 日，淘宝在新闻发布会上宣布继续免费。

4. 信用体系

淘宝网的实名认证。一旦淘宝发现用户注册资料中的主要内容包含虚假信息，淘宝可以随时终止与该用户的服务协议。

利用网络信息共享优势，建立公开透明的信用评价系统。淘宝网的信用评价系统的基本原则是：成功交易一笔买卖，双方对对方进行一次信用评价。

5. 交易平台

为了解决 C2C 网站支付的难题，淘宝打造了“支付宝服务”技术平台。它是由浙江支付宝网络科技有限公司与公安部门联合推出的一项身份识别服务。支付宝的推出，解决了买家对于先付钱而得不到所购买的产品或得到的是与卖家在网上声明不一致的劣质产品的担忧，同时也解决了卖家对于先发货而得不到钱的担忧。

6. 安全制度

淘宝网注重诚信安全方面的建设，引入了实名认证制度，并区分了个人用户与商家用户认证，两种认证需要提交的资料不同。个人用户认证只需提供身份证明，商家用户认证还需提供营业执照，一个人不能同时申请两种认证。

7. 网店过户

从淘宝网获悉："网店过户"线上入口于 2013 年 7 月 24 日正式开放，这意味着将来网店经营者只要满足一些必要条件，即可向平台提出"过户"申请；过户后网店信誉保持不变，所有经营性的行为都会统一保留。同时，淘宝对店铺过户双方也有一定约束，如原店铺签署的各类服务协议，过户后一并承接。

8. 比价功能

2022 年 5 月，淘宝 APP 在 iOS 和安卓两个平台推出了 10.12.0 版本的更新。该版本最大的变化是加入了官方比价功能。升级至最新版本后，买家只需要在淘宝内搜索"有好价"，就能够进入比价查价界面。

本章小结

本章深入探讨了计算机网络应用的广泛性和重要性，重点介绍了万维网（WWW）的基本概念、发展历史和关键技术，如超文本、超链接、HTTP 和 FTP 协议。同时，本章分析了搜索引擎的工作原理和互联网通信的模型，包括 C/S 和 B/S 架构，以及共享资源文件的传输过程。此外，本章还涉及了网络购物的技巧、安全问题和相关法律法规，列举了京东商城和淘宝网等知名电商平台的发展历程和特点。通过本章的学习，读者可以全面了解计算机网络应用的现状和趋势，掌握网络通信和电子商务的基础知识，提高网络信息检索和在线交易的能力。

思考与练习

一、填空题

1. 文本、图形、视频、音频等多媒体，称为________。Web 上的信息是由彼此关联的文档组成的，而使其连接在一起的是超链接________。

2. 网页文件是用________编写的，可在 WWW 上传输，能被浏览器识别显示的文本文件。其扩展名是 .htm 和 .html。

3. HTTP 是 WWW 浏览器和 WWW 服务器之间的________层通信协议。

4. 在 WWW 上，任何一个信息资源都有统一的并且在网上唯一的地址，这个地址就叫作________。

5. Internet 地址又称________，它能够唯一确定 Internet 上每台计算机、每个用户的位置。

二、选择题

1. 关于 TCP/IP 的描述中，下列哪个是错误的？(　　)

A. 地址解析协议 ARP/RARP 属于应用层

B. TCP、UDP 都要通过 IP 来发送、接收数据

C. TCP 提供可靠的面向连接服务

D. UDP 提供简单的无连接服务

2. IEEE802.3 标准以太网的物理地址长度为(　　)。

A. 8 bit　　B. 32 bit　　C. 48 bit　　D. 64 bit

3. IPv6 中规定 IP 地址的位数是(　　)。

A. 32 bit　　B. 64 bit　　C. 128 bit　　D. 256 bit

4. 下列不属于搜索引擎基本结构的功能模块是(　　)。

A. 搜索器　　B. 索引器　　C. 检索器　　D. 查询器

5. 搜索引擎其实也是一个(　　)。

A. 网站　　B. 软件　　C. 服务器　　D. 硬件设备

三、判断题

1. 万维网的硬件组成包括客户机、浏览器和服务器。(　　)

2. 万维网上需要单向连接而不是双向连接，这使得任何人都可以在资源拥有者不做任何行动情况下连接该资源。(　　)

3. 搜索引擎大致经历了三代的发展。(　　)

4. 全文搜索引擎是利用爬虫程序抓取互联网上所有相关文章予以索引的搜索方式。(　　)

5. 两台计算机通过网络实现文件共享行为就是“互联网通信”。(　　)

四、简答题

1. 请简要叙述 HTTP 协议会话过程包括的四个步骤。

2. 请简要叙述搜索引擎的工作原理。

第7章 网络安全技术

网络安全技术是一个涉及多个层面的复杂领域，其主要目标是保护网络系统的完整性、可用性和机密性，防止未经授权的访问、数据泄露和恶意攻击。随着经济信息化的迅速发展，计算机网络对安全的要求越来越高。尤其自Internet应用发展以来，网络安全涉及国家主权等重大问题。

本章主要从网络安全定义、标准、网络攻击与防范措施、系统安全概述及防范措施、网络安全硬件、网络安全软件、无线局域网安全、网络安全防范技术等几个方面进行讨论。

【本章内容提要】

了解网络安全；
了解网络攻击与防范；
了解系统安全概述及防范措施；
了解网络安全硬件；
了解网络安全软件；
了解无线局域网安全；
了解网络安全防范技术。

7.1 网络安全的定义及网络安全的标准

7.1.1 网络安全的定义

网络安全是指通过采取必要措施，防范对网络的攻击、入侵、干扰、破坏和非法使用以及意外事故，使网络处于稳定可靠运行的状态，并保障网络数据的完整性、保密性和可用性的能力。网络安全涉及网络系统的硬件、软件及系统中的数据受到保护，不因偶然或恶意的原因而遭到破坏、更改、泄露，系统可以正常运行，网络服务不被中断。通俗来说，网络安全就是网络上的信息安全，也就是在上网过程中信息不受到偶然或恶意的破坏、泄露、更改。

网络安全事件层出不穷，近年来全球发生了多起网络安全事件，必须引起我们特别重视。

Equifax数据泄露事件：2017年，Equifax（一家全球知名的信用机构）发生了大规模的数据泄露事件，导致大约1.43亿美国人的个人信息被盗。黑客利用漏洞获取了包括姓名、社会保障号码、出生日期、地址和驾驶证号码等敏感信息。

WannaCry勒索软件攻击：2017年，WannaCry勒索软件在全球范围内传播，影响范围遍布150多个国家和地区。该病毒加密受害者的文件，并要求支付赎金以解锁文件。许多组织受到影响，包括英国国家医疗服务体系（NHS）和西班牙电信公司Telefónica。

雅虎数据泄露事件：2013年，雅虎发生了一次大规模的数据泄露事件，导致大约30亿账户被黑客盗取。这次事件是历史上规模最大的数据泄露事件之一，包括用户的姓名、电子邮件地址、电话号码和密码等信息被曝光。

亚马逊客户数据泄露事件：2021年，亚马逊公司发生了一起客户数据泄露事件，导致约250万客户的信用卡信息和个人信息被盗取。这些信息是在亚马逊网站上的第三方卖家处购买商品时被盗取的。

谷歌黑客攻击事件：2019年，谷歌公司遭受了一次黑客攻击，导致约5万员工的个人信息被盗取。黑客利用漏洞获取了员工的姓名、身份证号码和其他敏感信息。

这些网络安全事件提醒我们，网络安全是一个全球性的问题，需要我们保持警惕并采取措施来保护自己的个人信息和资产安全。

7.1.2　网络安全的标准

网络安全的标准根据制定的组织和实施的国家不同而有所不同，一般有OSI安全体系技术标准、可信计算机系统评估准则（TCSEC）和我国的计算机网络安全等级保护标准。OSI安全体系技术标准属于国际标准，可信计算机系统评估准则是由美国制定的。为实现对网络安全的定性评价，该标准认为要使系统免受攻击，对应不同的安全级别，硬件、软件和存储的信息应实施不同的安全保护，而安全级别对不同类型的物理安全、用户身份验证、操作系统软件的可信性和用户应用程序进行了安全描述。

1. TCSEC安全等级

TCSEC将网络安全等级划分为A、B、C、D四类共七级，见表7-1。其中，A类安全等级最高，D类安全等级最低。

表7-1　TCSEC安全等级

安全等级	等级描述	主要特性	举　例
D级	无安全保护	不提供任何形式的安全保护，系统容易受到攻击，数据安全性很低	DOS、Windows

（续表）

安全等级	等级描述	主要特性	举　例
C1 级	自主安全保护级	提供基本的访问控制，用户拥有对文件和目标的访问权	早期 UNIX 系统
C2 级	受控存取保护级	粒度更细的自主访问控制，用户对自己的行为负责	UNIX
B1 级	标记安全保护级	非形式化描述安全策略，提供准确的标记输出信息	At&T System V
B2 级	结构化保护级	建立明确定义的形式化安全策略模型，要求将自主和强制访问控制扩展到所有主体与客体	XENIX
B3 级	安全域级	满足访问监控器需求，抗渗透能力较强	Honeywell
A 级	验证设计级	数字形式化证明安全功能的正确性，最高级别的抗渗透能力	Honeywell SCOM

（1）D 级。D 级是最低的安全级别，整个计算机是不可信任的。拥有这个级别的操作系统就像一个门户大开的房子，任何人都可以自由进出，完全不可信。对于硬件来说，没有任何保护措施，操作系统容易受到损害，没有系统访问限制和数据保护，任何人不需要任何账户就可以进入系统，不受任何限制就可以访问他人的数据文件。属于这个级别的操作系统有 DOS、Windows、Apple 的 Macintosh System 7.1 等。

（2）C 级。C 级有两个安全子级别：C1 和 C2。

C1 级，又称有选择的安全保护或称酌情安全保护（Discretionary Security Protection）系统，它要求系统硬件有一定的安全保护（如硬件有带锁装置，需要钥匙才能使用计算机），用户在使用前必须登记到系统。另外，作为 C1 级保护的一部分，允许系统管理员为一些程序或数据设立访问许可权限等。

C1 级保护的不足之处在于用户可以直接访问操作系统的根用户。C1 级不能控制进入系统的用户访问级别，所以用户可以将系统中的数据任意移走，他们可以控制系统配置，获取比系统管理员允许的更高权限。

（3）C2 级又称访问控制保护级，能够实现受控安全保护、个人账户管理、审计和资源隔离。C2 级针对 C1 级的不足之处增加了几个特征，引入了访问控制环境（用户权限级别）的特征，该环境具有进一步限制用户执行某些命令或访问某些文件的权限，而且还加入了身份验证级别。另外，系统对发生的事情进行审计，并写入日志中。审计可以记录下系统管理员执行的活动，同时还附加身份验证。审计的缺点在于它需要额外的处理时间和磁盘资源。

使用附加身份认证就可以让一个 C2 系统用户在不是根用户的情况下有权执行系统

管理任务。不要把这些身份验证和应用于程序的SGID和SUID相混淆，身份认证可以用来确定用户是否能够执行特定的命令或访问某些核心表。

授权分级是指系统管理员能够将用户分组，授予他们访问某些程序的权限或访问分级目录。用户权限可以以个人为单位授权用户对某一程序所在的目录进行访问。如果其他程序和数据也在同一目录下，那么用户将自动获得访问这些信息的权限。

能够达到C2级的常见操作系统有UNIX系统、XENIX、Novell 3.X或更高版本。

（4）B1级。B级中有三个级别，B1级即标签安全保护（Labeled Security Protection），是支持多级安全的（如秘密和绝密）第一个级别，这个级别说明一个处于强制性访问控制之下的对象，系统不允许文件的拥有者改变其许可权限。

B1级安全措施的计算机系统随操作系统而定。政府机构和系统安全承包商是B1级计算机系统的主要拥有者。

（5）B2级。B2级又叫作结构保护（Structured Protection）。其要求计算机系统中所有的对象都加标签，而且给设备（磁盘、磁带和终端）分配单个或多个安全级别。这里提出了较高安全级别的对象与另一个较低安全级别的对象通信的第一个级别。

（6）B3级。B3级又称安全域级别（Security Domain），使用安装硬件的方式来加强域。B3级可以实现以下功能。

① 引用监视器参与所有主体对客体的存取，以保证不存在旁路。

② 审计跟踪能力强，可以提供系统恢复过程。

③ 支持安全管理员角色。

④ 用户终端必须通过可信通道才能实现对系统的访问。

⑤ 防止篡改。

（7）A级。A级也称为验证保护级或验证设计（Verity Design），是当前的最高级别，包括一个严格的设计、控制和验证过程。与前面提到的各级别一样，这一级别包含较低级别的所有特性。设计必须从数学角度进行验证，并且必须对秘密通道和可信任分布（Trusted Distribution）进行分析。可信任分布的含义是硬件和软件在物理传输过程中已经受到保护，以防止破坏安全系统。

2. 我国的信息系统安全等级

2001年1月1日实施的国家标准GB 17859—1999《计算机信息系统安全保护等级划分准则》中，将信息系统安全分为五个等级。

第一级：自主保护级。

第二级：系统审计保护级。

第三级：安全标记保护级。

第四级：结构化保护级。

第五级：访问验证保护级。

主要的安全考核指标有自主访问控制、身份鉴别、数据完整性、客体重用、审计、强制访问控制、安全标记、隐蔽信道分析、可信路径和可信恢复等，这些指标涵盖了不同级别的安全要求。

7.2 网络攻击与防范

7.2.1 网络攻击概述

网络攻击（Cyber Attacks，也称赛博攻击）是指针对计算机信息系统、基础设施、计算机网络或个人计算机设备的任何类型的进攻行为。这些攻击通常旨在破坏、揭露、修改、使软件或服务失去功能，或在未经授权的情况下窃取或访问计算机的数据。网络攻击的手段多种多样，包括口令入侵、特洛伊木马、WWW 欺骗、电子邮件攻击、节点攻击、网络监听、黑客软件、安全漏洞和端口扫描等。这些攻击方法都是通过网络技术，实现对目标系统的非法访问和控制，窃取敏感信息或破坏系统完整性。

网络攻击的过程通常包括目标锁定、信息采集、漏洞分析、攻击执行、权限提升和目标控制等步骤。攻击者首先会确定攻击目标，收集目标系统的相关信息，分析可能存在的安全漏洞，然后利用这些漏洞执行攻击，获取更高的权限，最终实现对目标系统的完全控制。网络攻击的危害性非常大，可能导致个人隐私泄露、财产损失、服务中断、系统崩溃等严重后果。

为了防范网络攻击，需要采取一系列的安全防范措施，包括建立防火墙、使用杀毒软件、加密技术、访问控制技术等。同时，还需要增强网络安全意识，提高密码安全性，定期更新系统和软件补丁，以及备份重要数据等。这些措施可以有效地减少网络攻击的风险和损失。

7.2.2 常见的网络攻击

常见的网络攻击类型包括以下几种：

1. 后门攻击

攻击者通过利用系统漏洞或弱密码等方式，在目标系统中植入后门程序，从而实现对目标系统的长期控制和窃取敏感信息。

2. 分布式拒绝服务攻击

分布式拒绝服务（Distributed Denial of Service，DDoS）攻击是一种特殊形式的拒绝服务攻击，它利用多个被黑客控制的计算机或设备来向目标发起攻击，从而成倍地提高拒绝服务攻击的威力。由于攻击流量来自多个不同的源地址，因此 DDoS 攻击具有更大的隐蔽性和更强的破坏性。

在 DDoS 攻击中，攻击者通常首先通过各种手段（如植入恶意软件、利用漏洞、进行社交工程等）控制大量的计算机或设备，形成一个庞大的“僵尸网络”或“肉鸡”。然后，利用这些被控制的设备向目标发送大量的恶意请求，以耗尽目标系统的带宽和资源，导致合法用户无法访问服务。这些恶意请求可以来自多个不同的源地址，使得攻击难以被追踪和定位。

DDoS攻击的危害性非常大，可以导致目标系统瘫痪或延迟，对企业和组织的正常运营造成严重影响。为了防范和应对DDoS攻击，企业和组织需要采取一系列的安全措施，包括加强网络安全防护、提高系统性能、部署防火墙和入侵监测系统等。同时，也需要定期更新和升级软件及硬件设备，以应对不断变化的攻击方式和手段。

此外，分布式拒绝服务攻击有多种形式，如基于ICMP的攻击，攻击者向一个子网的广播地址发送多个ICMP Echo请求数据包，并将源地址伪装成想要攻击的目标主机的地址，导致网络阻塞。还有基于ARP的攻击，这种方式利用ARP应答包中的信息，更新ARP缓存，产生拒绝服务，如ARP重定向攻击。因此，防范DDoS攻击需要综合考虑各种可能的攻击方式，并采取相应的防御措施。

3. 特洛伊木马攻击

特洛伊木马（Trojan Horse）攻击是一种常用的网络攻击手段，它通过在受害者的计算机或网络中植入恶意程序，以实现未经授权的访问和控制。特洛伊木马攻击通常包括两个阶段：首先是植入阶段，攻击者通过各种手段（如诱骗用户下载并安装恶意软件、利用漏洞进行远程植入等）将木马程序植入受害者的计算机或网络中；其次是控制阶段，攻击者利用植入的木马程序对受害者的计算机或网络进行远程控制，窃取敏感信息、破坏系统或进行其他恶意操作。

特洛伊木马攻击的危害性非常大，因为它可以在受害者的计算机或网络中潜伏很长时间，攻击者可以随时利用它进行恶意操作，而且受害者往往很难察觉和清除木马程序。为了防范特洛伊木马攻击，用户需要保持警惕，不轻易下载和安装未知来源的软件，及时更新和升级操作系统与应用软件的安全补丁，以及使用可靠的安全软件和防火墙等工具来保护计算机与网络安全。

同时，特洛伊木马攻击也呈现出一些新的趋势和特点。例如，攻击者越来越多地利用漏洞进行远程植入，而不是依赖用户主动下载和安装恶意软件；木马程序也越来越隐蔽和复杂，以逃避检测和清除；此外，攻击者还利用特洛伊木马进行勒索软件攻击、挖矿等恶意操作，以获取非法利益。因此，防范特洛伊木马攻击需要不断更新和改善安全防护措施，加强漏洞管理和风险评估，增强用户的安全意识和提高其技能水平。

特洛伊木马攻击的解决办法主要包括以下几个步骤：

断开网络连接：立即断开受感染计算机的网络连接，以防止木马程序进一步传播或接收攻击者的远程控制指令。

清除木马程序：清除计算机中的木马程序可以通过多种方式实现，例如手动删除、使用防病毒软件扫描和删除，或者使用专门的木马清除工具。需要注意的是，手动删除木马程序需要较高的计算机水平，如果不确定如何操作，最好使用专业的防病毒软件或工具。

修复漏洞和加固系统：木马程序往往利用系统中的漏洞进行攻击，因此需要及时修复这些漏洞，并加固系统，以防止类似的攻击再次发生。这包括更新操作系统和应用软件的安全补丁、关闭不必要的服务和端口、设置强密码等。

增强安全意识：增强安全意识，避免随意下载和安装未知来源的软件，不轻信陌生人的邮件和链接，以及定期备份重要数据。同时，也需要定期更新和升级防病毒软件和防火墙等工具，以保持计算机和网络的安全。

4. WWW 欺骗攻击

WWW 欺骗攻击是一种网络攻击手段，它通过利用 Web 服务器和浏览器之间的信任关系，实施非授权访问和控制计算机系统的行为。这种攻击通常包括以下步骤：

收集信息：攻击者首先会收集目标系统的相关信息，例如域名、IP 地址、操作系统类型等。这些信息有助于确定攻击的目标和方式。

建立虚假网站：攻击者会建立一个与目标系统相似的虚假网站，并伪装成合法的 Web 站点。用户可能会误以为该网站是合法的，从而点击其中的链接或下载附件。

安装恶意软件：在用户点击虚假网站的链接或下载附件时，攻击者会在受害者的计算机中安装恶意软件或其他控制程序。这使得攻击者能够远程控制计算机，进行窃取数据、破坏系统等操作。

清除痕迹：一旦完成攻击，攻击者会清除所有痕迹和证据，以掩盖其非法行为。

WWW 欺骗攻击的危害性非常大，因为它可以在未经授权的情况下访问和修改目标系统的数据和文件，对企业和个人造成严重的损失与风险。

5. 电子邮件攻击

电子邮件攻击是一种常见的网络攻击方式，攻击者通过发送恶意电子邮件来窃取受害者的敏感信息、破坏系统或传播恶意软件等。常见的电子邮件攻击方式如下：

钓鱼邮件：攻击者伪造一封看似来自合法机构的电子邮件，诱骗受害者点击其中的链接或下载附件，从而获取受害者的敏感信息或执行恶意代码。这些邮件通常涉及欺诈、假冒身份、请求敏感信息等。

恶意附件：攻击者在电子邮件中附加恶意文件，当受害者打开或下载这些附件时，恶意软件就会侵入受害者的计算机或网络，从而窃取数据、破坏系统或进行其他恶意操作。

伪造发件人地址：攻击者伪造电子邮件的发件人地址，使其看起来像是来自受害者信任的人或机构，诱骗受害者点击链接或下载附件，从而执行恶意操作。

垃圾邮件：攻击者通过发送大量垃圾邮件来占用受害者的邮箱空间，干扰受害者的正常工作和生活，或者利用其中的链接和附件传播恶意软件。

为了防范电子邮件攻击，我们需要保持警惕，不轻易点击不明来源的链接和下载未知来源的附件；同时，也需要设置强密码、定期更新防病毒软件和防火墙等工具，以提高对电子邮件攻击的防御能力。

6. 缓冲区溢出攻击

缓冲区溢出攻击是一种常见的网络攻击手段，它利用程序中的缓冲区溢出漏洞，通过在缓冲区中填充恶意数据，导致程序执行流程被改变，从而执行攻击者想要的任意代码。缓冲区溢出攻击的危害非常大，因为它可以使攻击者获得系统的完全控制权，从而窃取数据、破坏系统或进行其他恶意操作。

缓冲区溢出攻击的基本原理是，当程序向缓冲区中写入数据时，如果数据的长度超过了缓冲区的容量，就会导致缓冲区溢出。攻击者可以利用这个漏洞，向缓冲区中填充恶意数据，从而覆盖程序中的某些关键数据或指令，改变程序的执行流程。例如，攻击者可以将恶意代码放置在缓冲区中，当程序执行到该缓冲区时，就会执行攻击者的恶意代码。

为了防止缓冲区溢出攻击，可以采取以下措施：

编写安全的代码：程序员在编写代码时，应该注意检查缓冲区的大小，确保不会溢出。同时，采用一些安全的编程技术，例如使用安全的函数、避免使用可执行的缓冲区等。

更新软件和操作系统：软件和操作系统的漏洞是缓冲区溢出攻击的主要来源之一。因此，及时更新软件和操作系统，修补已知的漏洞，是防止缓冲区溢出攻击的有效措施。

使用安全的编译器和解释器：一些编译器和解释器会对代码进行安全检查，从而减少缓冲区溢出漏洞的产生。使用这些安全的编译器和解释器，可以提高代码的安全性。

总之，缓冲区溢出攻击是一种常见的网络攻击手段，对系统和数据的安全性造成了严重威胁。为了防止这种攻击，需要采取一系列的安全措施，包括编写安全的代码、及时更新软件和操作系统、使用安全的编译器和解释器以及启用安全保护机制等。

7. 网络监听攻击

网络监听攻击（也称为嗅探或侦听攻击）是一种被动攻击方式，通过截获和分析网络中传输的数据来获取敏感信息。攻击者可以利用网络监听工具，将网络接口设置为监听模式，从而截获网络中正在传播的信息。这种攻击方式可以在网络中的任何一个位置实施，而黑客常常利用网络监听来截取用户口令，以便进一步入侵系统。

网络监听攻击的常见形式包括网络数据嗅探、以太网中的广播通信、IP 报文头部欺骗、交换机网络中的 ARP 欺骗嗅探等。攻击者可以利用这些技术截获明文传输的信息，如密码、账号等敏感数据，从而获取非法利益。此外，网络监听攻击还可以采用中间人攻击的方式，通过篡改或嗅探正常通信的数据，实现数据的窃取或篡改。

为了防止网络监听攻击，可以采取以下措施：

使用加密技术：对敏感信息进行加密传输，可以有效地防止网络监听攻击。常见的加密技术包括 SSL/TLS、IPsec 等。

限制网络访问权限：合理配置网络访问权限，避免将敏感信息暴露在不必要的网络中。例如，可以采用 VLAN 划分、访问控制列表等技术来限制网络访问。

监控网络流量：通过对网络流量的监控和分析，可以及时发现网络监听攻击。采用入侵检测系统（IDS）或网络流量分析工具，可以实现对网络流量的实时监控和报警。

定期更新安全补丁：及时更新系统和应用程序的安全补丁，修补已知的漏洞，减少网络监听攻击的风险。

总之，网络监听攻击是一种常见的网络攻击方式，对网络和系统的安全性造成了严重威胁。为了防止这种攻击，需要采取一系列的安全措施，包括使用加密技术、限制网络访问权限、监控网络流量以及定期更新安全补丁等。同时，还需要增强用户的安全意识，避免在网络中传输敏感信息。

8. 黑客软件攻击

攻击者使用黑客软件（如木马、蠕虫、病毒等）对目标系统进行攻击，获取系统控制权或窃取敏感信息。

这些网络攻击类型具有不同的特点和危害，需要采取不同的防范措施进行应对。例如，建立防火墙，使用反病毒软件、加密技术、访问控制技术等，同时加强用户安全意识教育和密码管理，定期进行系统漏洞扫描和补丁更新，以及备份重要数据等。

7.2.3 网络攻击的防范

网络攻击的防范是一个综合性的过程，涉及多个层面和措施。常见的网络攻击防范策略如下：

（1）提升安全意识：这是最基本也是最重要的一步。用户和管理员需要了解网络攻击的危害和常见手段，并时刻保持警惕，不轻易点击不明链接或下载不明文件。

（2）加强密码管理：使用复杂且不易被猜测的密码，定期更换密码，避免在多个账号上重复使用相同的密码。

（3）安装并更新防病毒软件：防病毒软件可以有效防止恶意软件的入侵和感染。确保防病毒软件保持最新版本，并定期进行全盘扫描。

（4）使用防火墙：防火墙可以阻止未经授权的访问和数据传输。确保防火墙设置正确，只允许必要的通信通过。

（5）定期更新系统和软件：系统和软件的更新通常包含安全补丁和漏洞修复，因此定期更新可以大大降低被攻击的风险。

（6）备份重要数据：无论是否遭受攻击，备份重要数据都是一项重要的安全措施。这样即使数据发生丢失或损坏，也可以迅速恢复。

（7）限制访问权限：遵循最小权限原则，只授予用户完成工作所需的最小权限。这样可以减少潜在的安全风险。

（8）使用加密技术：对于敏感数据的传输和存储，使用加密技术可以确保数据的安全性和完整性。

（9）定期进行安全审计和漏洞扫描：这可以帮助发现潜在的安全隐患和漏洞，并及时进行修复。

（10）建立应急预案：在遭受网络攻击时，能够迅速、有效地响应和处理是非常重要的。因此，建立一个完善的应急预案是非常必要的。

这些策略并非孤立的，而是需要相互配合，形成一个完整的安全防护体系。同时，由于网络攻击技术和手段的不断更新和变化，防范策略也需要不断更新和调整，以适应新的安全威胁。

7.3　系统安全概述及防范措施

为保证信息处理和传输系统的安全，侧重于保证系统正常运行，避免因系统的崩溃和损坏而对系统存储、处理和传输的消息造成破坏和损失。

系统安全是指在系统生命周期内应用系统安全工程和系统安全管理方法，识别系统中的隐患，并采取有效的控制措施使其危险性最小，从而使系统在规定的性能、时间和成本范围内达到最佳的安全程度。系统安全是人们为解决复杂系统的安全性问题而开发、研究出来的安全理论和方法体系，是系统工程与安全工程结合的完美体现。系统安全的基本原则是在新系统的构思阶段必须考虑其安全性问题，制定并执行安全工作规划（系统安全活动），属于事前分析和预先的防护，与传统的事后分析并积累事故经验的思路截然不同。系统安全活动贯穿于整个系统生命周期，直到系统报废。

7.3.1　系统漏洞及防范措施

系统漏洞和弱点：这是系统安全的一个重要方面，黑客通常会利用这些漏洞和弱点进入系统，盗取敏感信息或破坏系统功能。利用系统漏洞和弱点的网络安全事件有很多种，以下是其中的一些例子：

微软本地管理程序 Hyper－V 曝出存在高危漏洞：2023 年 7 月 28 日，微软本地管理程序 Hyper－V 曝出存在 9.9 分（满分 10 分）的安全漏洞，可能导致主机遭到 DDoS 攻击和 RCE 攻击。

微软对其云计算数据库漏洞发出警告：2023 年 8 月 26 日，微软对其数以千计的云计算客户发出警告，攻击者可能被允许读取、改变甚至删除他们的主数据库。

德国医院遭到勒索软件攻击，患者死亡：2023 年 9 月初，黑客利用了思杰 ADC 的

CVE-2019-19781漏洞对医院发动勒索攻击，医院无法进行已安排的门诊治疗和急诊护理，导致一名病情危重的患者耽误了治疗并死亡。

Revolut泄露超过5万名客户的信息：2022年9月11日，金融科技初创公司Revolut的5万多名用户的个人信息在一次数据泄露中被访问。此次泄露事件涉及第三方获取了Revolut数据库中50150名用户的个人信息。被窃取的数据包括姓名、家庭住址和电子邮件地址，以及部分支付卡信息，但Revolut表示，支付卡的详细信息并未泄露。

这些例子表明，利用系统漏洞和弱点的网络安全事件对个人和企业都可能造成严重的影响。因此，我们需要保持警惕并采取措施来保护自己的个人信息和资产安全。须深知系统漏洞和弱点对于网络安全的影响。以下是常见的系统漏洞和弱点，以及如何防范和应对这些威胁的方法：

1. 缓冲区溢出

应用程序在处理输入时没有对输入的长度进行检查，导致缓冲区溢出。攻击者可以输入超出缓冲区大小的恶意数据，导致程序崩溃或执行任意代码。攻击者可以利用缓冲区溢出漏洞执行恶意代码、获取敏感信息或控制目标系统。

防范：对输入进行验证和过滤，确保输入的长度和格式符合预期。使用安全的编程实践，如使用安全的字符串处理函数。

2. SQL注入

(1) SQL注入概念。结构化查询语言SQL是用来和关系数据库进行交互的文本语言。它允许用户对数据进行有效的管理，包括对数据的查询、操作、定义和控制等几个方面，如向数据库写入、插入数据，从数据库读取数据等。

SQL注入是指应用程序在向后台数据库传递SQL查询时，如果没有对攻击者提交的SQL查询进行适当的过滤，则会引发SQL注入。攻击者通过影响传递给数据库的内容来修改SQL自身的语法和功能。SQL注入不仅是一种会影响Web应用的漏洞：对于任何从不可信源获取输入的代码来说，如果使用该输入来构造动态的SQL语句，那么就很可能受到攻击。

SQL注入是一种常见的网络攻击手段，利用应用程序对用户输入验证不足或没有验证，攻击者可以在应用程序中注入恶意SQL代码，从而操纵应用程序的后端数据库。以下是几个著名的SQL注入安全事件：

“索尼数据泄露事件”(2011年)：黑客利用索尼一个网站上的SQL注入漏洞，窃取了大约7000万用户的个人信息，包括姓名、地址、电子邮件、出生日期、用户名、密码以及购买记录等数据。

“CSDN数据泄露事件”(2011年底)：国内各大网站相继爆出“密码泄露门”事件，其中最著名的就是CSDN。黑客利用其存在的SQL注入漏洞下载了用户的数据库，导致600万用户的账号和密码泄露。

“Wi-Fi Coin 勒索软件攻击”（2017年）：Wi-Fi Coin 是一种利用 SQL 注入攻击的勒索软件，它攻击了全球各地的医院、政府机构和其他组织。该勒索软件通过注入恶意 SQL 代码来加密受害者的文件，并要求支付赎金以解锁文件。

这些事件表明，SQL 注入是一种非常危险的攻击手段，可以导致严重的后果。为了防范 SQL 注入攻击，开发人员应该始终对用户输入进行验证和过滤，并使用参数化查询或预编译语句来避免直接拼接 SQL 代码。同时，数据库中的信息应该使用不可逆加密算法进行存储，以保护数据的机密性。

（2）SQL 注入的防范方法。参数化查询：使用参数化查询是防止 SQL 注入的最佳实践之一。参数化查询能够确保用户输入被当作数据处理，而不是被当作 SQL 代码执行。这样，即使输入中包含恶意代码，它也不会被执行。

使用存储过程：存储过程是一种预编译的 SQL 代码块，它接收参数并执行相应的操作。通过使用存储过程，可以将用户输入与 SQL 代码分离，从而防止 SQL 注入攻击。

验证和过滤输入：对用户输入进行验证和过滤是防止 SQL 注入的重要措施。验证输入是否符合预期的格式和数据类型，过滤掉可能导致 SQL 注入的特殊字符和关键字。

限制数据库权限：应用程序连接数据库时，应使用具有最低必要权限的数据库账户。这样，即使攻击者成功执行了 SQL 注入攻击，他们也只能访问有限的数据库资源。

错误处理与日志记录：应用程序应妥善处理数据库错误，避免将详细的错误信息返回给用户。同时，应记录所有的数据库操作和错误，以便在发生问题时进行审计和追踪。

使用 Web 应用防火墙（WAF）：Web 应用防火墙能够检测和过滤恶意请求，包括 SQL 注入攻击。通过配置 WAF 的规则和策略，可以进一步增强应用程序的安全性。

保持软件和库的更新：软件和库的更新通常包含安全补丁和漏洞修复。保持应用程序所依赖的软件和库的更新，可以降低被 SQL 注入攻击的风险。

综上所述，防范 SQL 注入攻击需要综合应用多种措施。通过参数化查询、验证和过滤输入、限制数据库权限等手段，可以有效降低 SQL 注入攻击的风险。同时，保持软件和库的更新，使用 Web 应用防火墙等辅助工具，也可以进一步增强应用程序的安全性。

3. 跨站脚本攻击

（1）跨站脚本攻击概念。跨站脚本攻击（Cross-site Scripting，XSS）是一种常见的网络攻击手段，它利用网页开发时留下的漏洞，通过巧妙的方法注入恶意代码到网页中，使用户加载并执行攻击者恶意制造的网页程序。

XSS 攻击通常是通过以下方式进行的：

网页缓冲区溢出攻击：攻击者在网页中插入一段被控制的 HTML 代码，当用户浏览该页面时，这段代码会随着用户的请求到达服务器端，并在服务器端执行一些命令或操作数据库中的数据。

网页内容过滤攻击：攻击者通过修改正常网页的内容，将恶意代码嵌入其中，使得用户在不知情的情况下访问这些恶意代码所对应的网站。

浏览器欺骗攻击：攻击者通过伪造域名和 IP 地址来欺骗用户访问其指定的站点。

搜索引擎优化攻击：攻击者利用搜索引擎对某些特定关键词的处理机制进行攻击。

(2) 防范 XSS 攻击采取的措施。使用安全的 HTML 标签和属性：确保使用的 HTML 标签和属性的正确性，以防止被攻击者利用。

使用反 XSS 过滤器：反 XSS 过滤器可以检测并阻止来自外部的恶意脚本注入。

使用身份验证和授权技术：确保只有合法的用户能够访问敏感信息和执行特定的操作。

进行安全审计和分析：定期审查和测试系统的安全性，发现潜在的 XSS 漏洞并及时修复。

加强教育和宣传：增强用户的安全意识，增强其对 XSS 攻击的防范能力。

使用防病毒软件：防病毒软件可以清除计算机中的恶意代码和文件，从而减少遭受 XSS 攻击的风险。

使用安全浏览器：安全浏览器可以过滤掉大部分的 XSS 攻击代码，保护用户的网络安全。

实施安全策略管理：制定并实施有效的安全策略和管理流程，以确保系统得到充分的保护和管理。

定期更新系统和软件：及时更新操作系统、浏览器和其他应用程序，以获得最新的安全补丁和功能更新。

总之，防范 XSS 攻击需要综合应用多种技术和方法。通过增强安全意识和实施防范措施，可以有效降低遭受 XSS 攻击的风险。同时，还需要持续关注网络安全威胁的变化和发展趋势，及时更新防范措施以应对新的安全挑战。

4. 跨站请求伪造

跨站请求伪造（Cross - site Request Forgery，CSRF）是一种常见的网络攻击手段，它利用网站之间的信任关系，通过发送虚假请求来获取敏感信息或执行非法操作。

CSRF 攻击通常是通过以下方式进行的：

模拟用户行为：攻击者通过模拟用户的操作行为，如单击按钮、提交表单等，在受害者的网站上执行非法的命令或操作数据库中的数据。

利用信任关系：攻击者利用网站之间的信任关系，构造一个看起来来自受信任渠道的请求，诱骗用户访问并执行其中的恶意代码。

使用代理服务器：攻击者使用代理服务器或其他中间设备，将受害者的请求转发到攻击者的服务器上进行处理。

社交工程学：攻击者通过电话、电子邮件或其他形式的社交工程学手段，诱导用户进行不安全的操作。

为了防范 CSRF 攻击，需要采取以下措施：

使用 HTTPS 和身份验证技术：HTTPS 是安全协议之一，能够防止窃听和篡改请求内容。同时，使用身份验证技术可以确保只有合法的用户能够访问敏感信息和执行特定的操作。

使用防病毒软件：防病毒软件可以清除计算机中的恶意代码和文件，从而减少遭受 CSRF 攻击的风险。

使用安全浏览器：安全浏览器可以过滤掉大部分的 CSRF 攻击代码，保护用户的网络安全。

实施安全策略和管理：制定并实施有效的安全策略和管理流程，以确保系统得到充分的保护和管理。

检查请求来源：对于来自不可信来源的请求，需要进行额外的检查和验证，以确定其真实性。这可以通过检查请求头的 Referer 字段或要求用户输入验证码等方式实现。

定期更新系统和软件：及时更新操作系统、浏览器和其他应用程序，以获得最新的安全补丁和功能更新。

使用会话控制技术：对于涉及多个页面和状态的交互式应用，可以使用会话控制技术来控制对某些资源的访问权限。例如，可以使用会话令牌等技术来达到这一目的。

加强教育和宣传：增强用户的安全意识，增强其对 CSRF 攻击的防范能力。

设置最大请求时间限制：对于那些可能被用于发起 CSRF 攻击的请求，设置最大请求时间限制可以有效地阻止攻击的发生。

总之，防范 CSRF 攻击需要综合应用多种技术和方法。通过增强安全意识和实施防范措施，可以有效降低遭受 CSRF 攻击的风险。同时，还需要持续关注网络安全威胁的变化和发展趋势，及时更新防范措施以应对新的安全挑战。

5. 文件上传漏洞

文件上传漏洞是一种常见的网络安全漏洞，它允许攻击者上传恶意文件到服务器上，从而获取服务器的控制权或执行非法操作。文件上传漏洞通常是由于应用程序对上传文件的类型、大小、格式等没有进行严格的验证和过滤，导致攻击者可以上传恶意文件并进行相应的攻击。

为了防范文件上传漏洞，需要采取以下措施：

验证文件类型：在服务器端对上传的文件进行类型验证，确保只允许上传指定类型的文件。可以使用文件扩展名、MIME 类型等方式进行验证。

限制文件大小：设置文件上传的大小限制，防止攻击者上传过大的恶意文件。

检查文件内容：对上传的文件进行内容检查，确保文件不包含恶意代码或脚本。可以使用安全扫描工具对文件进行扫描和检测。

设置文件存储路径：将上传的文件存储在服务器上指定的目录中，并对该目录的权限进行严格控制，防止未经授权的访问和修改。

使用安全编程实践：在开发应用程序时，遵循安全编程实践，如使用参数化查询、避免使用明文密码等，以减少安全漏洞。

定期更新和维护：定期更新和维护应用程序和服务器，及时修复已知的安全漏洞和缺陷。

加强用户教育和培训：增强用户的安全意识和技能，教育他们如何识别和避免文件上传漏洞等网络安全风险。

总之，防范文件上传漏洞需要综合应用多种技术和方法。通过加强验证和过滤、限制文件大小和存储路径、使用安全编程实践等措施，可以有效降低文件上传漏洞的风险。同时，还需要定期更新和维护应用程序和服务器，加强用户教育和培训，以应对不断变化的网络安全威胁。

以上只是常见的系统漏洞和弱点的一部分示例，实际上还有许多其他的漏洞和弱点。为了确保系统安全稳定运行，需要采取一系列的安全措施和技术手段，如定期更新和修补系统、配置安全防护设备、使用安全的编程实践等。同时，要增强自身的网络安全意识，不断学习和了解最新的安全技术和解决方案，以应对不断变化的网络安全威胁。

7.3.2 计算机病毒

1. 计算机病毒概念

计算机病毒（Computer Virus）是一种人为制造的、隐藏在计算机程序中的、具有破坏性的小程序。它能够破坏计算机功能或数据，影响计算机正常使用，并且可以自我复制。

2. 计算机病毒的特性

传染性：计算机病毒能够通过各种渠道（如网络、文件传输等）从已被感染的计算机扩散到未被感染的计算机。这是病毒的基本特征，也是其得名“病毒”的原因。

隐蔽性：计算机病毒通常隐藏在合法的程序或文件中，不容易被发现。它们可能会藏在磁盘较隐蔽的地方，或者以隐藏文件的形式出现。有些病毒即使使用杀毒软件也难以检测出来，它们可能会时隐时现，变化无常，增加了处理的难度。

潜伏性：计算机病毒可以长时间潜伏在计算机系统中而不被发现，只有在特定条件下才会触发其破坏行为。它们可能会潜伏在合法文件中，等待时机对其他文件进行传染或破坏。

触发性：计算机病毒可能因为某个事件或数值的出现而被激活，开始执行其破坏行为。这种触发性可以是时间、日期、特定的文件操作等。

破坏性：计算机病毒的主要目的是破坏计算机系统的正常运行。它们可能会删除或损坏文件，占用系统资源，降低系统的工作效率，甚至导致系统崩溃。

寄生性：计算机病毒依赖于宿主程序的执行而生存。它们通常寄生在其他可执行的程序中，当执行这个程序时，病毒就开始起破坏作用。

变种性：计算机病毒可以被掌握其原理的人根据个人企图进行任意改动，从而产生一种新的病毒。这种变异性使得病毒更加难以防范和检测。

为了防范和应对计算机病毒，用户应该采取一系列安全措施，如安装和更新防病毒软件、定期备份数据、避免打开来自不可信渠道的邮件和文件、保持操作系统和应用软件的更新等。同时，用户还应该增强安全意识，避免执行未知来源的程序或文件，以减少计算机感染病毒的风险。

计算机病毒的入侵安全事件有很多，以下是一些例子：

“震网病毒”：震网病毒是一种专门针对工业控制系统的蠕虫病毒，于2010年首次被发现。该病毒利用了西门子公司工业控制系统的漏洞，通过感染工控系统的西门子SIMATIC WinCC系统，对伊朗纳坦兹铀浓缩基地的离心机进行攻击，导致伊朗核设施受到破坏。

“勒索病毒”WannaCry：WannaCry是一种在全球范围内广泛传播的勒索病毒，于2017年5月12日首次爆发。该病毒利用了微软的Windows操作系统的漏洞，通过加密用户文件来要求用户支付赎金以解锁文件。该病毒在全球范围内造成了严重的破坏，影响了多个国家和地区的企业和组织。

“勒索病毒”WannaCry 2.0：WannaCry 2.0是一种改进版的勒索病毒，于2018年4月26日首次被发现。该病毒同样利用了微软Windows操作系统的漏洞，通过加密用户文件来要求用户支付赎金以解锁文件。与WannaCry相比，WannaCry 2.0更加复杂且难以被检测，导致全球范围内再次爆发大规模的勒索病毒攻击。

这些计算机病毒的入侵事件表明，网络安全问题已经成为全球性的挑战，需要各国政府、企业和个人共同努力来防范和应对。同时，也需要加强网络安全教育和培训，增强人们的安全意识和技能，以减少安全风险和损失。

除了震网病毒、勒索病毒外，还有许多其他流行的计算机病毒。以下是一些例子：

“间谍软件”(Spyware)：间谍软件是一种能够在用户不知情的情况下，在其电脑上安装后门、收集用户信息的软件。间谍软件通常会收集用户的个人信息、浏览习惯等，并将这些信息发送给远程服务器。

“蠕虫病毒”(Worm Virus)：蠕虫病毒是一种能够自我复制的病毒，它能够通过网络进行传播，并在感染一台电脑后继续感染其他电脑。蠕虫病毒通常会利用系统漏洞或电子邮件等方式进行传播。

“宏病毒”（Macro Virus）：宏病毒是一种在微软办公软件中运行的宏脚本病毒，它能够通过电子邮件附件或网络共享进行传播。当用户打开带有宏病毒的文档时，病毒就会自动执行恶意操作，如删除文件、格式化硬盘等。

“熊猫烧香”（Nimaya）：熊猫烧香是一种能够在局域网内传播的病毒，它会在感染一台电脑后将自身复制到其他电脑中，并尝试删除杀毒软件和安全防护程序，导致系统安全性下降。熊猫烧香还会将感染电脑的浏览器首页设置为“熊猫世界”，导致用户无法正常使用浏览器。

这些只是常见的计算机病毒类型，随着技术的不断发展，新的计算机病毒和恶意软件不断涌现。因此，我们需要保持警惕并采取有效的防护措施来保护计算机安全。

3. 钓鱼网站和非法窃取信息

钓鱼网站通常伪装成合法的网站，诱骗用户输入个人信息或下载恶意软件，从而窃取用户的个人信息和账号、密码等敏感数据。

钓鱼网站：有些网站会伪装成知名银行或电商平台的官方网站，诱导用户输入个人信息或进行交易。这些钓鱼网站通常会使用相似的域名和页面设计来欺骗用户，使其误以为进入了合法网站。用户如果不能正确辨认，很容易上当受骗，导致个人信息泄露或经济损失。

非法窃取信息：一些黑客可能会利用漏洞或恶意软件攻击个人或企业的计算机系统，窃取个人信息。这些信息可能包括账号、密码、身份证信息、信用卡信息等。黑客通常会将窃取的信息用于非法目的，如身份盗窃、诈骗等。这种非法窃取信息的事件会给个人或企业带来严重的经济损失和声誉损失。

以上案例表明，钓鱼网站和非法窃取信息的事件都是严重的网络安全威胁，需要采取有效的防范措施来保护个人信息和计算机的安全。

4. 身份伪装入侵

攻击者通过伪装成合法的用户或网站，骗取用户的个人信息或进行恶意操作，例如发送垃圾邮件或进行网络攻击等。

身份伪装入侵是一种常见的网络攻击手段，攻击者通过伪装成其他人的身份来获取敏感信息或进行恶意操作。以下是一些身份伪装入侵的网络安全事件的例子：

假冒身份骗取个人信息：攻击者可能会伪装成银行、政府机构、社交媒体等平台的工作人员，通过电话、邮件、短信等方式联系受害者，骗取个人信息，如账号、密码、身份证信息等。

假冒身份进行网络诈骗：攻击者可能会伪装成受害者的同事、朋友或家人，通过社交媒体、即时通信工具等途径向受害者发送虚假信息，骗取受害者的钱财或个人信息。

假冒身份进行网络钓鱼攻击：攻击者可能会制作虚假的网站或应用程序，诱骗受害者输入个人信息或下载恶意软件，从而窃取受害者的账号、密码、信用卡信息等敏感信息。

为了防范身份伪装入侵的网络安全事件，用户应该采取以下措施：

谨慎对待可疑信息，不要随意泄露个人信息；

确认对方的身份和信誉，可以通过官方渠道查询对方是否为合法机构或个人；

谨慎对待要求提供个人信息或资金的请求，可以通过官方渠道核实对方的身份和目的；

定期更新操作系统、应用程序和浏览器，以修复漏洞和防范恶意软件的攻击；

安装防病毒软件和防火墙来保护计算机和网络安全。

为了确保系统的安全，需要采取一系列安全措施和技术手段，如定期更新和修补系统、配置网络防火墙、制定安全政策等。同时，用户也需要增强自身的网络安全意识，避免点击不明链接或下载未知来源的文件，保护好自己的个人信息和账号、密码等敏感数据。

7.4　网络安全硬件

网络安全硬件是指用于保护网络系统免受攻击和破坏的硬件设备，包括防火墙、入侵检测系统、入侵防御系统、安全路由器、网闸等。其中，防火墙是网络安全硬件中最为常见的设备之一，用于防止未经授权的访问和恶意攻击。

入侵检测系统（IDS）和入侵防御系统（IPS）是重要的网络安全硬件，用于监测网络流量和异常行为，及时发现并阻止攻击。

此外，还有一些其他的安全硬件设备，例如VPN网关、网闸、线路密码机、安全存储设备等，用于保护网络系统和数据的安全性。

这些网络安全硬件设备可以单独使用，也可以结合使用，形成完整的网络安全解决方案，保护网络系统的安全性和可靠性。

7.4.1　防火墙

1. 防火墙的基本概念

防火墙是指设置在不同网络（如可信任的企业内部网和不可信的公共网）或网络安全域之间的一系列组件的组合。它可以通过监测、限制、更改跨越防火墙的数据流，尽可能地对外部屏蔽网络内部的信息、结构和运行状况，以此来实现网络安全。在逻辑上，防火墙是一个分离器、一个限制器，也是一个分析器，有效地监控了内部网和Internet之间的任何活动，保证了内部网络的安全。防火墙应用示意如图7-1所示。

防火墙总体上分为包过滤、应用级网关和代理服务器等几大类型。包过滤的最大

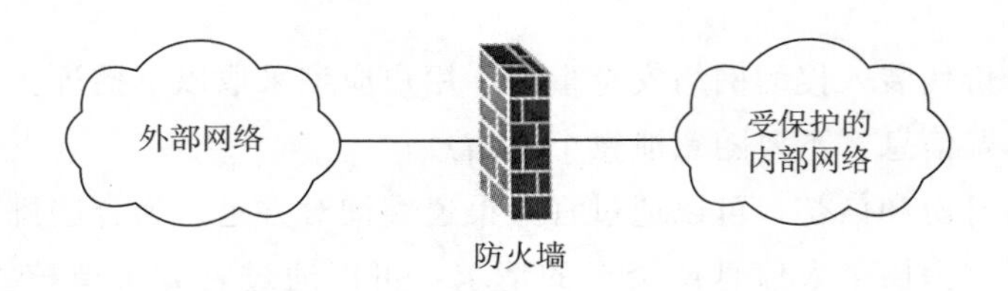

图 7-1　防火墙应用示意

优点是对用户透明，传输性能高。应用网关防火墙是通过打破客户机/服务器模式实现的。防火墙实物如图 7-2 所示。

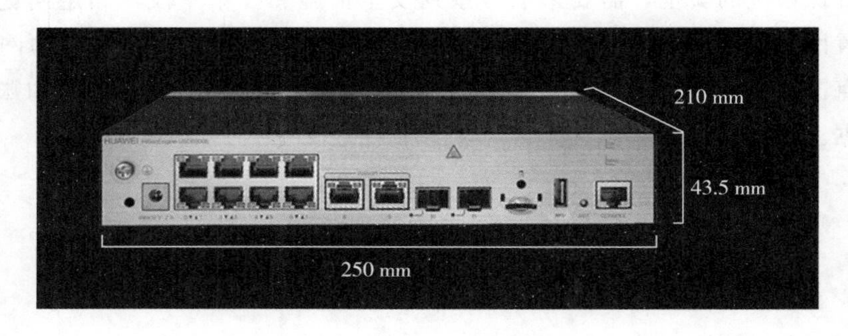

图 7-2　防火墙实物

防火墙是一种硬件设备或软件系统，主要架设在内部网络和外部网络之间，用于防止外界恶意程序对内部系统的破坏，或者阻止内部重要信息向外流出。防火墙具有双向监督功能。通过防火墙管理员的设定，可以灵活地调整安全性等级。

2. 防火墙的优点

防止恶意软件入侵：通过阻止恶意软件的传输和执行，可以有效地防止恶意软件入侵网络系统，保护网络免受攻击和破坏。

保护敏感数据：防火墙可以限制未经授权的访问和数据传输，从而保护敏感数据不被泄露或滥用。

监控网络活动：防火墙可以对网络流量和活动进行实时监控和分析，及时发现并处理异常行为和攻击行为。

记录网络访问：防火墙可以记录网络访问，帮助管理员追踪网络使用情况和识别潜在的安全威胁。

提高网络安全性能：防火墙可以提高网络安全性能，减少网络漏洞和弱点，增强网络系统的安全性。

3. 防火墙的局限性

无法完全防止所有攻击：尽管防火墙可以有效地防止恶意软件入侵和限制未经授权的访问，但无法完全防止所有攻击和漏洞利用。

可能影响网络性能：防火墙可能会对网络性能产生一定的影响，尤其是在处理大量数据时。

需要管理员定期维护和更新：防火墙需要管理员定期进行维护和更新，以确保其有效性。

无法防护所有漏洞和弱点：尽管防火墙可以提高网络安全性能，但无法防护所有漏洞和弱点。因此，还需要采取其他安全措施来加强网络安全。

综上所述，防火墙是网络安全硬件中的重要组成部分，可以有效地保护网络系统免受攻击和破坏。然而，为了确保网络安全，还需要采取其他安全措施来加强网络安全防护。

7.4.2　安全路由器

安全路由器是一种集成了防火墙、入侵检测、加密技术等功能的路由器设备。它可以在数据传输过程中对数据进行加密和保护，防止数据被泄露和窃取。同时，安全路由器还可以过滤不安全的网络流量和访问请求，提供更加安全的网络连接服务。

优点：安全路由器具有高度的集成性和安全性，可以提供一站式的数据传输和网络安全解决方案。它还可以根据实际需求进行配置和管理，方便用户使用和管理。

局限性：由于安全路由器的功能较为复杂，相对于普通路由器而言价格较高。此外，由于技术的不断更新和发展，新型的网络攻击手段也不断涌现，需要不断更新路由器的安全功能和算法。

安全路由器和防火墙在网络安全中都扮演着重要的角色，但它们有一些明显的区别。

首先，安全路由器是用来连接不同网络的设备，负责在不同网络中完成数据的寻路和转发，以使数据包顺利到达目的地。简单来说，它的作用更偏重于保持网络和数据的“通”。而防火墙则是过滤数据包的设备，根据一定的规则确定是否允许数据包通过。它起到的是门卫的作用，即决定是否允许数据通过。防火墙关注的是安全策略的制定和包过滤，除了低三层外，还可以基于 TCP 和应用层进行过滤。

其次，从产生和存在的背景来看，安全路由器的产生是基于对网络数据包路由的需求，它主要关心的是如何对不同网络的数据包进行有效的路由，至于为什么路由、是否应该路由、路由过后是否有问题等根本不关心。而防火墙是源于人们对安全性的需求，它更关注的是数据包是否应该通过、通过后是否会对网络造成危害。

最后，在用途上，安全路由器主要是完成广域网不同网络的连接和数据传输，要求同时支持多种协议，如 IP、IPX 等。而防火墙是连接局域网的设备，协议支持上不丰富。此外，安全路由器支持多种路由接口，如 Serial、E1、CE1 等；而防火墙只支持局域网的接口。

总的来说，安全路由器和防火墙都是保障网络安全的重要工具，它们的工作方式和侧重点有所不同。防火墙主要关注数据的过滤和安全策略的制定，而安全路由器则注重数据的传输和路由。在实际应用中，两者可以结合使用，共同为网络安全提供更加全面的保障。

7.5 网络安全软件

网络安全软件是指用于保护计算机网络安全、预防和检测网络攻击、修复安全漏洞的软件。以下是一些常见的网络安全软件：

7.5.1 入侵检测系统

入侵检测系统用于实时监测网络流量和系统行为，发现异常活动和潜在的网络攻击行为。IDS可以及时报警并采取相应的措施，如隔离被攻击的主机、阻断恶意流量等，以防止进一步的攻击和数据泄露。

优点：IDS具有实时监测和报警功能，可以及时发现和处理安全事件。它还可以对网络流量和系统行为进行分析和记录，提供丰富的安全审计功能。IDS还可以与防火墙等其他安全设备集成，形成更加完善的安全体系。

局限性：IDS无法完全防止所有网络攻击，特别是针对未知威胁的攻击。此外，由于需要实时监测网络流量和系统行为，IDS的性能要求较高，如果配置不当或性能不足，可能会导致误报或漏报。

以下是几个流行的入侵监测系统：

Snort：它由Cisco Systems提供，可免费使用，是领先的基于网络的入侵检测系统软件。它采用灵活的基于规则的语言来描述通信，将签名、协议和异常行为的检测方法结合起来。

OSSEC HIDS：这是一个基于主机的入侵检测系统，可以执行日志分析、完整性检查、Windows注册表监视、rootkit检测、实时警告以及动态的实时响应。

Suricata：这是一个基于网络的入侵检测系统软件，在应用层运行，以提高可视性。

Zeek：这是一个高级的网络分析框架，用于深入洞察网络活动。能够对网络流量进行实时监控、记录和分析数据包，从而帮助安全专家和网络管理员理解网络中发生的情况。

Sagan：这是一个日志分析工具，可以集成在Snort数据上生成报告，因此它具有少量NIDS的HIDS功能。

Security Onion：这是一个网络监视和安全工具，由从其他免费工具中提取的元素组成。

AIDE：这是一个高级入侵检测环境，适用于UNIX、Linux和Mac OS的HIDS。

OpenWIPS－NG：这是一个开源的无线入侵检测系统，用于监控无线网络中的活动，检测并警告可能的入侵或异常行为。这个系统可以帮助网络管理员保护他们的无线网络不受未授权访问和其他安全威胁。

Samhain：这是一个基于主机的入侵检测系统，适用于 UNIX、Linux 和 Mac OS。

这些系统各具特色，选择最合适的系统需要考虑具体需求、预算和环境因素。

7.5.2　"蜜罐"系统

"蜜罐"（Honey Pot）这一概念最初出现在 1990 年出版的小说 *The Cuckoo's Egg*（《杜鹃蛋》）中，这篇小说描述了作者作为一个公司的网络管理员，如何追踪并发现一起商业间谍案的故事。"蜜网项目组"（The Honeynet Project）的创始人给出了对蜜罐的权威定义：蜜罐是一种安全资源，其价值在于被扫描、攻击和攻陷。

蜜罐通常伪装成看似有利用价值的网络、数据、电脑系统，并故意设置 BUG（漏洞）用来吸引攻击者。蜜罐在拖延黑客攻击真正目标上有一定作用。初期比较常见的用法是杀毒软件厂商利用这些蜜罐来收集病毒样本。随着蜜罐技术的发展，衍生了蜜场将网络中可疑的流量重定向到蜜场中；蜜网将低交互和高交互蜜罐结合起来。但是无论蜜罐技术怎样发展，最终的目的依旧是迷惑攻击者、拖延攻击者，进而保护真实的服务器。

设计蜜罐的初衷是让黑客入侵，借此收集证据，同时隐藏真实的服务器地址，这要求一台合格的蜜罐拥有发现攻击、产生警告、强大的记录能力、欺骗和协助调查的功能。另一个功能由管理员去完成，那就是在必要的时候根据蜜罐收集的证据起诉入侵者。

蜜罐在系统中的一种配置方法如图 7－3 所示。蜜罐不会直接提高计算机网络的安全性，但它却是其他安全策略所不能替代的一种主动防范技术。

蜜罐本质上是一种对攻击者进行欺骗的技术，通过布置一些作为诱饵的主机、网络服务或者信息，诱使攻击者对它们实施攻击，从而可以对攻击行为进行捕获和分析，了解攻击者所使用的工具与方法，推测攻击意图和动机，能够让防御方清晰地了解他们所面对的安全威胁，并通过技术和管理手段来增强实际系统的安全防护能力。

蜜罐及其延伸技术当前十分流行，它已不是一种新技术，可以说是一种安全策略。它使我们能够知道正在被攻击和攻击者，以使黑客有所收敛而不敢肆无忌惮。蜜罐的引入，类似于为网络构建了一道防火沟，使攻击者掉入沟中，被装入蜜罐以至于失去攻击力，然后再来个瓮中捉鳖。蜜罐工作流程如图 7－4 所示。

7.5.3　杀毒软件

杀毒软件，也称为反病毒软件或防毒软件，是用于消除电脑病毒和恶意软件等计

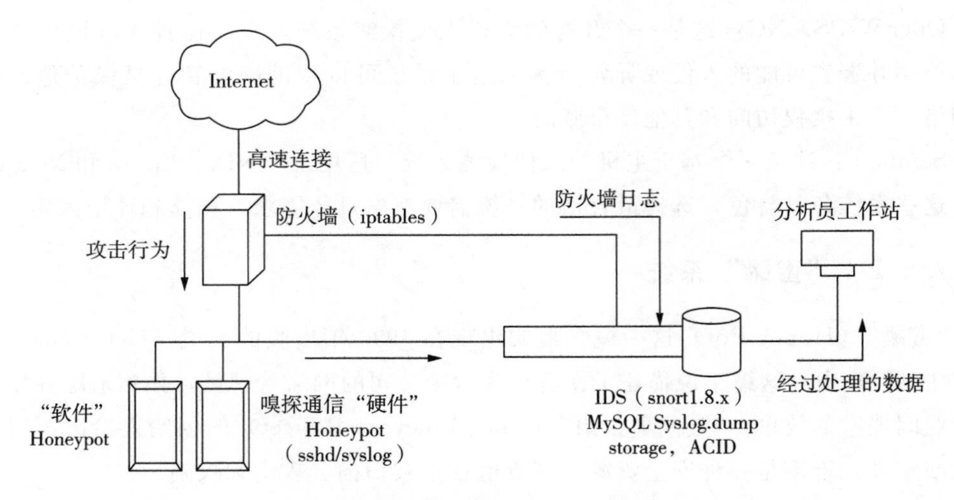

图 7-3　蜜罐在系统中的一种配置方法

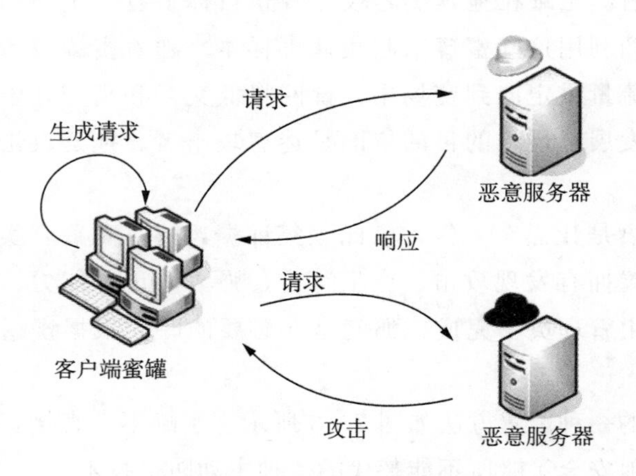

图 7-4　蜜罐工作流程

算机威胁的一类软件。这些软件通常具备监控识别、病毒扫描和清除、自动升级、主动防御等功能，有的还带有数据恢复、防范黑客入侵、网络流量控制等其他功能。杀毒软件是计算机防御系统的重要组成部分，它们可以清除对计算机有危害的程序代码，保护计算机系统的安全和稳定。

杀毒软件的工作原理通常是通过在系统中添加驱动程序的方式，进驻系统并随操作系统启动。一些杀毒软件还采用多引擎扫描技术，以提高检测和清除病毒的能力。此外，为了应对不断变化的病毒威胁，杀毒软件还需要不断更新和升级。

市面上有很多知名的杀毒软件，如百度杀毒、腾讯电脑管家、瑞星、卡巴斯基、金山毒霸等。这些软件各有特点，用户可以根据自己的需求和喜好选择合适的杀毒软件。同时，为了保障计算机的安全，用户还应该定期备份数据，避免打开来自不可信渠道的邮件和文件，保持操作系统和应用软件的更新等。

总的来说，杀毒软件是保护计算机系统安全的重要工具之一。通过选择合适的杀毒软件并采取其他安全措施，用户可以有效地防范和应对计算机病毒和其他威胁。

7.5.4　其他安全软件

安全浏览器：用于提供更安全的网上浏览体验，能有效阻止恶意网站和网络攻击。常见的安全浏览器有 Chrome、Firefox、Microsoft Edge 等。

安全扫描工具：用于检测计算机和网络中的安全漏洞和隐患，包括弱密码、未打补丁的软件和配置错误等。常见的安全扫描工具有 Nmap、Nessus 等。

密码管理软件：用于安全存储和管理各种账户的密码，可以生成强大的随机密码，并将其存储在密码库中，同时提供主密码来访问所有账户。常见的密码管理软件有 LastPass、1Password 等。

以上是一些常见的网络安全软件，它们可以帮助用户保护计算机网络安全，预防和检测网络攻击，修复安全漏洞，确保数据安全。

7.6　无线局域网安全

7.6.1　无线局域网概述

无线局域网（Wireless Local Area Networks，WLAN）是利用射频（Radio Frequency，RF）技术取代传统的线缆传输所构成的局域网络。它为用户提供了一种通过无线连接接入局域网的方式，从而使用户能够在覆盖范围内自由移动和漫游，摆脱了线缆的束缚。无线局域网的主要优点包括：

灵活性：用户可以在网络覆盖的区域内自由移动，无须担心线缆的牵绊。

便利性：无须铺设或维护大量的物理线缆，降低了网络部署和管理的复杂性。

易于扩展：可以方便地添加新的设备或用户到网络中。

然而，无线局域网也存在一些缺点，如服务质量可能低于有线网络，尤其在数据传输的稳定性和速度方面。此外，无线信号可能受到物理障碍、干扰以及安全问题的影响。

7.6.2　无线局域网拓扑结构

无线局域网主要基于 IEEE 802.11 标准系列，使用高频信号（例如 2.4 GHz 或 5 GHz）作为传输介质。这个标准定义了用于无线局域网的技术，包括路径共享、加密方法等。其中，路径共享使用以太网协议和 CSMA/CA（带有冲突避免功能的载波侦听多路访问）机制。

无线局域网主要有两种拓扑结构：对等网络（Ad－hoc 网络）和基础结构网络（Infrastructure Network）。

1. 对等网络

对等网络是一种无须中央控制器的网络结构。在这种结构中，每台无线设备（如计算机或移动设备）都可以直接与同一网络中的其他设备进行通信。这种网络通常用于临时性的连接，如几个设备之间的直接通信，不需要经过路由器或其他网络设备。由于设备之间直接通信，对等网络具有灵活性和便利性，但通常只在设备彼此靠近时有效。

对等网络的优点包括：

灵活性：对等网络无须中央控制器或接入点，设备之间可以直接通信，这使得网络构建变得简单灵活。

便利性：适用于设备间的临时性连接，不需要额外的网络设备或配置。

然而，对等网络也存在一些缺点：

覆盖范围有限：由于设备之间直接通信，其覆盖范围通常较小，只适用于设备彼此靠近的场景。

安全性较低：由于没有中央控制器进行统一管理，对等网络的安全性可能较低，容易受到攻击。

管理复杂性：当设备数量增多时，对等网络的管理和维护可能变得复杂。

对等网络主要适用于以下场景：

小型临时网络：例如，在没有固定网络设施的情况下，几台设备需要临时组建一个网络进行文件共享或数据交换。

点对点通信：当两台设备需要直接通信而不需要经过中央控制器时，对等网络是理想的选择。

个人用户间的互联通信：对于个人用户来说，如果只需要在小范围内实现设备间的互联通信，对等网络能够提供简单且有效的解决方案。

2. 基础结构网络

基础结构网络包含一个或多个中央接入点（Access Point，AP），通常是一个无线路由器。在这种结构中，所有无线设备都通过接入点与网络连接。接入点负责管理无线设备的连接、转发数据包，以及执行其他网络任务。这种结构允许设备在整个网络范围内移动，并保持与网络的连接。基础结构网络通常用于家庭和办公场所，因为它们提供了更广泛的覆盖范围，并支持更多的设备连接。

基础结构网络的优点包括：

广泛的覆盖范围：通过中央接入点（如无线路由器），基础结构网络可以实现更广泛的覆盖，满足大范围内的设备连接需求。

易于管理和扩展：中央接入点可以进行集中管理，包括设备接入控制、安全设置等，同时网络也更容易扩展。

稳定性较高：由于中央接入点具备强大的处理能力和信号转发能力，基础结构网络的稳定性通常更高。

但是，基础结构网络也存在一些缺点：

依赖中央接入点，如果中央接入点出现故障或被破坏，整个网络可能会受到影响。成本较高，需要购买和配置中央接入点等网络设备，增加了网络建设的成本。相对于对等网络，基础结构网络的部署和维护可能需要更多的成本、专业知识和技能。

基础结构网络适用于以下场景：

家庭和办公场所：这些场所通常需要稳定的网络连接，支持多个设备同时接入，并能够覆盖较大的区域。基础结构网络通过中央接入点（如无线路由器）提供广泛的覆盖范围，满足这些需求。

商业场所：商场、酒店、餐厅等商业场所需要为客户提供无线接入服务，基础结构网络可以支持大量用户接入，并提供稳定的网络连接。

城市 Wi－Fi、公共场所等：在这些地方，基础结构网络能够提供集中管理和网络服务功能，确保网络稳定运行，满足大量用户的接入需求。

这两种拓扑结构各有优缺点，适用于不同的应用场景。在选择无线局域网的拓扑结构时，需要考虑网络规模、设备数量、移动性需求以及安全性等因素。

7.6.3　无线局域网常见的攻击

1. 窃听攻击

攻击者可以截获无线电信号并解析出数据，从而窃取敏感信息。

防范措施：使用加密技术，如 WPA2 或 WPA3，对通信内容进行加密，确保数据在传输过程中的安全性。定期更换无线网络密码，避免使用简单的密码或默认密码。

2. 通信阻断

攻击者可能通过发送大量干扰信号，造成通信线路堵塞，使设备之间无法正常通信。DoS（拒绝服务）攻击就是典型的通信阻断手段，攻击者使用大量流量阻塞网络，使网络不堪重负，导致合法用户无法正常访问。

防范措施：配置网络防火墙，阻止未经授权的访问和流量。监控网络流量，及时发现并处理异常流量，防止 DoS 攻击。

3. 中间人攻击（MITM）

攻击者将自己伪装成合法的通信方，拦截并转发敏感信息，从而窃取或篡改数据。这种攻击方式使得攻击者能够窃取用户信息、破坏会话的机密性和完整性。

防范措施：使用安全的通信协议，如 WPA2－Enterprise 或 802.1X 认证，对通信双方进行身份验证。部署入侵检测系统或入侵防御系统，实时监测并防御 MITM 攻击。

4. 无线干扰攻击

攻击者通过发送大量流量阻塞网络接入点，使合法用户无法连接到网络。

防范措施：选择稳定的无线频段，避免与其他无线设备产生干扰。部署无线入侵检测系统，实时监测并报警无线干扰事件。

5. 无线嗅探攻击

不法分子携带无线设备四处搜寻，查找可以自由连接的开放式无线网络，从而入侵网络并窃取信息。

防范措施：禁用 SSID 广播，防止未经授权的设备搜索到无线网络。使用 MAC（媒体访问控制）地址过滤，只允许已知的设备接入网络。

6. 战舰式攻击

攻击者蓄意向企业和组织投放针对无线网络的物理监视设备，这类设备一旦进入企业和组织内部，就会自动连接到目标无线网络，并采集和外发敏感数据。

防范措施：定期巡查物理环境，防止有人恶意投放监视设备。使用无线信号检测工具，定期扫描并识别潜在的非法接入点。

7. 盗窃和篡改

攻击者可能直接窃取或破坏无线接入点和路由器，对无线网络发动物理攻击，导致用户无法访问网络，甚至造成业务中断和收入损失。

防范措施：对无线网络设备进行物理保护，防止未经授权的访问和破坏。部署无线网络审计系统，记录并分析网络设备的操作日志，及时发现异常行为。

8. 默认密码漏洞

许多无线网络设备使用默认的密码或安全设置，如果这些设置没有被用户更改，攻击者就可以利用这些漏洞轻松入侵网络。

防范措施：在安装无线网络设备时，务必更改默认密码和安全设置。

7.6.4 无线路由器的安全

1. 无线路由器概述

无线路由器是一种带有无线覆盖功能的路由器，主要用于用户上网和无线覆盖。其工作原理是将家中墙上接出的宽带网络信号通过天线转发给附近的无线网络设备，如笔记本电脑、支持 Wi－Fi 的手机等，实现家庭无线网络中的 Internet 连接共享，以及 ADSL 和小区宽带的无线共享接入。

无线路由器除了基本的无线接入点功能外，还具备若干以太网交换口（通常是 RJ－45接口），可以作为有线宽带路由器使用。此外，它还具备路由、网络地址转换（NAT）、动态主机配置协议（DHCP）等功能，有的还内置了打印服务器等功能。更为高级的无线路由器还可能具备更完善的安全防护功能，如防火墙和 MAC 地址过滤等。

总的来说，无线路由器是现代家庭和办公环境中不可或缺的网络设备，无线路由器实物如图 7-5 所示。

图 7-5　无线路由器实物

2. 无线路由器安全措施

无线路由器作为家庭或办公环境中网络连接的核心设备，其安全性至关重要。以下是一些关键的无线路由器安全措施：

（1）更改默认管理密码。无线路由器通常有预设的默认管理员账户和密码，这些默认设置极易被黑客利用。因此，首要的安全措施是修改默认的管理员账户和密码，使用强密码，并定期进行更换。

（2）启用 WPA2 或 WPA3 加密。启用无线网络的加密机制，例如 WPA2 或 WPA3，是保护无线网络安全性的关键。这些加密方式能够防止未经授权的用户接入网络，并对传输的数据进行加密，防止数据泄露。

（3）隐藏 SSID（服务集标识符）。隐藏无线网络的 SSID 可以减少网络被黑客扫描和攻击的可能性，增加一层安全保护。

（4）设置 MAC 地址过滤。通过设置 MAC 地址过滤功能，可以只允许已知和受信任的设备接入无线网络，有效阻止未经授权的设备接入。

（5）定期更新固件。无线路由器厂商会定期更新固件来修复已知的安全漏洞。用户应定期检查并更新设备固件，确保无线路由器的安全性得到及时修复。

（6）限制网络访问。通过设置访问控制规则，可以控制特定设备的网络访问权限，防止未经授权的设备访问网络资源。

综上所述，无线路由器的安全措施涉及密码管理、加密设置、访问控制等多个方面。用户应根据自己的网络环境和安全需求，采取适当的措施来保护无线路由器的安全。同时，定期检查和更新安全设置也是维护无线路由器安全的重要步骤。

7.7 网络安全防范技术

7.7.1 系统安全防范技术

解决系统安全问题需要采取一系列的安全措施和技术手段，以下是一些常见的解决方法：

养成良好的安全习惯：对于个人用户而言，养成良好的安全习惯是预防安全问题的重要措施。例如，不随意点击未知链接、不随意下载未知来源的文件，定期更新和修补系统，使用可靠的安全软件等。

配置安全防护设备：包括防火墙、入侵监测系统、安全网关等，这些设备可以有效地监控和过滤网络流量，防止恶意软件和黑客的入侵，保护系统的安全。

数据加密和备份：对敏感数据进行加密和备份是防止数据泄露和丢失的重要措施。通过对数据进行加密，可以保护数据的机密性和完整性，防止数据被窃取或篡改。同时，备份数据可以确保在数据丢失或系统故障时能够及时恢复数据。

定期审计和监控：对系统和网络进行定期的审计和监控是发现和预防安全问题的重要措施。通过审计和监控，可以及时发现系统中的漏洞和恶意行为，并采取相应的措施进行修复和防范。

制定安全政策：制定清晰的安全政策，要求员工或用户遵循这些规定，可以有效地减少安全风险。这些安全政策可以包括账号管理、访问控制、数据管理等各个方面。

采用最新的安全技术：随着技术的不断发展，新的安全技术也不断涌现。采用最新的安全技术可以及时发现和防范新的安全威胁，提高系统的安全性。

具体解决方法因系统环境、配置等不同而有所差异。在实际操作中，需要根据具体情况采取相应的措施，同时不断学习和了解最新的安全技术和解决方案，以保障系统安全、稳定运行。

7.7.2 个人信息安全防范技术

保护个人信息是每个人都需要关注的问题，以下是一些常见的保护个人信息的方法：

不要轻易透露个人信息：不要随意在互联网上透露个人敏感信息，例如身份证号、银行账号、家庭住址、电话号码等。在进行网络活动时，尽量使用匿名或假名，避免暴露自己的真实身份。

谨慎处理垃圾邮件和陌生信息：不要轻易点击来自陌生人的链接或下载陌生的附件，这些邮件和信息中可能包含恶意软件或钓鱼网站，通过欺骗用户获取个人信息。

使用可靠的软件和安全防护工具：安装可靠的杀毒软件、防火墙等安全防护工具，定期更新和修补系统漏洞，可以有效防止恶意软件的入侵和个人信息的泄露。

注意公共网络的安全性：在公共场所使用无线网络时，要特别注意网络安全，不要使用敏感信息进行网络活动，例如网银、邮箱等。

定期清理个人信息：例如删除不再需要的邮件、聊天记录等，避免个人信息被不法分子利用。

了解隐私设置和权限控制：在使用社交媒体、云存储等互联网服务时，要了解其隐私设置和权限控制功能，避免个人信息被过度收集和使用。

警惕钓鱼网站和仿冒应用程序：钓鱼网站和仿冒应用程序是常见的安全威胁之一，要警惕类似官方网站的域名和应用程序的名称，避免点击不明链接或下载未知来源的文件。

保护个人信息的方法因人而异，需要根据个人情况采取相应的措施。同时，要增强自身的网络安全意识，不断学习和了解最新的安全技术和解决方案，以保障个人信息的安全。

7.7.3　黑客攻击防范技术

防止计算机被黑客攻击需要采取一系列的安全措施和技术手段，以下是一些常见的防止黑客攻击的方法：

使用强密码和多因素身份验证：强密码是防止黑客攻击的重要措施之一，建议使用长度超过八位的复杂密码，包括大小写字母、数字和特殊字符。同时，开启多因素身份验证可以增加额外的安全层，防止黑客通过密码猜测等方式入侵系统。

配置安全防护设备和软件：安装可靠的杀毒软件、防火墙等安全防护设备和软件，定期更新和修补系统漏洞，可以有效防止恶意软件的入侵和黑客攻击。

保持系统和软件的最新版本：系统和软件的更新通常包含安全补丁和漏洞修复，及时更新系统和软件可以防止黑客利用漏洞进行攻击。

使用虚拟专用网络（VPN）：通过使用 VPN，可以加密网络通信，保护敏感数据在传输过程中的安全。同时，VPN 还可以提供更安全的上网环境，防止黑客攻击和窃取个人信息。

定期备份数据：备份数据可以防止数据丢失和损坏。如果系统被黑客攻击或出现故障，可以及时恢复数据。

谨慎处理未知链接和文件：不要轻易点击来自陌生人的链接或下载未知来源的文件，这些链接和文件可能包含恶意软件或钓鱼网站，通过欺骗用户获取个人信息或进行攻击。

加强账户安全：不要使用过于简单的密码，避免在不同的平台或应用程序上使用相同的密码。同时，定期检查账户安全设置，查看是否有异常登录记录或未经授权的访问尝试。

谨慎使用公共无线网络：公共无线网络可能存在安全风险，不要在公共场所进行涉及敏感信息的网络活动，例如网银、邮箱等。

定期审计和监控系统：对系统和网络进行定期审计和监控是发现和预防安全问题的重要措施。通过审计和监控，可以及时发现系统中的漏洞和恶意行为，并采取相应的措施进行修复和防范。

防止黑客攻击的方法因人而异，需要根据具体情况采取相应的措施。同时，要增强自身的网络安全意识，不断学习和了解最新的安全技术和解决方案，以保障个人计算机的安全、稳定运行。

7.7.4 病毒防范技术

计算机感染病毒时，预防和应对的方法包括以下几个方面：

1. 及时更新系统和软件

不仅要及时更新操作系统和软件，还要关注安全公告和补丁发布，了解潜在的安全风险。对于服务器和关键基础设施，考虑实施自动化更新策略，以减少人为错误和延迟。

2. 使用可靠的杀毒软件

选择知名且信誉良好的安全软件，它们通常提供实时监控和自动更新功能。定期进行全系统扫描，以检测和清除可能遗漏的病毒或恶意软件。

3. 备份重要数据

实施定期备份策略，包括本地和云备份，确保数据的多样性和可恢复性。采用加密备份，即使数据被非法访问，内容也不会被轻易读取。

4. 谨慎处理未知链接和文件

对电子邮件附件和链接保持警惕，特别是那些要求立即行动或看似来自可信渠道但实际上是伪造的邮件。使用沙箱环境打开可疑文件，以隔离潜在的恶意软件。

5. 加强账户安全

定期更换密码，避免使用容易猜到的密码，如生日、电话号码等。启用账户锁定策略，若连续多次输入错误密码，则暂时锁定账户。

6. 安全卸载可疑程序

在卸载程序前，先进行病毒扫描，确保不会触发病毒的自我保护机制。使用专业的系统清理工具，如 CCleaner 等，清理残留的文件和注册表项。

7. 教育和培训

对用户进行网络安全意识教育，让他们了解最新的网络威胁和防护措施。定期进行安全演练，提高用户对可疑行为的识别和应对能力。

8. 网络隔离和防火墙

使用网络隔离技术，如虚拟局域网，将敏感系统与普通网络隔离。配置和更新防火墙规则，以阻止未授权的访问和恶意流量。

9. 入侵检测系统和入侵防御系统

部署入侵检测系统和入侵防御系统，实时监控网络和系统活动，及时发现和响应攻击。

10. 响应计划和恢复策略

制订详细的安全事件响应计划，包括病毒暴发时的紧急联系人、步骤和责任分配。定期进行恢复演练，确保在发生安全事件时能够快速恢复服务和数据。

实验活动1　安装并使用HFish蜜罐

【实验目的】

正确安装HFish蜜罐并能使用。

【实验内容】

步骤1　启动电脑进入Windows操作系统，打开文件“HFish-3.3.1-windows-amd64”，按照要求正确安装并配置。按照图7-6所示，登录管理地址。

图7-6　HFish蜜罐安装

步骤2　输入账号、密码登录，如图7-7所示。

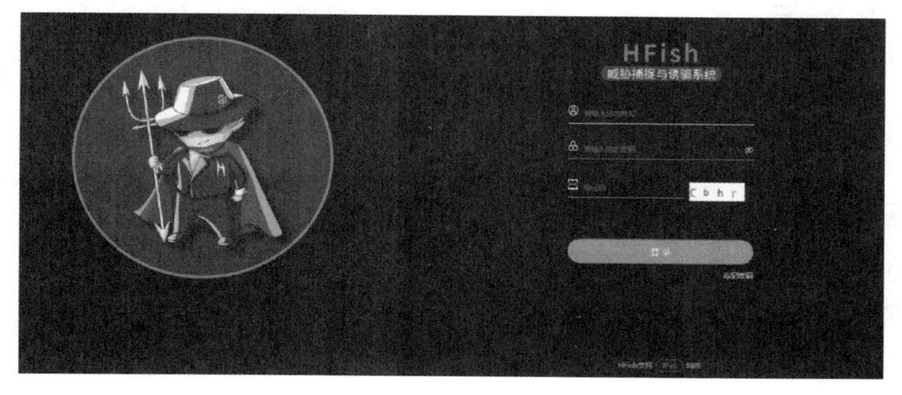

图7-7　HFish登录

步骤 3　单击攻击 IP，查询，如图 7 - 8、图 7 - 9 所示。

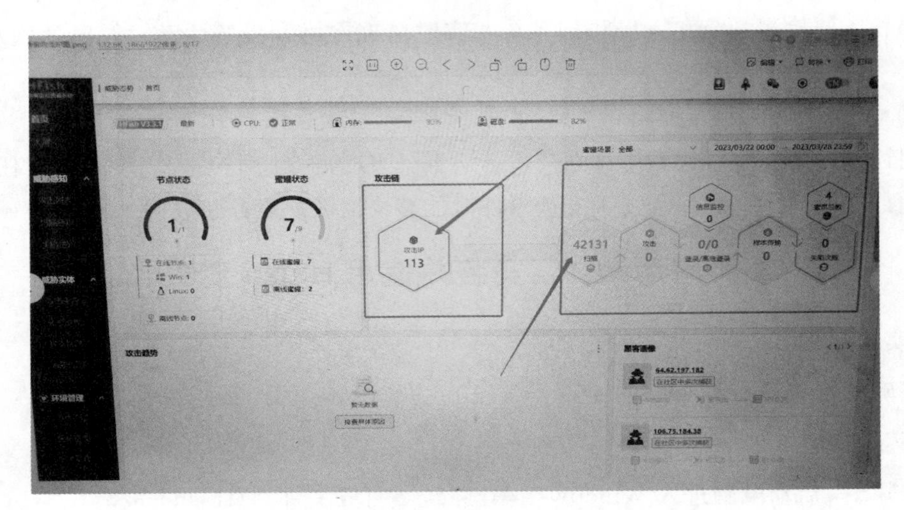

图 7 - 8　查询攻击 IP

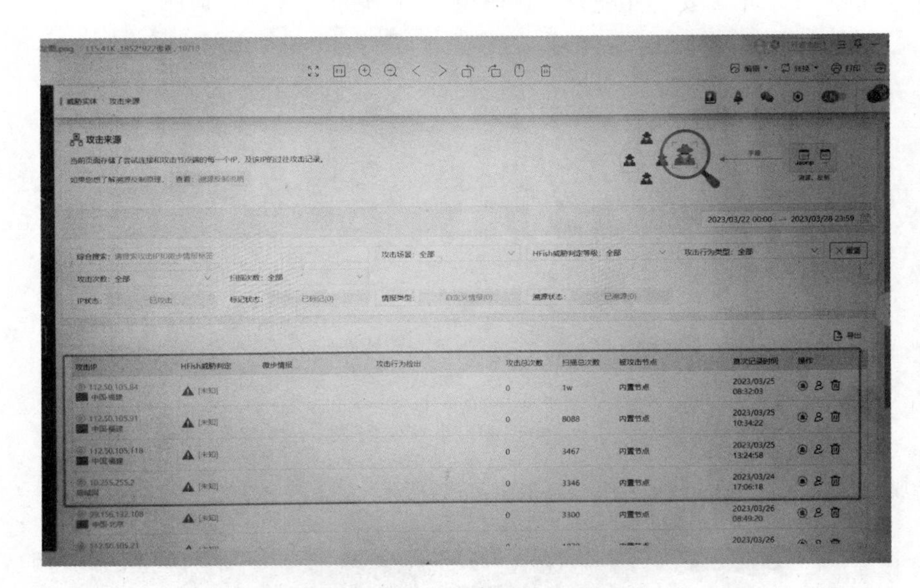

图 7 - 9　查询具体攻击 IP 地址

实验活动 2　Superscan 测试、扫描开放端口

【实验目的】

掌握 Superscan 测试、扫描开放端口的方法。

【实验内容】

1. 了解 Superscan 界面

Superscan 界面主要包括的选项为扫描、主机和服务扫描设置、扫描选项、工具、

Windows 枚举、关于，如图 7－10、图 7－11 所示。

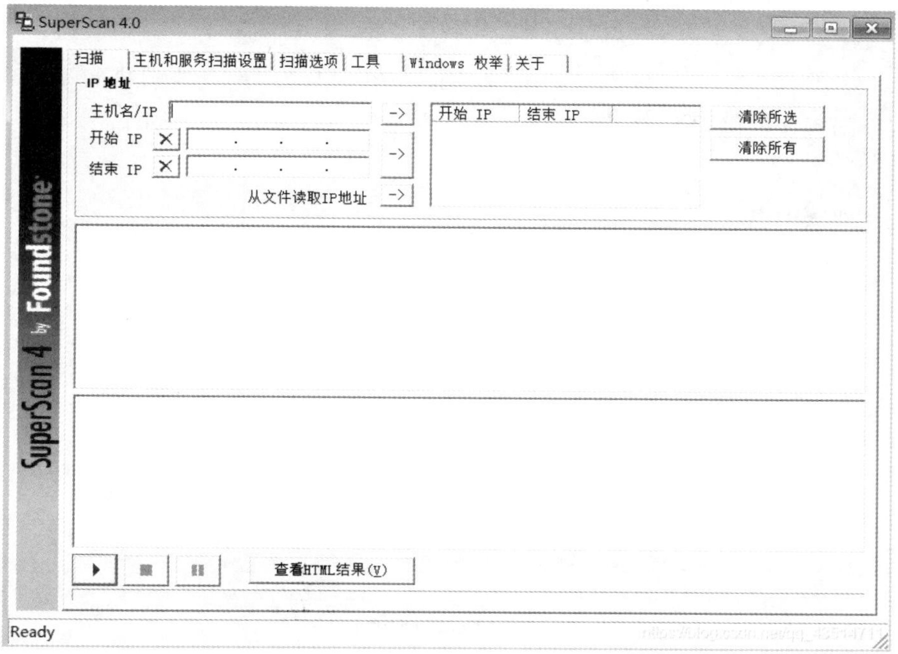

SuperScan 4.0
扫描 | 主机和服务扫描设置 | 扫描选项 | 工具 | Windows 枚举 | 关于
IP 地址
主机名/IP ->
开始 IP
结束 IP
从文件读取IP地址 ->
开始 IP | 结束 IP
清除所选
清除所有
查看HTML结果(V)
SuperScan 4 by Foundstone
Ready

图 7－10　Superscan 界面

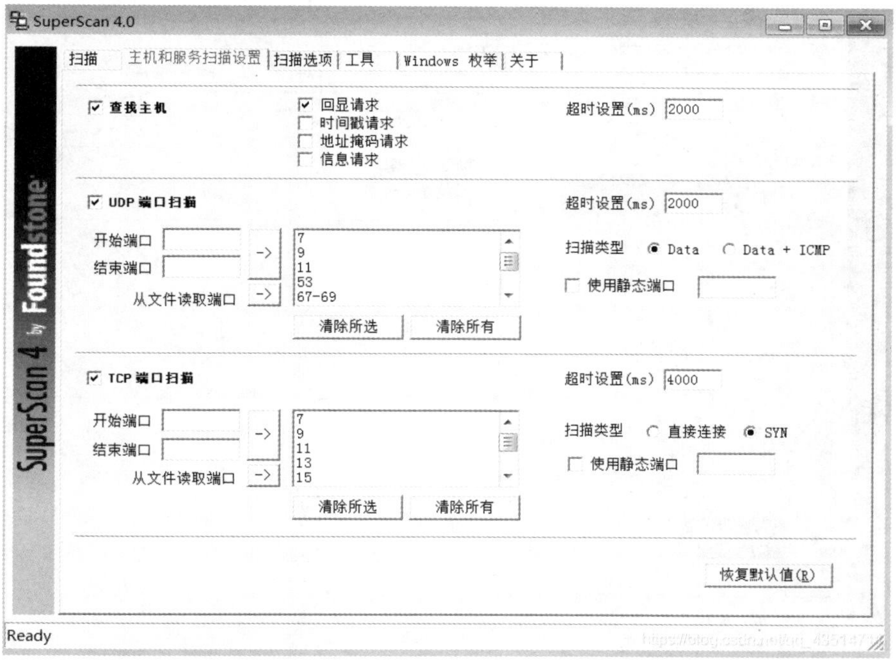

SuperScan 4.0
扫描 | 主机和服务扫描设置 | 扫描选项 | 工具 | Windows 枚举 | 关于
查找主机
回显请求
时间戳请求
地址掩码请求
信息请求
超时设置(ms) 2000
UDP 端口扫描
超时设置(ms) 2000
开始端口
结束端口
从文件读取端口
7
9
11
53
67-69
扫描类型 Data　Data + ICMP
使用静态端口
清除所选　清除所有
TCP 端口扫描
超时设置(ms) 4000
开始端口
结束端口
从文件读取端口
7
9
11
13
15
扫描类型 直接连接　SYN
使用静态端口
清除所选　清除所有
恢复默认值(R)
SuperScan 4 by Foundstone
Ready

图 7－11　主机和服务扫描设置

2. 扫描端口

进行扫描要先在“主机和服务扫描设置”选项卡和“扫描选项”选项卡中进行设置。

在“UDP 端口扫描”和“TCP 端口扫描”中可以分别设置要扫描的 UDP 端口和 TCP 端口列表，可手动添加，也可以从文件中导入，如图 7-12 所示。

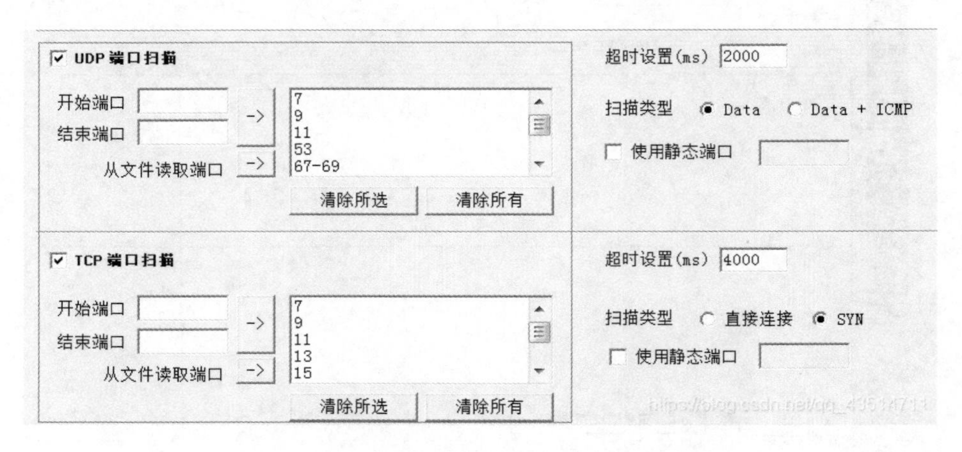

图 7-12 扫描端口

输入 IP 地址范围，即可开始扫描，如图 7-13 至图 7-15 所示。

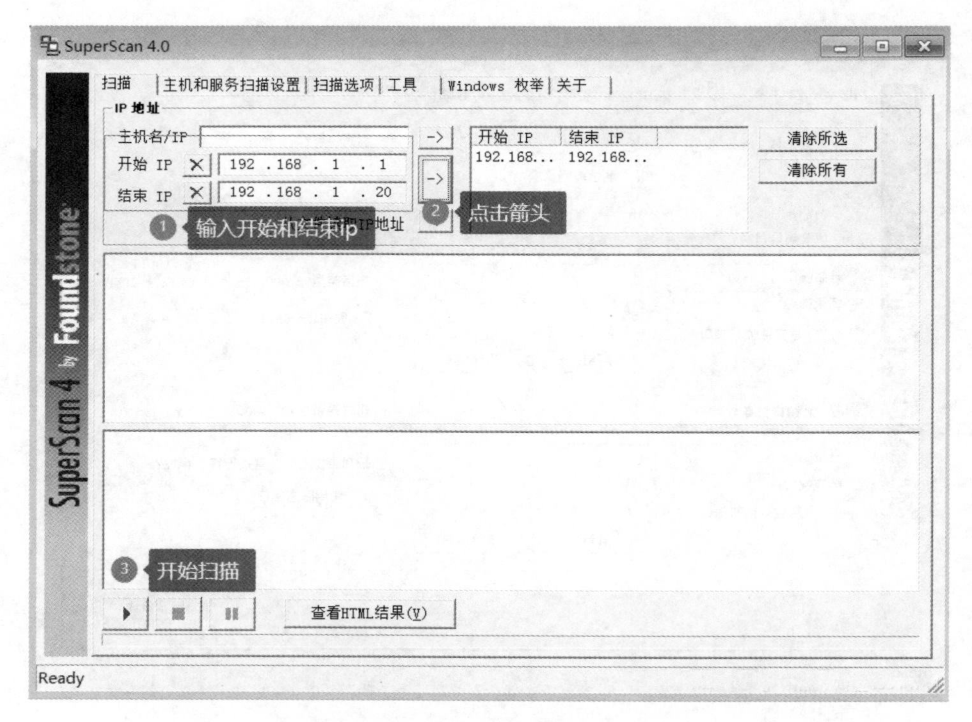

图 7-13 扫描具体 IP

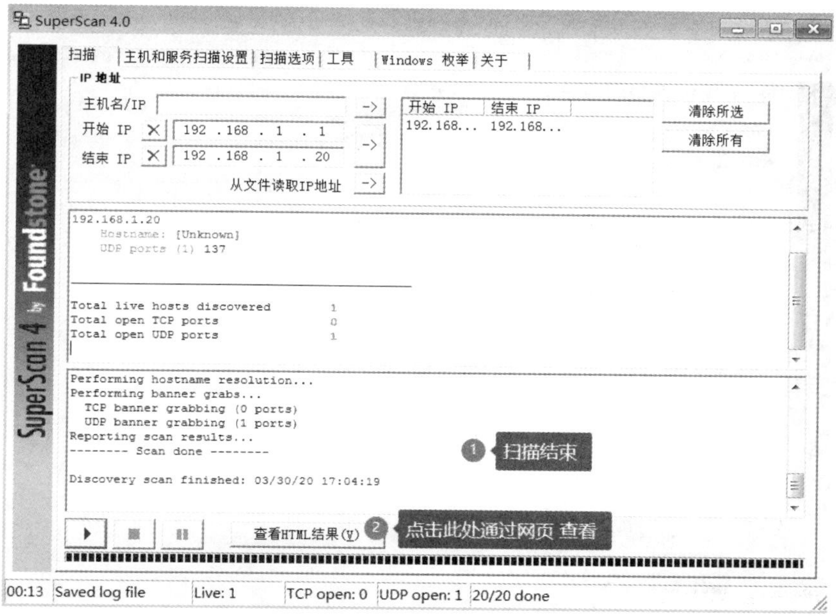

图 7－14　扫描 IP 结果

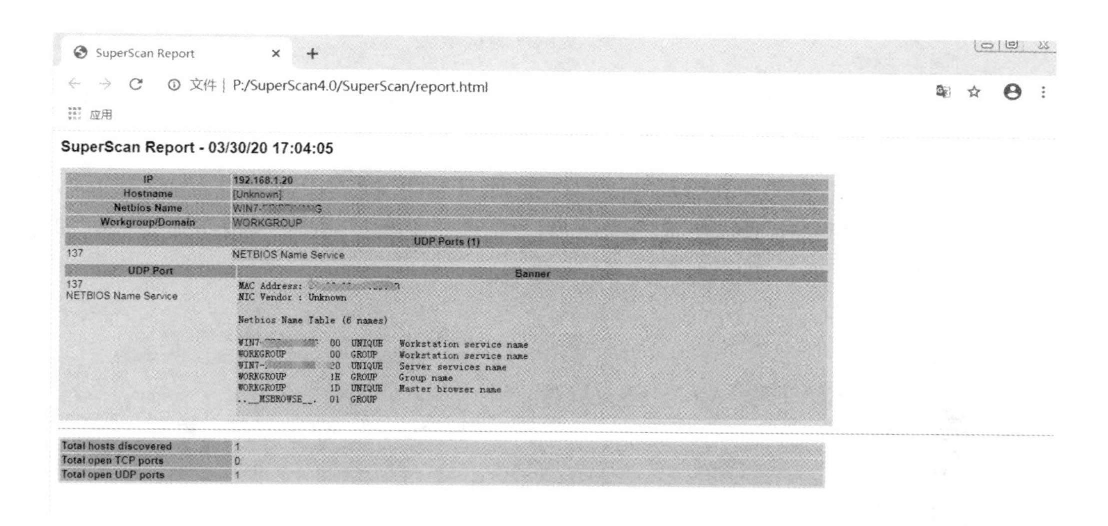

图 7－15　扫描 IP 结果报告

“工具”选项卡中提供的工具可以对目标主机进行各种测试，还可以对网站进行测试。首先在“主机名/IP/URL”文本框中输入要测试的主机或网站的主机名、IP 地址或 URL 网址，然后单击窗口中的相应工具按钮，进行对应的测试，如查找目标主机名、进行 Ping 测试操作、ICMP 跟踪、路由跟踪、HTTP 头请求查询等。如果要进行 Whois（查询域名注册信息）测试，则需在“默认 Whois 服务器”文本框中输入 Whois 服务器地址。测试结果如图 7－16 所示。

图 7 - 16　Whois 测试结果

“Windows 枚举”选项卡用于扫描目标主机的一些 Windows 信息，检测目标主机的 NetBIOS 主机名、MAC 地址、用户/组信息、共享信息等。

首先在对话框顶部的“主机名/IP/URL”文本框中输入主机名、IP 地址或网站 URL，然后在左边窗格中选择要检测的项目，再单击“Enumerate”按钮，列表框即显示所选测试项目的结果，测试结果如图 7 - 17 所示。

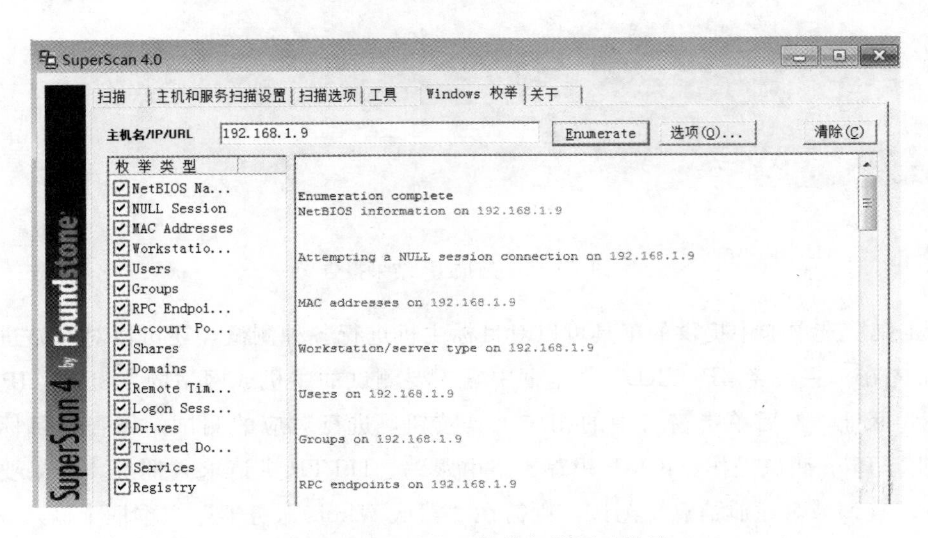

图 7 - 17　Windows 枚举扫描测试结果

本章小结

本章详细探讨了网络安全的相关概念、网络攻击与防范策略、系统安全概述及防范措施，以及网络安全硬件、软件和防范技术等重要知识点。网络安全涉及多个层面，包括物理安全、逻辑安全、管理安全等，是一个综合性、系统性的工程。为了有效防范网络攻击，需要采取一系列措施，如加强系统漏洞修补、建立安全访问控制机制、实施数据加密和备份等。此外，还需要加强用户的安全意识教育，增强用户的安全防范意识。总之，网络安全是一个复杂而重要的领域，需要综合考虑多个方面的因素。通过本章的学习，我们可以更好地理解网络安全的基本概念和原理，掌握防范网络攻击的策略和技术，为今后的网络安全实践奠定坚实的基础。

思考与练习

一、选择题

1. 下列哪项不是网络安全的基本要素？（　　）

A. 机密性　　B. 完整性　　C. 可用性　　D. 高效性

2. 防火墙主要工作在 OSI 模型的哪一层？（　　）

A. 物理层　　B. 数据链路层　　C. 网络层　　D. 应用层

3. 以下哪种技术不属于加密技术？（　　）

A. 对称加密　　B. 非对称加密　　C. 哈希函数　　D. 数据压缩

4. 以下哪项不是常见的网络安全威胁？（　　）

A. IP 欺骗攻击　　B. 数据泄露　　C. 拒绝服务攻击　　D. 操作系统更新

5. 在网络安全领域，哪一项不是常见的防御策略？（　　）

A. 防火墙　　B. 入侵监测系统　　C. 加密技术　　D. 社交工程

二、填空题

1. 网络安全涉及数据的________、________和________等多个方面。

2. 防火墙根据其工作原理，主要可以分为________防火墙和________防火墙两大类。

3. 防火墙的主要作用是________网络中的非法访问和数据泄露。

4. 在网络安全中，认证技术通常用于验证用户的________和________。

三、简答题

1. 描述防火墙在网络安全中的作用及其主要类型。

2. 简述防火墙的主要功能及其在网络安全中的作用。

3. 列举并解释三种常见的网络安全威胁及其防御策略。

4. 谈谈你对网络安全中“入侵监测系统”的理解，包括其工作原理和主要作用。

四、应用题

某公司计划部署一套网络安全系统，需要包括防火墙、入侵检测系统和数据备份恢复机制。请设计一幅简单的网络安全系统架构图，并说明各组件的功能和相互关系。

参考文献

［1］卢晓丽．校企“双元”合作新形态教材开发路径实践探究：以《局域网组建与管理项目教程》为例［J］．电脑知识与技术，2023，19（32）：88－90.

［2］向玉玲，段昌盛，夏裕民．计算机网络技术基础［M］．重庆：重庆大学出版社，2023.

［3］孙宝刚，刘艳．大学计算机基础与应用实验指导［M］．重庆：重庆大学出版社，2023.

［4］何小平，赵文．计算机网络应用［M］．北京：中国铁道出版社有限公司，2022.

［5］韩立刚，薛中伟，宋晓锋，等．华为 HCIA 路由交换认证指南［M］．北京：人民邮电出版社，2022.

［6］秦勇，侯佳路，尹逊伟．计算机网络基础及实训教程［M］．北京：化学工业出版社，2021.

［7］吴礼发．计算机网络安全实验指导［M］．北京：电子工业出版社，2020.

［8］龚俭，杨望．计算机网络安全导论［M］.3 版．南京：东南大学出版社，2020.

［9］朱立才，陈林．计算机网络实验教程［M］．南京：南京大学出版社，2020.

［10］吴礼发，洪征．计算机网络安全原理［M］．北京：电子工业出版社，2020.

［11］李聪．高校计算机网络基础教育改革初探［J］．数字通信世界，2020（3）：214.

［12］于振洋，付磊．网络工程实训指导［M］．南京：南京大学出版社，2019.

［13］张学林，洪晓彬，张新环，等．应用型本科计算机网络技术教材的一体化建设思路与实践［J］．无线互联科技，2019，16（2）：123－125.

［14］杨家海，安常青．网络空间安全：拒绝服务攻击检测与防御［M］．北京：人民邮电出版社，2018.

[15] 袁津生，吴砚农．计算机网络安全基础［M］．北京：人民邮电出版社，2002.

[16] 王达．华为MPLS技术学习指南［M］．北京：人民邮电出版社，2017.

[17] 代科学，孙合敏，黄志良．军事网络技术基础［M］．北京：电子工业出版社，2017.

[18] 王忠义，段玲玲．“互联网＋”背景下《计算机网络》课程教学探讨［J］．福建电脑，2017，33（10）：59－60，66.